堤防土石结合部病害机理及评价预警技术

赵寿刚　鲁立三　苏怀智　编著

黄河水利出版社
·郑州·

内 容 提 要

本书以堤防土石结合部的病害为分析对象，在室内模型试验的基础上，对土石结合部病害的产生机理进行了分析总结；采用适宜的病险识别方法，挖掘土石结合部渗流破坏主要影响因素，并建立因素指标集，得到影响因素定性定量指标的量化方法，构建多因素多层次的综合评价指标体系；以变形性态预测、渗流性态预警为对象，构建利用渗漏奇异点和非奇异点日常温度变化过程差异的渗漏隐患自动预警模型，得到土石结合部监测预警系统。

本书可供水利工程施工、设计、科研人员阅读参考。

图书在版编目(CIP)数据

堤防土石结合部病害机理及评价预警技术/赵寿刚，鲁立三，苏怀智编著. —郑州：黄河水利出版社，2019.5

ISBN 978 - 7 - 5509 - 2378 - 2

Ⅰ.①堤…　Ⅱ.①赵…　②鲁…　③苏…　Ⅲ.①堤防 - 土石坝 - 路面衰坏 - 研究　Ⅳ.①TV871.2

中国版本图书馆 CIP 数据核字(2019)第 105781 号

组稿编辑：王志宽　电话：0371-66024331　E-mail：wangzhikuan83@126.com

出 版 社：黄河水利出版社

地址：河南省郑州市顺河路黄委会综合楼 14 层　　邮政编码：450003

发行单位：黄河水利出版社

发行部电话：0371 - 66026940、66020550、66028024、66022620(传真)

E-mail：hhslcbs@126.com

承印单位：河南瑞之光印刷股份有限公司

开本：787 mm×1 092 mm　1/16

印张：16

字数：370 千字　　印数：1—1 000

版次：2019 年 5 月第 1 版　　印次：2019 年 5 月第 1 次印刷

定价：98.00 元

《堤防土石结合部病害机理及评价预警技术》

编著委员会

主　　编　赵寿刚

副 主 编　鲁立三　苏怀智

编写人员　宋　力　李　娜　王　锐　王　荆

　　　　　余元宝　校永志

前　言

我国的堤防建设有着悠久的历史，随着人类繁衍和社会经济发展而不断完善。堤防通常建于江河两岸、湖泊周边等地，用以约束水流和抵御洪水、风浪的侵袭，是极其重要的水工建筑物。除堤防建筑物外，以分洪、排涝、灌溉和供水等为目的，在沿江、河、湖大堤上修建有大量的分洪闸、引水闸、泄水闸（退水闸）、灌排站、虹吸管及其他水工建筑物。水工建筑物建造多采用钢筋混凝土或素混凝土，而堤防通常采用土体，由于两者材料不同且属性相差较大，施工时土石结合部的回填土质量较难控制，从而使得土石结合部填土与堤防填土之间的性能指标存在差别，且随着时间的推移，建筑物与填土之间容易出现一些病害，形成安全隐患。通常在堤防的土石结合部由于材质、沉降速率、沉降比尺的不同极易产生沿缝渗漏，进而形成渗漏通道，严重的时候可引发渗水、管涌等险情，甚至导致堤防的决口。

本书以堤防土石结合部的病害为分析对象，先后从以下几个方面对土石结合部病害的产生机理及评价预警技术进行叙述。

首先，对国内堤防土石结合部存在的主要病害形式进行总结分析，针对土石结合部的出险形式，基于黄河下游堤防工程土质的特点，综合考虑土体性质、结合部状态、水力比降、时变效应等不同接触冲刷渗透破坏影响因素，以室内小尺寸接触冲刷模型试验为基础，对土石结合部接触冲刷渗透破坏过程、破坏特征及破坏机理等进行总结。

其次，采用适宜的病险识别方法，深入挖掘穿堤防涵闸土石结合部渗流破坏主要影响因素，建立因素指标集，得到影响因素定性定量指标的量化方法，构建多因素多层次的综合评价指标体系，并对安全评价方法的适应性进行分析，总结土石结合部病险评价技术，并以相关的工程实例进行验证。

最后，结合病险监测数据特征及其影响因素，构建了基于 EEMD 的监测数据降噪模型和盲源分离模型，依据堤防工程土石结合部各类监测数据，以变形性态预测、渗流性态预警为对象，开展土石结合部性态预测与险情预警模型建模原理、方法、判据等研究，并重点探究光纤沿程各点与参考过程的差值变量分布形式和分布函数参数确定方法，提出确定渗漏奇异点位置的常概率阈值法，构建利用渗漏奇异点和非奇异点日常温度变化过程差异的渗漏隐患自动预警模型，得到土石结合部监测预警系统。

通过以上的系统介绍，希望为广大的科研及生产工作者在实际的工作中提供一定的指导，以期对堤防土石结合部病害的研究尽绵薄之力。

本书由黄河水利科学研究院工程结构与抗震研究团队及项目参与单位等共同完成，

其中第一章由赵寿刚编写，第二章第一节和第二节由宋力编写，第二章第三节由鲁立三编写，第二章第四节由李娜编写，第二章第五节、第六节和第三章第一节至第三节由王锐编写，第三章第四节至第八节由余元宝、校永志编写，第四章第一节、第二节由王荆编写，第四章第三节至第五节由苏怀智编写。全书由赵寿刚总体策划，鲁立三和苏怀智具体策划并统稿。

本书中引用了大量的文献资料，并得到多家单位和多位专家的大力支持，在此表示衷心的感谢！

由于本书涉及专业众多，编写时间仓促，难免存在错误和不当之处，敬请同行专家和广大读者赐教指正。

编委会

2019 年 3 月

目　录

第一章　绪　论

第一节　基本概况

我国的堤防建设有着悠久的历史，随着人类繁衍和社会经济发展而不断完善。堤防往往建于江河两岸、湖泊周边等地，用以约束水流和抵御洪水、风浪的侵袭，是极其重要的水工建筑物。目前，国内共整修和加固各类江河、湖泊堤防 28 万多 km，长江、黄河、淮河等主要江河共有蓄滞洪区 98 处，总面积 3.45 万 km^2，总蓄洪量 970.7 亿 m^3。据有关统计，全国现有近 1/2 的人口、1/3 的耕地和约 70% 的工农业总产值在堤防的保护之下。另外，自然环境的变化亦会使堤防存在较多的安全隐患，据不完全统计，1951 ~ 1990 年，我国平均每年洪涝灾害受灾面积 733.33 万 hm^2，其中成灾面积 466.67 万 hm^2，平均每年损失粮食 28 亿 kg，经济损失约 100 亿元人民币。1980 ~ 1989 年，全国虽然没有发生流域性洪水，但平均每年暴雨洪灾面积达 864.73 万 hm^2，受灾面积比 20 世纪 70 年代增加了 60%，成灾率上升了 21%。

除堤防建筑物外，以分洪、排涝、灌溉和供水等为目的，在沿江、河、湖大堤上修建有很多的分洪闸、引水闸、泄水闸（退水闸）、灌排站、虹吸管以及其他管涵等建筑物。这些建筑物大多属于钢筋混凝土结构，而堤防填土是散粒体，两者从属于不同类型的物质且材料属性相差较大，其结合面质量的控制相对较难，导致二者之间的回填土密度和含水率等指标和堤防其他部位填土之间有较大差别，随着时间的推移，建筑物与填土之间出现一些老化病害现象，很容易出现安全隐患。

黄河下游现有引黄渠首水闸 94 座，加上分洪、分凌闸等，存在大量土石结合部位，从 1998 年长江大水的实战来看，每处堤防的土石结合部都是一个较大的隐患，易发生重大险情。在堤防的土石结合部由于材质、沉降速率、沉降比尺的不同极易发生沿缝渗漏，进而形成过水通道，引发渗水、管涌等险情，甚至导致大堤决口。1996 年 8 月 14 日安徽省东至县的杨墩抽水站，由于穿堤涵洞止水漏沙，致使长江大堤塌陷，造成 1996 年长江最大的决口事故。目前，黄河上已经发现部分水闸存在侧壁渗水、底板脱空、洞身裂缝等问题，所以堤防土石结合部也是黄河防洪防守抢险的重点和难点。

因此，本书在对国内堤防土石结合部存在的主要病害形式进行总结分析的基础上，针对土石结合部的出险形式，以室内小尺寸接触冲刷模型试验为基础，对土石结合部接触冲刷渗透破坏过程、破坏特征及破坏机理等进行了分析。深入挖掘穿堤防涵闸土石结合部渗流破坏主要影响因素，建立因素指标集，得到影响因素定性定量指标的量化方法，构建多因素多层次的综合评价指标体系。结合病险监测数据特征及其影响因素，构建了基于 EEMD 的监测数据降噪模型和盲源分离模型，依据堤防工程土石结合部各类监测数据，以变形性态预测、渗流性态预警为对象，开展土石结合部性态预测与险情预警模型建模原理、方法、判据等研究，并重点探究光纤沿程各点与参考过程的差值变量分布形式和分布函数参数确定方法，提出确定渗漏奇异点位置的常概率阈值法，构建利用渗漏奇异点和非奇异点日常温度变化过程差异的渗漏隐患自动预警模型，得到土石结合部监测预警系统。

第二节　堤防土石结合部病害主要分类

土石结合部主要是指建筑物与填土的结合部位（如闸底板与地基土、闸墩与侧向填土、翼墙与侧向填土等），建筑物多属于混凝土结构，刚性较大，而填土多是散粒体，刚性较小，两者属性相差较大，其结合面质量的控制相对较难，随着时间推移，建筑物与土体之间会出现一些病害现象，危害建筑物与土体安全。因此，土石结合部工程质量对于建筑物和其附近土体、堤防的安全来说非常重要，为防患于未然，分析总结病害产生的原因、发生机理，对其进行归类总结，可针对不同的病害类型采取相应的措施。

通过查阅黄河流域、长江流域、珠江流域、淮河流域和松花江流域的堤防情况资料，分析各个流域堤防土石结合部存在的问题，归纳总结其普遍性，分析得到造成土石结合部位破坏的原因主要有四种：①砂基渗透和穿堤建筑物接触冲刷；②接触流土；③不同类型裂缝；④冻融、水推及砂岸等。

根据病害的表现形式，土石结合部病害主要分为裂缝、空洞和不密实、生物洞穴三大类。

一、裂缝

（一）成因

土石结合部的四类病害中，裂缝是最常见的病害之一。不同的裂缝，其位置、走向、长度、宽度、深度各有不同，其中纵向裂缝最为普遍。同时，不同类型的裂缝对穿堤建筑物的影响各有不同，形成的原因也各种各样，主要可以分为以下几种：

（1）土质黏粒含量较多，土壤含水率较高，失水后产生了干缩裂缝。

（2）不均匀沉降。造成不均匀沉降的因素较多，譬如，在加固维修工程中，新老部位结合不好造成的不均匀沉降；堤基承载力大小相差较大，造成堤身的不均匀沉降；洞身顶部受力不均匀造成的不均匀沉降等。

（3）严寒天气，表层土料含水的迅速冻结，产生一些冰冻裂缝。

（4）在经受强烈震动或烈度较大的地震以后产生的裂缝，称之为震动裂缝。

（二）分类与特征

裂缝是任何构筑物中的常见病害。由于构筑物所处环境的差异，裂缝出现的形态、位置及发展情况各不相同。根据出险工程和黄河流域堤防险情实例，纵向裂缝是最常见的裂缝形式，另有少数的圆弧形裂缝和其他不规则裂缝。裂缝出现的位置、条数、深度和长度各不相同。

1.按裂缝的位置分类

1）表面裂缝

表面裂缝主要出现在堤防土石结合部表面，缝口宽度和深度变化不一。例如，长江四邑公堤花口堤段堤顶出险工程中纵向裂缝出现两条,全长 45 m,缝宽 0.5 ~ 1.0 cm,缝深 0.8 m;山东黄河常旗屯堤段裂缝抢险工程中共有六条裂缝,总长 7.67 km,缝宽 1.0 ~ 20.0 cm,缝深 1.0 ~ 3.5 m。

2)内部裂缝

内部裂缝主要隐藏在堤防中,事先不易被发现,危害性很大。内部裂缝很难用肉眼判断出来,事后经过分析有些内部裂缝是贯穿上下游的,容易形成集中渗漏通道。

2. 按裂缝的走向分类

1)垂直裂缝

垂直裂缝走向与堤轴线垂直,一般出现在堤顶部位,典型示意图见图 1-1。此类裂缝主要是由不均匀沉降和地震造成的,极易发展为穿过堤身的渗漏通道,若不及时修复,可使堤防在很短的时间内被冲毁。

2)水平裂缝

裂缝走向与堤轴线平行或接近平行,有的是堤身或堤基的不均匀沉降引起的,有的是滑坡引起的,典型示意图见图 1-2。此类裂缝多出现在堤顶及堤坡上部,也有的出现在铺盖上,一般较横缝长。

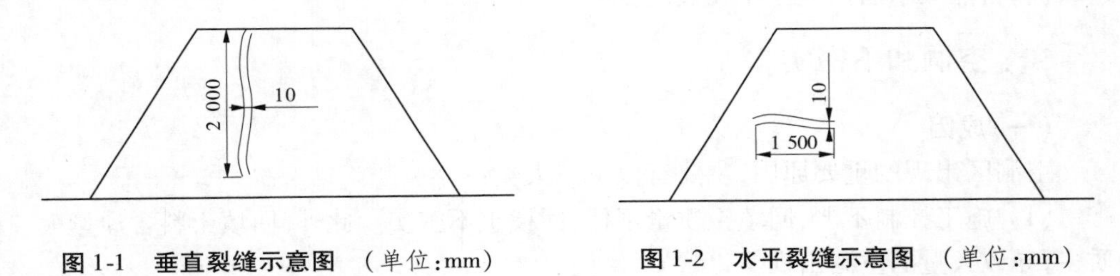

图 1-1　垂直裂缝示意图　(单位:mm)　　图 1-2　水平裂缝示意图　(单位:mm)

3)斜裂缝

裂缝与堤轴线斜交,典型示意图见图 1-3,回填料的干缩、不均匀沉陷及震动均可引起此类裂缝。

3. 按裂缝的形成条件分类

1)沉降裂缝

不均匀沉降引起的裂缝属贯穿性裂缝(见图 1-4)。其走向与沉降情况有关,有的在上部,有的在下部,一般与地面垂直或呈 30° ~ 45°角方向发展。较大的不均匀沉降裂缝,往往上下或左右有一定的差距,裂缝宽度与不均匀沉降值成比例。

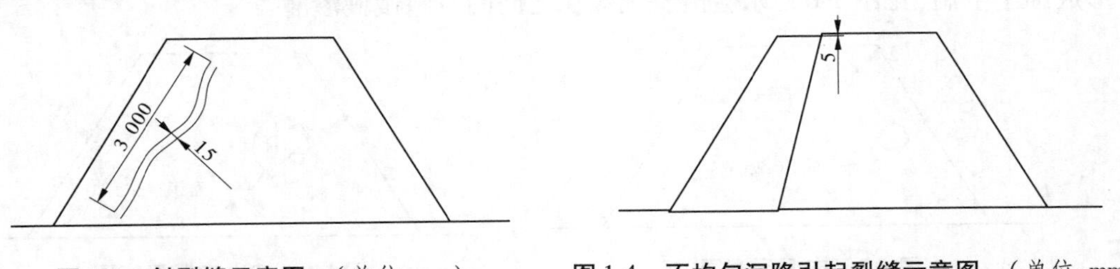

图 1-3　斜裂缝示意图　(单位:mm)　　图 1-4　不均匀沉降引起裂缝示意图　(单位:mm)

2)冰冻裂缝

由于回填土含黏土量和含水率较大(大于最优含水率),施工期间工序衔接不好,护坡不能及时跟上,黏土表面及可能出现水位下降而出露的上游防渗铺盖等部位,遇到严寒天气,表层土料含水率的迅速冻结,产生冰冻裂缝。这种裂缝分布较广,裂缝的方向没有规律,纵横交错,缝的间距比较均匀,多是龟裂状。这种裂缝一般是与表面垂直的,上宽下窄,呈楔形。裂缝宽度和深度随气温而异。裂缝宽度往往小于 10 mm,深度一般不超过 1 m。

3)震动裂缝

在经受强烈震动或烈度较大的地震以后发生纵横向裂缝的缝口,随时间延长,缝口逐渐变小或弥合,纵向裂缝缝口没有变化。

4)干缩裂缝

干缩裂缝的发生机理与冰冻裂缝相类似,多出现在表面,密集交错,无固定方向,分布均匀,有的呈龟裂纹形状,降雨后裂缝变窄或消失。有的也出现在防渗体内部,其形状呈薄透镜状。例如,沁河新右堤抢护工程中,由于堤防土质黏粒含量较大,施工时土壤含水率较高,自然失水后产生了干缩裂缝。

二、空洞和不密实

(一)成因

空洞区出现的重要原因,主要有以下三大类:

(1) 施工控制不严,回填土质量不佳,回填土不密实。此外,回填土料含沙量大,有机质多,导致大量的空洞出现。

(2) 临背水面水位相差很大,渗水压力大,造成管涌。

(3) 堤防施工管理不规范,冻土块体未打碎,待冻土融化后形成空洞。

(二)分类与特征

1. 施工过程中的空洞

在施工过程中,施工控制不严格,致使较大的土块堆积在一起,产生架空现象,当水位上升时,这些空洞就成为渗漏通道,典型示意图见图 1-5。

2. 土料回填不密实

回填土料含沙量大,有机质多,土块未打碎,碾压不实,导致土颗粒之间的空隙较大,形成细小空洞(见图 1-6),水会沿着土颗粒之间的空隙慢慢渗漏。

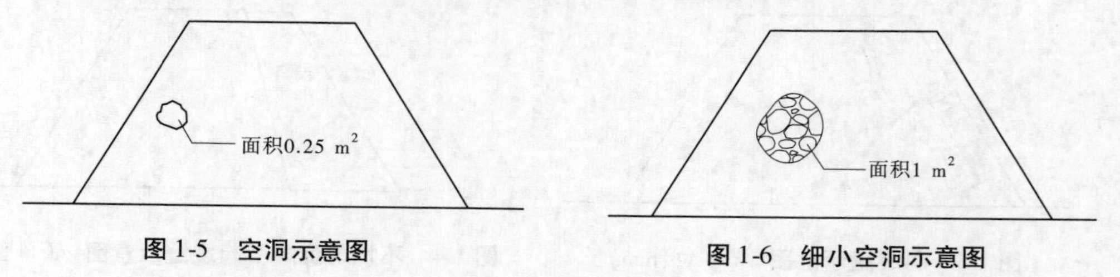

图 1-5　空洞示意图　　图 1-6　细小空洞示意图

三、生物洞穴

(一)成因

生物洞穴病害不易引起人们的重视,但它对工程的影响还是比较大的。在工程施工过程中,往往对基础及其附近存在的蚁穴、鼠洞及兽洞清理不彻底,同时由于填筑土料中含有杂草、树根等动物喜食杂物,或运营过程中没有很好地维护,都会导致害堤动物在堤防中挖洞造穴,形成生物洞穴隐患。

(二)分类与特征

1.兽洞

由于捕食和生存的需要,兽洞较粗大,洞径一般为0.1~0.5 m,洞道纵横分布,互相连通,有的甚至横穿堤身,导水性好,突水流量大,造成堤身隐患,以致汛期高水位时造成穿漏及塌坑,能在短时间内冲毁堤坡,典型示意图见图1-7。

2.蚁穴

土栖白蚁具有危害大、范围广、繁殖力强、隐蔽性好等特点,其群体一般在地下1 m左右深度的位置筑巢,蚁穴四通八达(见图1-8),经常贯穿坝体,危害大坝安全。从堤防维护实践中发现,此类病害治理难度大的原因在于其具有此消彼生、今消明生的特点。譬如,长江陆城垸江堤由于环境条件适宜,为白蚁的繁殖创造了有利条件,加之堤身水草丰富,气候温和,且大堤较大部分为沙性土质,背风向阳,适应于黑翅土栖白蚁和黄翅大白蚁的生存环境。

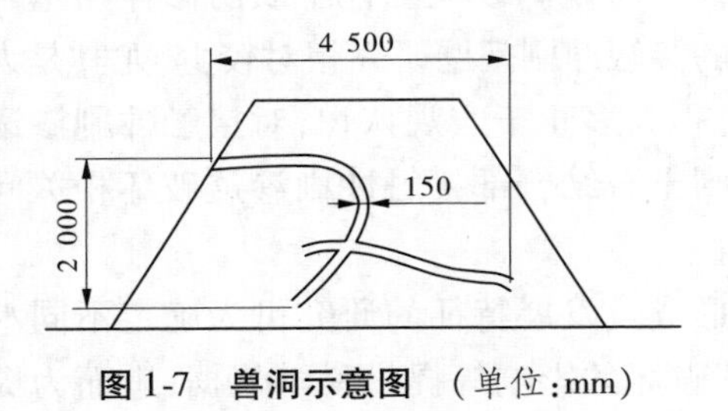

图1-7　兽洞示意图　(单位:mm)

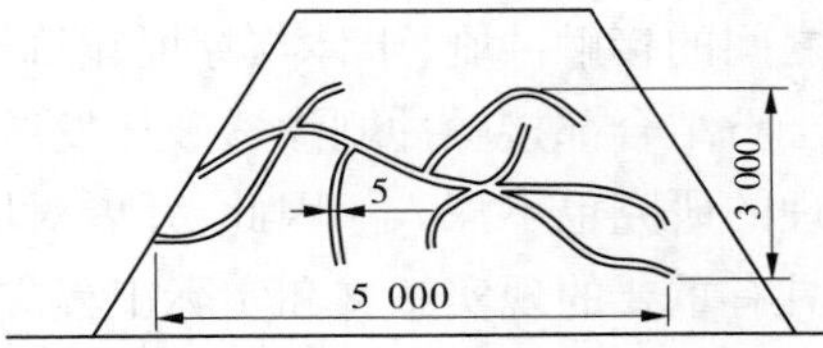

图1-8　蚁穴示意图　(单位:mm)

3.树根洞

筑堤时,清基不彻底,或者回填料筛选不严格,包含有树根的土料上堤,随着树根的腐朽,便形成了树根洞。树根洞具有较大开口及盘根错节的树根所形成的细小通道,水渗入之后,水便顺着树根的通道渗向坝体深处,典型示意图见图1-9。

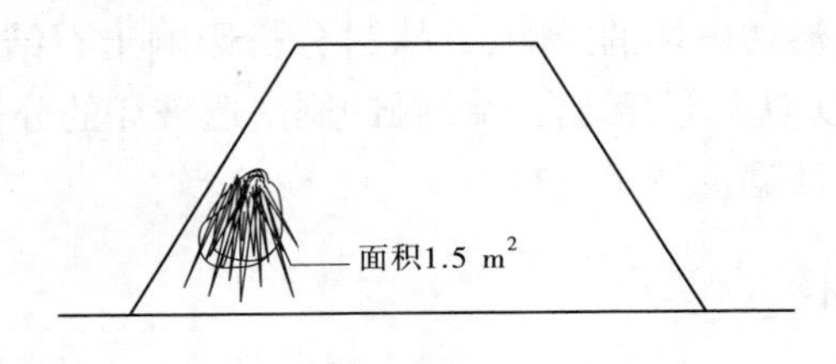

图1-9　树根洞示意图

第二章　堤防土石结合部病害发展机理

第一节　引　言

穿堤建筑物与堤防土石结合部是堤防的薄弱环节,特别是由于回填土不密实、不均匀沉降、地基不良等常引起土石结合部裂缝或其他缺陷而发生渗透破坏,最危险的渗透破坏类型是建筑物与土堤接触面上的接触冲刷。例如,沿基土或侧向、顶部填土与建筑物接触面,在高水位、长时间浸泡作用下,先是接触部位中颗粒从渗流出口被带出,进而形成渗漏通道,引起堤防溃决。这种破坏初始过程大都隐藏在堤防内部,事先难以察觉,一经发现险情,则会迅速导致工程损坏,难以补救,因而土石结合部的渗透破坏具有隐蔽性、突发性和灾难性的特点。从国内外类似工程事故统计分析来看,由于渗透破坏发生事故或失事的土石坝占总数的30% ~40%,而接触冲刷破坏占很大的比例。因此,接触冲刷问题越来越引起工程师和学者们的重视。然而,在渗流问题中针对接触冲刷渗透破坏的研究相对较少,接触冲刷与接触面土体状态、土体性质、土体级配等因素密切相关。但是,目前大多研究集中在无黏性土层之间、砂砾石层与黏性土层之间以及黏性土质防渗体与基岩接触带之间的接触冲刷,土体与穿堤建筑物之间的接触冲刷问题研究相对较少,尤其是人们对于土石结合部接触冲刷渗透破坏发展变化过程大多止于宏观认识,对接触冲刷渗透破坏机理的研究也不深入。因此,开展对堤防涵闸土石结合部接触冲刷渗透破坏相关问题探讨具有重要的现实意义和实际工程应用价值。

鉴于此,土石结合部接触冲刷渗透破坏的形成及发展特征的研究可为确定不同水力比降作用下破坏时间、破坏过程、土体性质对其破坏的影响等提供科学依据,进而为堤防涵闸土石结合部渗透破坏预警减灾、灾情评估及预防等提供技术支撑。

本章将围绕土石结合部病险探测监测技术和土石结合部病险指标评价及参数安全阈值等科学问题展开叙述,根据黄河下游堤防土石结合部工程特性,选取典型土体,在自行设计的接触冲刷试验装置上,通过室内小尺寸试样模拟,尝试开展对土石结合部接触冲刷渗透破坏试验研究,探讨接触冲刷渗透破坏过程特征,并对比分析土体性质、水力比降、接触带状态等对接触冲刷渗透破坏的影响,并探讨分析影响土石结合部接触冲刷渗透破坏的机理及冲刷条件等,以期为土石结合部接触冲刷渗透破坏的分析奠定基础,也为类似工程的渗流控制提供基础数据及技术支持。

一、渗透变形破坏

国内外许多学者都对世界上所发生的大坝失事的原因进行过分析并分类,从分类统计的结果可以看出,由渗流问题造成大坝破坏的比例相当高。理论上,水利工程由渗流问题造成的破坏可分为以下两类[6]：因渗流量太大引起对坝基和坝体冲刷造成的破坏，或因孔隙水压力太高引起坝基承载力降低乃至崩塌造成的破坏。

渗透变形的形式及其发生发展过程与地质条件、土体颗粒级配、水力条件、防排水措施等因素有关，通常可分为以下四种类型。

（一）管涌

在渗流作用下，土体中的细颗粒在孔隙孔道中移动并被带出土体以外的现象，称为管涌。此类破坏主要发生在砂砾石土层中，这种土往往内部结构不稳定。

（二）流土

在上升渗流的作用下，局部土体的表面隆起、浮动或某一颗粒群的同时起动而流失的现象，称为流土。前者多发生在含有粉土颗粒的土体中或较均匀的砂土中，后者多发生在不均匀的砂性土中，而且均发生在渗流出口无任何保护的情况下。在无黏性土中，表现为颗粒群的同时起动，如泉眼群、砂沸等，土体翻滚最终被渗流托起。在黏性土中，则表现为土块隆起、膨胀、浮动、断裂等现象。

（三）接触冲刷

接触冲刷是指渗流沿着两种不同介质的接触面流动时，把其中颗粒层的细颗粒带走的现象，渗流速度比单一砂砾料中的渗流速度大一些。当渗透比降超过临界渗透比降时，细颗粒则沿着接触面冲刷流失，而接触面的方向可以是任意的。在自然界中，沿两种介质界面，如砂砾与黏土、砾石与砂土、建筑物与地基、土坝与涵洞等接触面流动促成的冲刷，都属于此类破坏。

（四）接触流失

在层次分明、渗透系数相差很大的两层土中，当渗流垂直于层面运动，将细粒层中的细颗粒带入粗粒层中的现象，称为接触流失。其表现形式可能是有单个颗粒进入邻层，也可能是颗粒群的同时进入，所以包括接触管涌和接触流土两种形式。

上面提到的四种渗透破坏现象的机理各不相同，它们的临界渗透比降也不同。发生管涌的临界渗透比降小于发生流土的临界渗透比降，发生接触冲刷的临界渗透比降小于发生管涌的临界渗透比降，发生接触流土的临界渗透比降大于发生接触冲刷的临界渗透比降。

土体与刚性建筑物间较易发生接触冲刷渗透破坏，因此书中主要对此类渗透破坏进行阐述。

二、接触冲刷渗透破坏

一般来说，地表水流的冲刷破坏比较容易被发现和挽救，而地下水的渗流冲刷不易被观察和发现，常被忽视，一旦出现问题，会迅速导致工程的破坏，难以补救。例如，1976 年美国高约 93 m 的 Teton 坝在初次蓄水时发生溃坝事故，其原因是防渗心墙开裂造成管涌，但管涌发生开始于心墙和基岩接触面的接触冲刷。1990 年，山东省弥河支流石河上游嵩山水库土坝下游砌石坡面缝中出现渗漏，之后出现坍塌和大面积渗漏，经过开挖调查发现主坝心墙在胶结卵石层接触面发生接触冲刷是引起破坏的主要原因。1993 年，青海省沟后混凝土面板堆石坝发生溃坝事故，导致300多人死亡，其溃坝原因是面板顶端与挡水墙底板连接的水平缝橡胶止水埋设质量低劣，严重漏水，挡水墙底板与砂砾石间产生接触冲刷及坝体砂卵石产生管涌，最终导致挡水墙沉陷倾倒断裂，库水漫顶。从国内外统计分析来看，由于渗透破坏发生事故或失事的土石坝占总数的30%～40%，而接触冲刷破坏占很大的比例。因此，接触冲刷问题越来越引起工程师和学者们的重视。

上下两层间的颗粒直径悬殊越大就越容易发生接触冲刷。在实际水利工程中水流沿着两种介质面流动，如坝体与坝基、心墙与基岩等，特别是砂砾石与黏性土的接触面，最容易发生接触冲刷破坏。根据形成接触面的两种介质刚度的差异度，可将土体接触面归纳为两种类型：一种是不同土体之间的接触，包括无黏性土层间、砂砾石层与黏性土层、心墙与反滤层、黏土与粉土之间的接触；另一种是土体与刚性介质的接触，包括土体与基岩、防渗墙、桩孔护壁、涵管以及闸底板之间的接触。

接触冲刷的本质是细土层中的细颗粒从粗土层孔隙中流失（见图2-1），当粗土层中的孔隙直径大于细土层中可以移动的颗粒粒径时，接触冲刷才具备基本条件，这种基本条件称为几何条件，也就是土层本身所具备的条件，是内因。另一条件是外部条件，即推动可移动颗粒运动的条件，称为水力条件。只有同时具备了这两种条件，层状土在层间渗流的作用下才会产生接触冲刷。

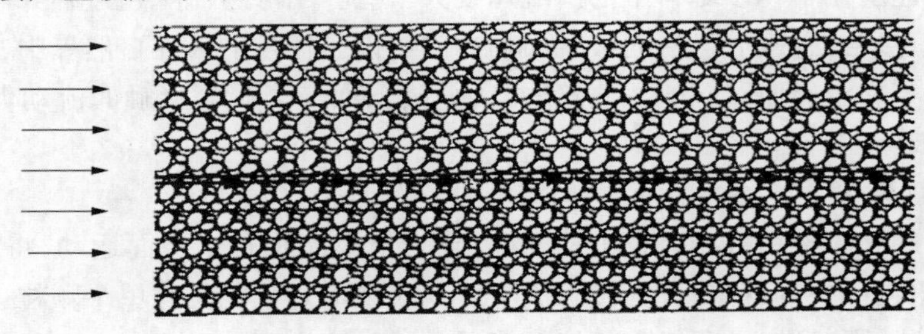

图2-1　接触冲刷渗透破坏土体颗粒移动变化示意图

（一）两种不同土层之间的接触冲刷

目前，此类接触冲刷研究较多的是防渗体地基中粗细两种土层或土与反滤层之间沿层面渗流时引起的破坏。

1. 作用机理

对于处于稳定渗流状态的层状土，由于两层土的渗透系数不同，所以两层土中的水流速度也有差异，在土层接触面上的渗流速度一般较大，当渗透比降不断增大时，接触面上的渗流流速也增大到可以推动细颗粒移动的速度，此时细颗粒就会通过接触面上或粗土层中的空隙通道被水流带走，形成接触冲刷破坏。对于不同组成结构的层状土，其压实度、颗粒组成、应力状态等都各有不同，因此土层接触面上细颗粒能否起动以及移动时所需要的渗透比降也不相同。

刘杰详细分析了接触冲刷的破坏机理，指出对于最小颗粒粒径大于0.075 mm的无黏性土，当$D_{20}/d_{20} \leqslant 7.8$（$D_{20}$为粗土层的有效粒径，$d_{20}$为细土层的有效粒径）时两土层之间渗流速度的差异逐渐消失，不存在接触冲刷问题；或者两土层渗透系数之比小于或等于

60,同样不存在接触冲刷问题。

砂砾石层与黏性土层的接触面受到渗透水流的作用时,在较小的水力比降下砂砾石层中的细颗粒首先被带走,随着水力比降的不断增大,黏性土层开始发生渗透破坏。黏性土的接触冲刷与无黏性土的接触冲刷在机理上的差异,主要反映在接触冲刷发生时土颗粒的起动机理上有所不同。黏性土本身的特性决定了黏土粒团间的相互作用小于黏土颗粒之间的作用力,因此发生接触冲刷时被渗透水流冲出的是黏土粒团而非单个黏土颗粒。

陈建生等讨论了砂砾石层与黏性土层发生接触冲刷时细砂从接触面因渗流冲刷而流失的发展过程,并将接触面的渗透性用光滑裂隙的渗透性代替,将渗流出口视为承压完整抽水井,基于井流理论,通过分时段的稳定流计算模拟了接触冲刷的全过程。

王保田等在渗流槽中进行了有悬挂式防渗墙的二元结构堤基的渗流模拟试验,试验结果表明:对于上部为粉质黏土、下部为粉土的二元结构堤基,发生渗透变形时首先在粉土层的薄弱部位发生涌砂,接着在粉质黏性土层与粉土层的结合层面发生接触冲刷,在水位持续升高超过临界水位后,渗透通道从下游向上游发展而贯通,即发生渗透破坏。

全俄水工科学研究院普拉维德(А. Д. Голъьдина)等确定了在纵向渗流作用下粗细两土层之间接触冲刷的临界水力比降,考虑了孔隙率、水流方向、不均匀系数等因素,但公式过于复杂,不便应用。

陶同康、尤克敏理论分析了在渗流作用下接触面上颗粒所承受的力,从而导出无黏性土接触冲刷临界比降的计算公式,并引入了颗粒自重及所受荷载、两土层间的影响厚度等因素。

刘建刚用裂隙的渗透性代替地层接触面附近各种成因的粗糙面或缝隙的渗透性,模拟了接触冲刷发展的全过程,并对黏性土层与砂砾石之间的接触冲刷问题进行了模拟。

陈群等利用自行改造的竖向渗透破坏仪,在大量砾石土防渗料和反滤料的竖向联合渗透破坏试验的基础上,研究了防渗料砾石含量、干密度及反滤料的级配、干密度和厚度对防渗料与反滤料联合抗渗性能的影响规律,分析了试验过程中初始临界比降的出现机理和自滤反滤层的形成过程。

邓伟杰通过试验研究提出了砂砾石层与黏性土层接触冲刷临界比降的影响因素及接触冲刷发生发展的主要规律,但也仅是对黏粒含量12.6%的重塑样和黏粒含量25.7%的原状黄土与砂砾石层的接触冲刷进行了研究,也并未涉及黏粒含量对接触冲刷临界比降的影响。

2.水力比降计算公式

影响土体接触冲刷的因素包括土层的组成、粒径大小和颗粒级配、土体的渗流特性、抗剪强度、受力状态与变形情况和渗流冲刷比降等,在判别土体是否发生接触冲刷破坏时应尽量全面地考虑这些因素。

1)无黏性土层

依斯托美娜(В. С. Истомина)根据试验结果得出,接触冲刷临界水力比降与相邻土层的有效粒径和较细土层的摩擦系数有关,即

$$J_{c,cr} = f\left[\frac{D_{10}}{d_{10}\tan\varphi}\right] \tag{2-1}$$

式中：D_{10}为粗土层的有效粒径；d_{10}为细土层的有效粒径；$\tan\varphi$ 为细土层的摩擦系数；$J_{c,cr}$为接触冲刷临界水力比降。

式(2-1)将细土层的摩擦系数考虑在内。试验结果表明：当 $D_{10}/d_{10}<10$ 时，成层土中不会产生渗流接触冲刷。

范德吞认为接触冲刷水力比降大小只与细土层和粗土层粒径平均值之比有关，根据试验资料得出两者呈近似线性关系的结论。当两土层粒径平均值之比增大时，产生接触冲刷的水力比降也随之增大，即土层粒径相差越大，越容易发生接触冲刷。

陶同康等从土层接触面上土颗粒的受力平衡出发，推导出无黏性土接触冲刷临界水力比降的计算公式：

$$J_{c,cr} = 0.181\alpha\frac{\rho_s-\rho_w}{\rho_w}\left[\frac{1-n_1}{D_{\theta k}}+\frac{1-n_2}{d_{\theta k}}\right]d_{10} \tag{2-2}$$

式中：α 为土颗粒的形状系数；ρ_s 为土颗粒的密度；ρ_w 为水的密度；n_1 为粗土层的孔隙率；n_2 为细土层的孔隙率；$D_{\theta k}$为粗土层的等效粒径；$d_{\theta k}$为细土层的等效粒径。

式(2-2)较全面地考虑了产生接触冲刷的各种影响因素，但是式中的参数较多且难以确定，因此计算结果有较大的不确定性。

全俄水工科学研究院的研究结果表明：当细土层的某含量的粒径 d_i与粗土层的孔隙直径 D_0之比，即 $d_i/D_0<0.7$，且渗流的雷诺数 $Re<20$ 时，两土层之间的渗流才会出现接触冲刷，并建议按式(2-3)确定在竖向渗流作用下粗细两土层之间接触冲刷的临界水力比降。

$$J_{c,cr} = \frac{1}{\sqrt{\varphi_1}}\left[3+15\frac{d_i}{D_0}\right]\frac{d_i}{D_0}\sin\left[30^\circ+\frac{\theta}{8}\right] \tag{2-3}$$

其中

$$D_0 = 0.455\sqrt[6]{C_u}\,\frac{1-n_1}{n_1}D_{17}$$

式中：φ_1 为系数，砂砾石取 1.0，碎石取 0.35～0.4；θ 为重力方向与水流方向的夹角；C_u、D_{17}为粗土层的不均匀系数和等效粒径。

采用式(2-3)时取 $d_i=d_3$，即小于该粒径的土质量占总土质量的 3% 所对应的粒径。但式(2-3)过于复杂，在实际工程中很难推广应用。

2006 年，刘杰曾建议成层无黏性土层间接触冲刷的允许水力比降按式(2-4)或按表 2-1 确定：

$$J_{cr} = \frac{1}{1.5}\left[7.6+24.8\frac{d_{10}}{D_{20}}\right]\frac{d_{10}}{D_{20}} \tag{2-4}$$

式中：J_{cr} 为接触冲刷允许水力比降。

2011 年，刘杰根据试验资料进一步提出来两水平土层之间产生接触冲刷时临界水力比降与颗粒组成之间的关系：

$$J_{c,cr} = 6.5(d_{10}/d_{20})\tan\varphi \tag{2-5}$$

若取 1.2 的安全系数，允许水力比降 $J_{cr}=5.4(d_{10}/D_{20})\tan\varphi$，其中 φ 一般在 32°～39°变化，可取 35°。

表 2-1 成层无黏性土之间渗流接触冲刷水力比降

D_{20}/d_{10}	临界水力比降 $J_{c,cr}$	允许水力比降 J_{cr}
10	1.00	0.67
20	0.44	0.29
30	0.28	0.14
50	0.16	0.11
70	0.11	0.07
100	0.076	0.05

2)砂砾石层与黏性土层

2008 年,邓伟杰利用自行研制的接触冲刷仪对砂砾石层与黏性土层进行了接触冲刷试验研究。结果表明:较细级配砂砾石层与黏性土层的接触冲刷水力比降大于较粗级配砂砾石层与黏性土层的接触冲刷水力比降;黏性土的密度是影响接触冲刷的次要因素;原状黏性土的接触冲刷水力比降大于重塑黏性土的接触冲刷水力比降;接触冲刷发生时,渗透系数逐渐减小,当达到破坏水力比降时,渗透系数突然增大。

通过对接触面上的土颗粒进行受力分析,得出了黏性土层与砂砾石层接触冲刷临界水力比降的计算公式:

$$J_{c,cr} = \frac{1}{\rho_w g}\left[\frac{1-n_1}{D_{\theta k}} + \frac{1-n_2}{d_{\theta k}}\right]\left[c_1 u\sigma + c_2(\sigma\tan\varphi + c) - c_3(\rho_s - \rho_w)gD_i\right] \tag{2-6}$$

式中:c_1、c_2、c_3为试验参数;ρ_w 为水的密度;ρ_s 为土颗粒的密度;g 为重力加速度;n_1为粗土层的孔隙率;n_2为细土层的孔隙率;$D_{\theta k}$为粗土层的等效粒径;$d_{\theta k}$为细土层的等效粒径;u为侧压力系数;σ 为正压力;D_i 为黏土粒团的直径;c、φ 为黏土的黏聚力和内摩擦角。

刘建刚在研究接触冲刷的稳定井流模型中,根据井流计算理论,视出渗口为承压完整井,涌水量 Q 为抽水井流量,设渗透层厚度为 M,地层渗透系数为 K,视河岸为直线透水边界,井中心至直线透水边界的垂直距离为 a,通过镜像法(见图 2-2)可得出接触冲刷发生初期任一点 $P(x,y)$的水力比降计算公式为

$$J(x,y) = \frac{Q}{\pi M}\frac{a^2}{[(a-x)^2+y^2][(a+x)^2+y^2]} \tag{2-7}$$

另外,采用模型计算模拟了接触冲刷的发展过程,通过模型中各单元的渗透系数与水力梯度求出该单元的渗透流速,如果流速达到了细颗粒的起动速度,则发生接触冲刷,细颗粒被带出单元。结果表明:接触面附近的细砂从出渗口开始流出,出渗口附近的渗透系数首先增大,然后逐步向内部发展,直至形成贯通性集中渗漏通道。式(2-6)在实际工程中难以用来判定接触冲刷的发生,需要对实际工程进行简化,建立模型,通过对模型的计算来判断是否发生渗流破坏,可应用于接触冲刷发生过程的反演计算。

(二)土体与刚性介质的接触冲刷

对于这种类型的接触冲刷破坏,目前研究较多的是土质防渗体与基岩接触带的接触冲刷破坏问题。此种冲刷主要包括基岩表层的裂隙中的纵向渗流对土质防渗体的接触冲

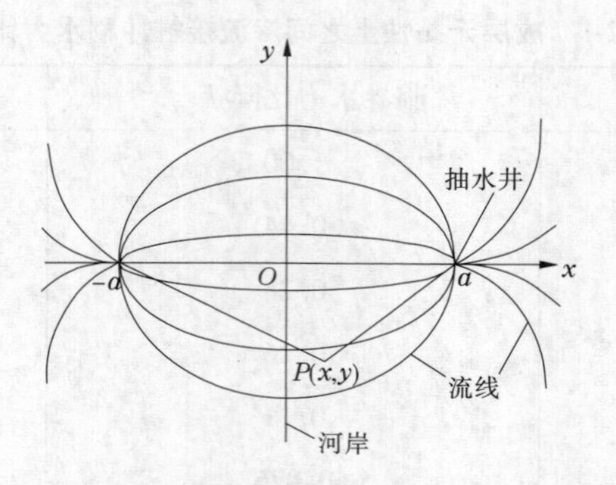

图 2-2　镜像法原理平面示意图

刷和岩基表面与土质防渗体接触不良时的层面渗流接触冲刷问题，这种类型的接触冲刷国内外研究相对较多，也取得了一些成果。对于这类情况的接触冲刷问题研究，主要考虑了岩基表层存在裂隙时纵向渗流对土质防渗体的接触冲刷作用。

B. H. 热连柯夫曾专门研究了岩基裂隙开度 δ 不同的情况下各种土料的接触冲刷特性。试验中包括壤土、砂质土及黏土，土料的液限为 19% ~57%，塑限为 13% ~28%，塑性指数为 5 ~22。试验结论如下：

(1)岩基裂隙开度的影响程度。当 $\delta \geqslant 4$ mm 时裂隙岩体中接触冲刷流速接近常数，继续加大岩基裂隙开度而冲刷流速变化不大，$v_k \approx 20$ cm/s。

(2)接触冲刷的最小水力比降。

$$J_{K,KP} = 1.44 \times 10^4 \frac{v^2}{g} \frac{(\delta + 0.2)^2}{\delta^4(\delta + 0.272)} \tag{2-8}$$

(3)接触冲刷流速。

$$v_{K,KP} = 1.2 \times 10^{-3} \frac{v}{\delta} \frac{\delta + 0.2}{\delta^4 \delta + 0.272} \tag{2-9}$$

式中：$J_{K,KP}$ 为接触冲刷的最小水力比降；v 为液体的运动黏滞系数，cm^2/s；g 为重力加速度，cm/s^2；δ 为岩基裂隙开度，cm。

(4)岩基裂隙开度 $\delta \leqslant 0.5$ mm 时在接触带不会发生接触冲刷流速。

河南省水利科学研究所研究了中、重粉质壤土及黏土三种土料的接触冲刷问题，土料的液限含水率为 30.4% ~47%，塑性指数为 10.2 ~22.0。岩基裂隙开度分为 5 mm 和 10 mm 两种情况。主要研究成果如下：

(1)岩基裂隙开度 $\delta \geqslant 0.5$ mm 时，接触冲刷流速与开度大小的关系明显减弱，决定接触冲刷流速的因素只有土的性质和填筑密度。

(2)建议裂隙冲刷流速采用以下数值，其中安全系数为 3.0：①中粉质壤土 $v_{K,g}$ = 26 cm/s；②重粉质壤土 $v_{K,g}$ = 78 cm/s；③黏土 $v_{K,g}$ = 100 cm/s。

黎国凡结合湖北省温峡口土坝土料特性研究了长江流域三种黏土的裂隙冲刷特性。三种土料小于 0.005 mm 的黏粒含量分别为 42.5%、44% 和 44.5%，相应的干密度分别为 1.53 g/cm^3、1.58 g/cm^3 和 1.39 g/cm^3。试验结果表明，对于粉质黏土而言，当岩基裂隙开度 $\delta \leqslant 1.0$ mm 时，冲刷水力比降大于 20 以上，冲刷流速 v = 80 ~120 cm/s。

中国水利水电科学研究院刘杰分别研究了不同黏粒含量的土(土料小于0.005 mm的黏粒含量分别为9.0%、31.0%、38.0%、36.5%、34.0%)在岩基裂隙开度不同的情况下的接触冲刷问题,并考虑了裂隙开度、土的性质及干密度对接触冲刷的影响,取得了以下研究成果:

(1)岩体裂隙渗流流态取决于岩基裂隙开度、糙率和水力比降,但土体的接触冲刷还与土的性质和干密度有关,不完全取决于渗流流态。在裂隙因素相同的情况下,黏性和干密度大的土抗冲刷水力比降大。

(2)岩基裂隙开度是决定接触冲刷的主要因素之一。当岩基裂隙开度$\delta > 3$ mm时土体的接触冲刷水力比降接近常数,岩基裂隙开度不再有明显作用。这一现象表明,当$\delta >$ 3 mm时对土体的接触冲刷强度起主要作用的是土体本身的水化崩解能力及崩解后粒团粒径的大小。崩解能力强、粒团粒径小的土,抗接触冲刷的水力比降小,反之则大。

(3)土的性质对接触冲刷的影响更加明显。黏性高的土抗接触冲刷能力强,砂壤土抗裂缝冲刷的比降很小。

(4)干密度的影响。同一种土,压实系数大,密度高,则抗接触冲刷的水力比降大。对于高液限黏质土,只要接触冲刷带土体的压实系数达到0.94的要求,岩基裂隙开度在1 mm左右,就具有较高的抗接触冲刷的水力比降。

对于岩基表面与土质防渗体之间的接触冲刷问题,刘杰也做了一些试验研究。研究结果表明,岩基表面与土质防渗体之间结合的最不利因素是土与岩基面之间出现了一层很薄的松软土层,从安全出发,建议按松软土层的抗渗强度确定防渗体与岩面接触的抗渗强度。根据松软土层的试验结果,取安全系数为3,并得到接触冲刷允许抗渗强度,如表2-2所示。

表2-2　土质防渗体与岩基接触面的接触冲刷允许抗渗强度

反滤粒径 D_{20}(mm)		≥100	50	10	5.0	1.0	0.5
$J_{K,g}$	黏土	3.0	3.5	7.0	10	20	27
	壤土	1.2	1.4	2.8	4.0	8.0	11

此外,詹美礼等通过自行设计的接触冲刷试验仪实现了接触面法向作用力对心墙岩基冲刷破坏的室内试验模拟,并针对完整地基进行了9组近17个试样的接触冲刷试验。根据试验数据,分析了接触冲刷破坏的发生规律,以及填筑条件、围压、渗流出口侧反滤保护对接触冲刷破坏的影响。

然而,目前对于土体与刚性水工建筑物之间(如土体与涵闸等接触面)发生渗透破坏的研究较少,地基土与刚性建筑物之间的允许接触水力比降仍然多以工程经验统计值为标准。鉴于土体与刚性建筑物的破坏大多始于工程内部,比较隐蔽,其发展变化过程、破坏特征也未见有相关研究。因此,根据土体与刚性建筑物接触带特点,开展接触冲刷模拟试验,系统探讨土体与刚性建筑物接触冲刷影响因素、破坏特征及机理等相关问题实属必要。

第二节　黄河下游堤防工程土质

黄河流域堤防工程主要分布在黄河下游，黄河下游堤防全部修筑在第四系松软层上。黄河下游河道从孟津至清水沟入海口全长 878 km，临黄堤防长 1 370.7 km，按地貌成因及形态划分，孟津至东平湖为冲积扇平原，地势西高东低，地层岩性主要为粉、细、中砂层，颗粒组成自西向东变细，主要工程地质问题是渗透变形和地基液化；位山至蒲城一带为冲积平原区，堤防地基主要是以黏性土为主的多薄性结构类型，其次为双层结构；山东梁山县、东平县等东平湖附近地区的冲积湖积平原区，堤防地基多为以黏性土为主的多薄层类型，主要工程地质问题为沉降与不均匀沉降；蒲城以东河口地区为冲积海积三角洲平原区，河道内主要为粉砂、粉土及砂壤土，属高压缩性或中等压缩性的土壤，抗剪强度较低。总的来说，黄河下游的工程地质问题有渗透变形、液化、沉降与不均匀沉降，老口门是黄河堤防的特殊工程地质问题。

一、堤身土质

从调查和勘察的资料来看，黄河下游为黄河冲积平原，新老冲积扇相互叠置，形成年代与堤防工程关系密切的有更新世晚期、全新世早晚期。从岩层分布情况看，由下而上，基本上可划分为太古界（前震旦系），古、中生界（震旦系、寒武系、奥陶系、石灰系、二叠系）及新生界（第四系）。其中第四系的全新统 Q_4^{a1} 岩性分布情况为：黄河冲积层分布在最上部，河床多为砂性土，河漫滩及背河洼地多为黏性土，有的成双层结构。土壤颗粒组成从上到下，是由粗到细的分布。黄河下游不同堤段堤身及堤基土质统计结果列于表 2-3。

表 2-3　黄河下游不同堤段堤身及堤基土质统计结果

南岸		北岸	
堤段名称	堤身填土	堤段名称	堤身填土
济南宋庄至王旺庄	壤土	曹坡至北坝头	砂壤土
王旺庄至垦利	砂壤土、粉土	北坝头至张庄	砂壤土、壤土各半
邙山至东坝头	以砂壤土为主	陶城铺至鹊山	壤土及砂壤土
东坝头至东平湖	砂壤土及轻壤土	鹊山至北镇	壤土及少量盐渍土
—	—	北镇至四段	壤土及盐渍土

从以上土壤分布的描述及土层分布情况（见表 2-3）来看，黄河下游堤防工程土壤的分布较为复杂。关于堤身土质，在堤防工程地质剖面图上多标以人工填土，也就是在修筑堤防时，从堤线临背河取土修筑而成。据典型断面分析，主要是浅黄色壤土、砂壤土、粉砂土并有少量细砂和黏土。例如，荆隆宫堤段的各类土壤所占比例如图 2-3（a）所示：壤土占 72.8%、砂壤土占 10.0%、粉砂占 9.0%、黏土占 6.7%、细砂占 1.5%；近堤顶为干硬状态，随深度增加，含水率逐渐增大，土体从稍湿到湿、从硬塑到可塑变化。又如，南北庄堤段的堤身填土以淡黄色壤土为主，含有棕红色土团，各类土壤分布比例如图 2-3（b）所示：壤土占 64.0%、黏土占 15.6%、砂壤土占 15%、粉砂占 5%、细砂占 0.4%，黏土多用于包

边盖顶。

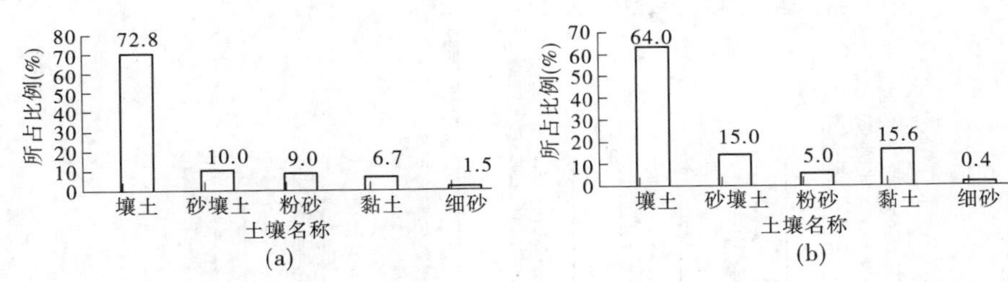

图 2-3　荆隆宫与南北庄堤段的堤身填土分布比例图

根据现场勘探取样、室内试验成果分析，黄河堤防堤身代表土性主要为中粉质壤土、重粉质壤土、粉质黏土；黏粒含量介于 15% ~30% 占多数，少数黏粒含量为 10% 左右；孔隙率介于 0.40 ~0.50；液限 ω_L 大于 26%；塑性指数 I_p 为 10 ~20；土的内摩擦角除黏性土外均在 20° 以上。黄河下游右岸堤防工程的堤防堤身土壤以粉土和砂质粉土为主，其中粉土的渗透系数一般为 $n\times10^{-5}$ cm/s，砂质粉土为 $n\times10^{-4}$ cm/s，干密度为 1.37 ~1.52 g/cm^3。

二、堤基土质

对于堤基土壤，资料较多，土质变化也较大，在地表 10 m 以内多为砂壤土、粉砂、细砂及黏土互层，还有一些堤基表层或距地表很近的范围内有较厚的粉砂和细砂层。另外，河南堤段与山东堤段堤基相比，土层分布也有一定差别。河南堤段无论南岸还是北岸，一般深 10 ~15 m以下都有深厚的砂层覆盖，而山东堤段，从 30 m 深的钻孔资料来看，还没有发现深厚的强透水砂层，但表层埋深较浅的粉砂层、细砂层比河南堤段多。据勘探试验资料分析统计，在地面以下 0 ~10 m、10 ~20 m 深的范围内，各种土壤所占比例如表 2-4 及图 2-4 所示。

表 2-4　黄河下游堤防堤基的各类土质所占比例

深度	0 ~10 m			10 ~20 m		
土壤名称	砂土	砂壤土	壤土黏土	砂土	砂壤土	壤土黏土
河南堤段(%)	31.0	28.0	41.0	70.0	5.0	25.0
山东堤段(%)	12.0	30.0	58.0	38.0	30.0	32.0

黄河下游堤防不同堤段堤基土质统计结果列于表 2-5。北镇到四段堤段堤基在靠近地面黏性土常有裂隙。由于所述堤基土质复杂，洪水时常发生渗水、管涌和滑坡等险情。

堤基土以黏性土为主，粉土次之，上部粉细砂以透镜体或薄层形式出现，下部则基本成层分布。其黏土渗透系数一般为 $n\times10^{-6}$ ~$n\times10^{-7}$ cm/s，粉土渗透系数一般为 $n\times10^{-5}$ ~$n\times10^{-6}$ cm/s，砂质粉土渗透系数一般为 $n\times10^{-4}$ ~$n\times10^{-5}$ cm/s，砂土渗透系数为 $n\times10^{-3}$ cm/s 左右。由于堤基地表粉砂土、粉土，不均匀系数一般性小于 5。

从所搜集的 2 000 多个土壤的试验资料及重点堤段(白马泉—御坝、九堡、荆隆宫、南北庄、瓦屋寨、高村堤段)的堤防地质断面来看，其土壤特性指标的变化都有一定的幅度，其主要物理力学指标的变化范围归纳如表 2-6 所示。

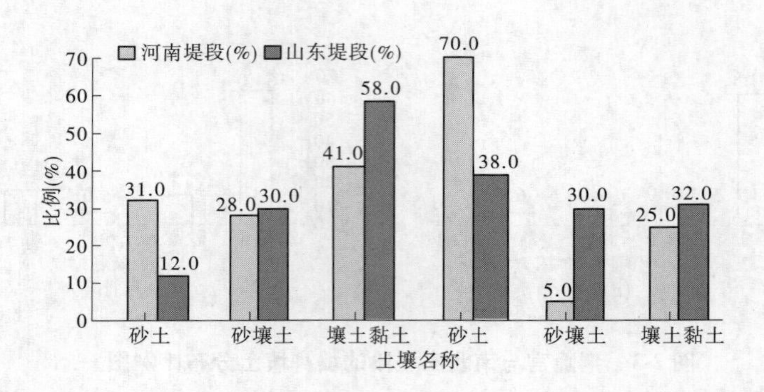

图 2-4　黄河下游堤防堤基的各类土壤分布所占比例

表 2-5　黄河下游堤防不同堤段堤基土质统计结果

南岸		北岸	
堤段名称	堤基土质	堤段名称	堤基土质
邙山至东坝头	粉土、细砂、壤土，有的堤段夹有薄层黏土	曹坡至北坝头	砂壤土与中厚层壤土
东坝头至东平湖	壤土、砂壤土	北坝头至张庄	夹有薄层黏土与壤土互层
济南宋庄至王旺庄	壤土、砂壤土	陶城铺至鹊山	砂壤土及薄层黏土
王旺庄至垦利	砂壤土，薄层壤土	鹊山至北镇	砂壤土、壤土互层
—	—	北镇至四段	砂壤土夹薄层黏土、盐渍土的透境本互层

表 2-6　黄河下游堤防土质主要物理力学指标

土壤名称	堤段	干密度 (g/cm^3)	抗剪强度		渗透系数 (cm/s)
			c(kPa)	φ(°)	
细砂	河南	1.47～1.75	0～9.8	28.4°～36.5°	$4\times10^{-5}\sim1\times10^{-3}$
	山东	1.45～1.59	0～9.8	28.6°～36.9°	2.5×10^{-3}
粉砂	河南	1.46～1.69	0.98～13.7	25.6°～34.6°	$9.2\times10^{-4}\sim2.2\times10^{-5}$
	山东	1.37～1.69	1.5～14.7	21.8°～35.7°	$4.6\times10^{-4}\sim4.2\times10^{-5}$
粉土	河南	1.35～1.65	3.9～21.6	27.5°～35.7°	$6.8\times10^{-4}\sim5.4\times10^{-5}$
	山东	1.38～1.67	1.47～17.6	26.1°～37.9°	$1.5\times10^{-4}\sim2.9\times10^{-5}$
砂壤土	河南	1.31～1.68	0.98～26.5	19.3°～35.6°	$6.0\times10^{-4}\sim1.3\times10^{-7}$
	山东	1.30～1.69	1.96～51.0	19.2°～36.7°	$1.2\times10^{-3}\sim1.2\times10^{-7}$
壤土	河南	1.28～1.67	0.98～45.1	7.4°～35.7°	$6.0\times10^{-4}\sim5.0\times10^{-8}$
	山东	1.29～1.75	0.98～73.5	7.7°～35.4°	$7.6\times10^{-4}\sim15\times10^{-8}$
黏土	河南	1.12～1.68	1.96～63.7	1.1°～24.2°	$8.5\times10^{-4}\sim6.8\times10^{-9}$
	山东	1.12～1.64	4.9～96.0	1.1°～22.3°	$9.8\times10^{-4}\sim6.2\times10^{-9}$

三、土体分类

（一）黏土

通过对黄河下游区域数百组黏土的统计可知，黏土的黏粒含量为 30.0%～75.0%，平均值为44.2%；天然含水率为16.4%～53.0%，平均值为32.8%，含水率不均匀；干密度介于1.110～1.710 g/cm^3，平均值为1.412 g/cm^3，干密度离散性较大，极不均匀；土粒比重介于2.710～2.780，平均值为2.745，比重均匀性较好；渗透系数介于1.0×10^{-8}～1.54×10^{-3} cm/s，平均值为3.82×10^{-5} cm/s，属极弱透水性土层；土的饱和度介于77.5%～100.0%，平均值为92.3%，饱和程度较高。

（二）壤土

黄河下游区域壤土的黏粒含量为0～30.0%，平均值为19.1%；天然含水率介于16.0%～43.0%，平均值为25.69%，含水率不均匀；干密度介于1.220～1.870 g/cm^3，平均值为1.547 g/cm^3，干密度极不均匀，离散性较大；土粒比重介于2.660～2.770，平均值为2.721，比重均匀性较好；渗透系数介于3.0×10^{-8}～9.09×10^{-8} cm/s，平均值为5.09×10^{-5} cm/s，属极弱透水性土层；不均匀系数介于2.0～41.0，平均值为14.0，属级配良好性土；土的饱和度介于64.3%～100.0%，平均值为90.1%，饱和程度较高。

（三）砂壤土

黄河下游区域砂壤土的黏粒含量为3.0%～25.0%，平均值为6.8%；天然含水率介于5.0%～36.0%，平均值为25.0%，含水率极不均匀；干密度介于1.320～1.750 g/cm^3，平均值为1.515 g/cm^3；土粒比重介于2.670～2.750，平均值为2.710，比重均匀性较好；渗透系数介于5.0×10^{-8}～4.87×10^{-3} cm/s，平均值为1.58×10^{-4} cm/s，属弱透水性土层；不均匀系数介于2.0～11.0，平均值为5.4，属级配不良性土；土的饱和度介于33.0%～100.0%，平均值为84.5%，饱和程度较高。

（四）粉土

黄河下游区域粉土的黏粒含量为0～3.0%，平均值为1.0%；天然含水率介于15.6%～34.6%，平均值为25.4%；干密度介于1.280～1.670 g/cm^3，平均值为1.472 g/cm^3；土粒比重介于2.690～2.720，平均值为2.700，比重均匀性较好；渗透系数介于5.22×10^{-6}～6.78×10^{-3} cm/s，平均值为3.8×10^{-4} cm/s，属弱透水性土层；不均匀系数介于2.0～4.0，平均值为3.0，属级配不良性土；土的饱和度介于54.7%～100.0%，平均值为84.5%，饱和程度较高。

（五）粉砂

黄河下游区域粉砂的黏粒含量为0～3.0%，平均值为0.5%；天然含水率介于3.8%～36.7%，平均值为21.7%，含水率极不均匀；干密度介于1.270～1.880 g/cm^3，平均值为1.512 g/cm^3；土粒比重介于2.650～2.730，平均值为2.697，比重均匀性较好；渗透系数介于1.71×10^{-6}～2.38×10^{-3} cm/s，平均值为3.4×10^{-4} cm/s，属弱透水性土层；不均匀系数介于2.0～10.0，平均值为4.5，属级配不良性土；土的饱和度介于67.0%～100.0%，平均值为85.3%，饱和程度较高。

（六）极细砂

黄河下游区域极细砂的黏粒含量为0～3.0%，平均值为0.7%；天然含水率介于3.8%～24.0%，平均值为13.6%，含水率极不均匀；干密度介于1.340～1.850 g/cm^3，平均值为1.431 g/cm^3；土粒比重介于2.650～2.680，平均值为2.670，比重均匀性较好；渗透系数介于1.34×10^{-6}～4.02×10^{-3} cm/s，平均值为1.48×10^{-3} cm/s；土的饱和度介于

30.5% ~100.0%，平均值为73.5%，饱和度变化较大。

（七）砂土

黄河下游区域砂土的黏粒含量为0~4.0%，平均值为1.1%；天然含水率介于8.4%~30.2%，平均值为22.1%，含水率极不均匀；干密度介于1.400~1.640 g/cm^3，平均值为1.500 g/cm^3；土粒比重经验值为2.660；渗透系数介于1.04×10^{-3}~4.59×10^{-3} cm/s，平均值为2.52×10^{-3}cm/s；土的饱和度介于77.0%~100.0%，平均值为88.5%，饱和程度较高。

以上介绍了黄河下游七类土的基本情况，从上述指标可看出这七类土性质的差别。但黄河土质的复杂性，也在于组成土层的土质往往由这七类土中的某几类土混和而成，其性质具有更大的随机性。

黄河堤防土性多样且变化较大，通过对黄河下游堤防土质情况的调研，简要介绍了堤身及堤基土体的工程性质。由调研结果可知，黄河下游土体性质较为复杂，具有代表性的土体主要为中粉质壤土、重粉质壤土、粉质黏土，黏粒含量介于15%~30%的占多数，少数黏粒含量在10%左右；孔隙率介于0.40~0.50；液限ω_L大于26%；塑性指数I_p为10~20；土的内摩擦角除黏性土外均在20°以上。从大的方面来讲，也可把黄河下游的土分为黏性土与无黏性土。黏性土通常是指液限$\omega_L>26\%$，塑性指数$I_p>4\sim7$，黏粒含量一般大于10%的土。根据这一标准，黏性土包括黏土与壤土，无黏性土包括砂壤土、粉土、粉砂、极细砂、砂土。把黄河下游的土分为黏性土与无黏性土，能更好地利用黏性土与无黏性土的指标经验公式，便于从宏观上了解土的共性。

第三节　黄河堤防土石结合部病险形式及成因

黄河堤防上建有百余座穿堤涵闸，使得堤防土体与涵闸各分部混凝土结构形成接触面，即堤防土石结合部，而这些涵闸大多建于20世纪七八十年代，经过多年运行，工程老化现象严重，尤其是止水装置，止水失效极易引起土石结合部产生渗透破坏，如翼墙处的止水失效，就容易引起闸室两侧土石结合部发生渗透破坏，应引起高度重视。黄河下游涵闸坐落在黄河冲积层上，在闸基持力层范围内多为壤土、砂壤土、粉细砂，并多有黏土透镜体，在高水位作用下有可能出现渗透变形、液化、不均匀沉降等问题。由于近年来黄河没有发生大洪水，各涵闸土石结合部存在的隐患未被发现，如出现持续高水位长时间浸泡，极易发生渗水、管涌等重大险情，危及堤防安全。另外，由于闸底板断裂、止水破坏等使渗径缩短，从而引起漏水冒沙，甚至造成基底的空洞层。

一、黄河水闸概况

据2013年黄河水闸注册登记情况，目前黄河水闸共有189座（引黄涵闸渠首闸与引黄涵闸新老闸等分开统计），其中引黄涵闸108座（河南45座、山东63座）。引黄涵闸工程主要由上游连接段、闸室段、涵洞段、下游连接段以及管护设施组成，多为钢筋混凝土箱涵（少部分为圆涵或浆砌石结构）。典型引黄涵闸纵剖面图及平面布置图如图2-5所示。

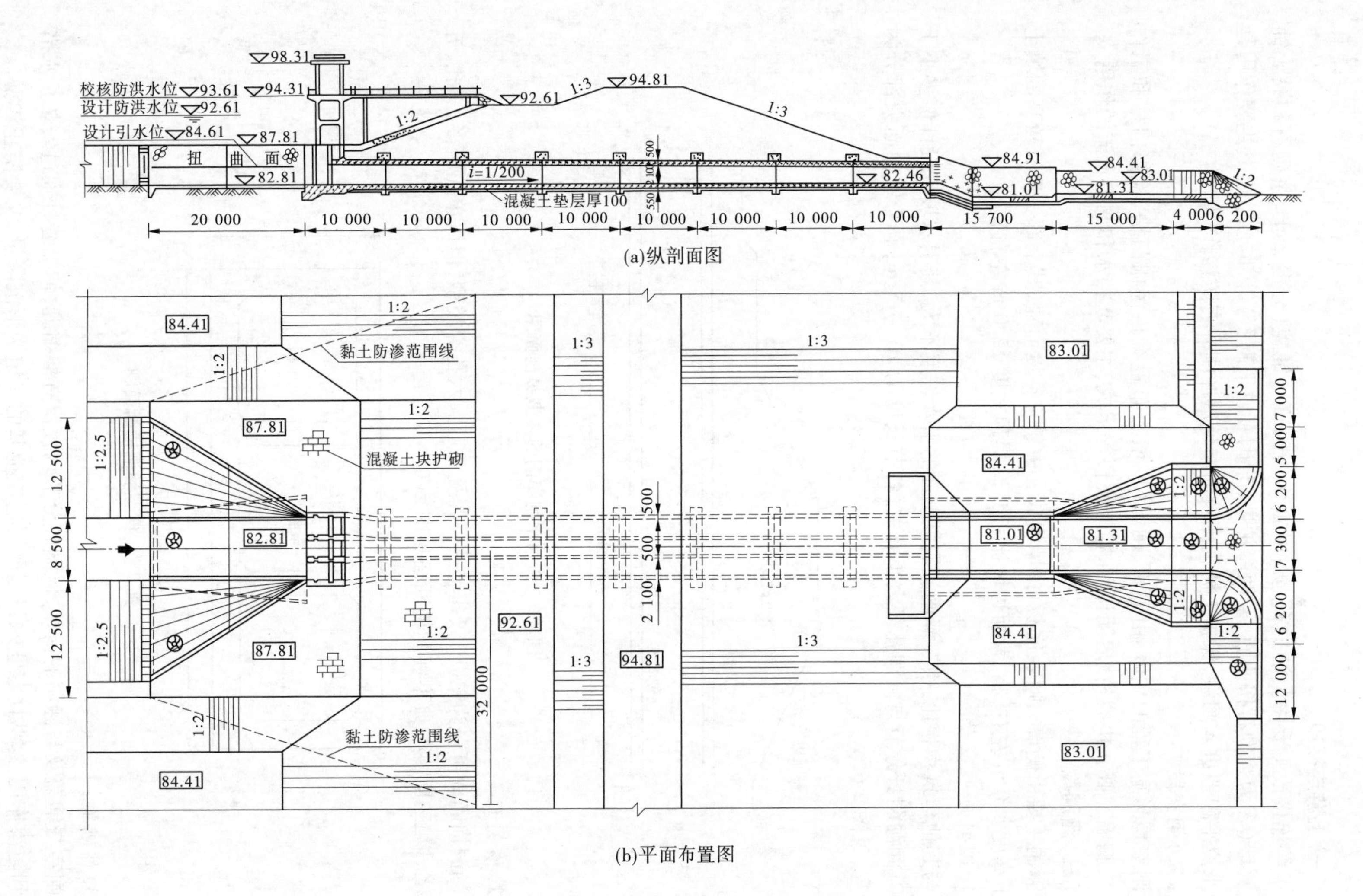

图 2-5　典型引黄涵闸纵剖面图及平面布置图　（单位：m，大沽高程）

(一)上游连接段

上游连接段主要由上游护底、防冲槽(多为砌石)、铺盖(分混凝土、浆砌石和黏土铺盖)、翼墙(多为浆砌石扭曲面)及两岸护坡(浆砌石或干砌石)等部分组成,其主要作用是引导水流平稳地进入闸室,保护上游河床及河岸免遭冲刷并有防渗作用。

(二)闸室段

闸室是涵闸工程的主体,由底板、闸墩(闸墩上布置有拦污栅门槽、检修门槽和工作门槽)、胸墙、闸门、机架桥、启闭机房、检修便桥等组成,主要起挡水和调节水流的作用。

(三)涵洞段

涵洞主要由侧墙、顶板、底板、中墙组成。由于它穿堤而建,其上部一般有较高的填土(填土高度 8.0 m 左右,临、背河边坡比为 1∶3,堤顶宽度 12.0 m 左右)。

1. 纵剖面

与其他建筑物相比,引黄涵闸涵洞纵剖面的引水坡度不大,其引水坡度设计值多小于 1/100;涵洞洞身分节与涵洞孔径大小有关,各节长度为 10 ~ 15 m;洞身纵剖面大部分为直洞身,见图 2-6。

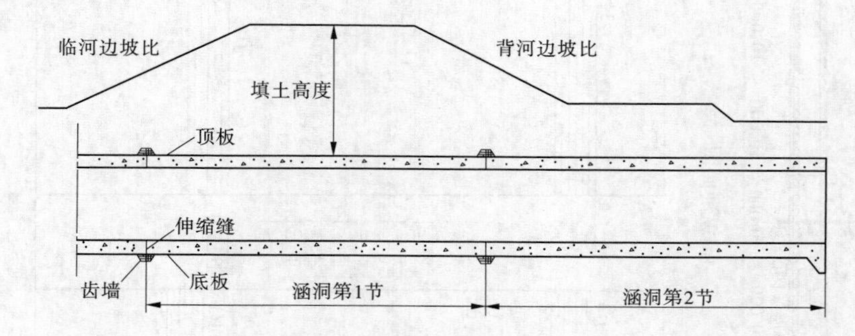

图 2-6　黄河水闸涵洞的典型纵剖面图

2. 横剖面

涵洞横断面可分为单孔、双孔、三孔、四孔、五孔、六孔等类型,但以单孔居多,三孔、五孔次之,以三孔为例,典型涵洞横断面见图 2-7。

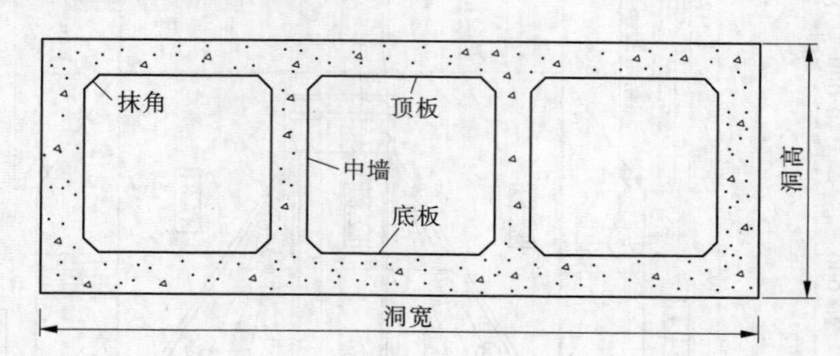

图 2-7　典型涵洞横断面图

3. 伸缩缝

闸室与铺盖及与涵洞的衔接、涵洞各分节均预留有伸缩缝,伸缩缝处通过安装止水措施起到防渗作用,这些防渗止水设施既要适应地基的一定变形沉降量,又要防止渗漏。

(四)下游连接段

下游连接段主要由消力池(混凝土或浆砌石结构)、海漫(多为浆砌石)、防冲槽(多为砌石)、下游翼墙(多为浆砌石)及两岸护坡(浆砌石或干砌石)等部分组成,其主要作用是改善出闸水流条件,提高泄流能力和消能防冲效果,确保下游河床及边坡稳定。部分涵闸消力池下设不透水层,将消力池也作为防渗排水布置的一部分,对涵闸的抗渗稳定性也有一定的作用。

二、穿堤涵闸的主要特点

引黄涵闸大多修建在黄河大堤上,与黄河堤防相辅相成,但本身又具有相对独立的特点,具体如下。

(一)环境特点

引黄涵闸作为黄河两岸堤防上重要的穿堤建筑物,涵闸建设及运行直接受流域气候、水文、泥沙的影响较大,需考虑黄河自身"水少沙多,水沙异源""河道形态独特"的突出特点。

1. 洪水特性

黄河下游洪水由中游地区暴雨形成,洪水发生时间为6~10月。由于暴雨中心不同,洪水有两大来源,一是三门峡以上来水为主形成的洪水(常称上大洪水),二是三门峡至花园口区间来水为主形成的洪水(常称下大洪水)。上大洪水的特点是洪峰高、洪量大、含沙量大。下大洪水的特点是洪水涨势猛、洪峰高、含沙量小、遇见期短、对黄河下游威胁严重。引黄涵闸承担与堤防同等重要的防汛任务,因此在涵闸设计、建设及运行期间应充分考虑其防洪安全。

2. 泥沙来源及特性

黄河中下游的水沙条件具有水少沙多、含沙量大的特点。同时,由于流域内不同区域自然地理条件差别大,水沙来源的地区分布和时间分布不均,具有水沙异源、年际和年内分配不均的特点。大量泥沙的存在直接影响涵闸引水效益的正常发挥及其安全运行。另外,黄河下游有游荡性河段,这也决定了位于游荡性河段内的涵闸在建设初期设计阶段要充分考虑引水口位置,这样不仅可保证引水水源,而且可减少泥沙淤积,避免出现脱流现象。

(二)地质条件特点

1. 地层结构

黄河下游冲积平原区,地貌类型为冲积扇平原。以黄河下游河南段水闸为例,基础地层多为第四系全新统、第四系上更新统、第四系中更新统、第四系下更新统、上三系和寒武系上统,土质涉及壤土、砂壤土、轻粉质砂壤土、粉砂、粉质黏土等24种不同岩性。

2. 地震烈度与地震动参数

黄河下游整体上属于华北地震区,据《中国地震动参数区划图》(GB 18306—2015),黄河下游地震动峰值加速度为0.05g~0.15g,相应地震烈度为6~7度;仅在范县、台前一带为0.20g,相应地震烈度为8度,动反应谱特征周期为0.35~0.40 s。

3. 水文地质特征

黄河下游地下水主要为松散岩类孔隙水（补给源主要为河水及大气降水），其广泛分布于黄河下游河道及沿岸地带；部分地区为基岩裂隙水。引黄涵闸通常位于黄河主河道，且穿越黄河堤防，由于堤防修筑的年代较为久远，地基已经历长期压实和沉降，闸址处地层岩性主要为砂壤土、粉质黏土或粉砂，存在局部液化现象。

（三）工程结构特点

引黄涵闸大多为箱涵式结构，其工程布置长度较长，涵洞分节较多，闸室与铺盖及涵洞的衔接及涵洞分节均有沉降缝，接缝也较多。此外，涵洞洞顶有填土覆盖，洞顶道路有交通要求，且堤防在设计时也有一定坡度要求，因此造成涵洞洞身受力不均。

（四）堤防涵闸土石结合部

由引黄涵闸工程的结构特点可知，涵闸两端与堤防工程的连接设置有连接建筑物，主要包括上下游翼墙、边墩或边墙、顶板或底板等，其主要作用是：

（1）挡住两侧填土，维持结构的稳定；

（2）阻止侧向绕渗，防止与其相连的岸坡产生渗透变形；

（3）引导水流平顺进闸，并使出闸水流均匀扩散；

（4）保护两岸边坡不受过闸水流的冲刷。

但这些结构在发挥其有利作用的同时，也不可避免地形成了堤防土体与涵闸各分部混凝土结构的接触带，即土石结合部。土石结合部是堤防的薄弱环节，素有“一涵闸一险工”之说，特别是由于回填土不密实、不均匀沉降、地基不良等常会引起土石结合部产生裂缝或其他缺陷而发生渗透破坏。这种破坏初始过程大都隐藏在堤防内部，事先难以察觉，险情一经发现，则会迅速导致工程破坏，难以补救，因而土石结合部的渗透破坏具有隐蔽性、突发性和灾难性的特点。

（五）建筑物级别

引黄穿堤涵闸按1级建筑物设计。根据《防洪标准》（GB 50201—2014）、《水闸设计规范》（SL 265—2016）等有关规范的规定，位于防洪堤上的引水建筑物，其建筑物级别不得低于防洪堤的级别，建筑物的设计防洪标准也不得低于堤防工程的防洪标准。黄河大堤为1级堤防，因此引黄涵闸工程建筑物级别也应为1级。这也是引黄涵闸虽设计引水流量不大，但级别相对较高的原因。

（六）防洪标准

引黄涵闸承担着与堤防同等重要的防汛任务，其自身安全也直接涉及整个防洪堤线的安全，因此引黄涵闸在建设及运行阶段首先是考虑建筑物的防洪安全。

位于临黄堤上的涵闸防洪标准采用与黄河花园口站22 000 m^3/s洪水相应的防洪标准。由于泥沙淤积河床抬升，将导致涵闸设计防洪水位随之抬升。因此，规定涵闸工程以工程建成后30年作为设计水平年。设防洪水位以工程修建前三年黄河防总颁发的设防水位的平均值作为设计防洪水位的起算水位，并根据发展趋势对特殊情况进行适当调整。小浪底运用后新建或改建的引黄涵闸在确定设计洪水位时，要考虑小浪底水库运用对下游各河段河槽冲刷、水位下降的影响。

三、堤防土石结合部出险的主要形式

堤防涵闸土石结合部病害类型主要为裂缝、空洞和不密实、生物洞穴等，不同病害类型常常使土石结合部产生渗漏、接触冲刷等不同形式的渗透破坏现象，而在渗透水流作用下，病害也在不断发展变化。接触带不密实、裂缝的最终结果将导致土体与涵闸各构件间的脱空而发生渗透破坏，只是各缺陷的病害诱因及发展变化过程不同。因此，土石结合部渗流破坏险情往往是一个动态的变化过程，但最终都将导致堤防险情的发生。而堤防工程及穿堤建筑物的渗流破坏多数是沿基土或侧向、顶部填土与建筑物接触面等薄弱部位或存在隐患的部位产生，按照引黄涵闸结构特点，从结构作用、受力等方面分析工程中土石结合部特点、出险原因及形式。

（一）翼墙

1. 结构作用

上游翼墙的主要作用是引导水流平缓流入，翼墙后有填土，同时是一种挡土建筑物，在保证水流顺直引入的同时，能利用土压力的作用保持稳定性。下游翼墙后设置有防渗止水措施，可起到稳定侧向绕渗作用。

2. 受力分析

考虑理想设计与施工条件下，翼墙结构主要承受水的浮力和填土压力的作用。翼墙施工完毕达到设计强度后进行墙后填土，由于墙后填土压实困难，在填土完成后还要继续完成固结，所以填土的密实度还会有适度的增加。在这个过程中墙后的土压力也随之发生变化，直至土体完成固结达到最大的土压力。翼墙也属于不应产生变形的支挡建筑物，若在填土自由沉落过程中墙体不发生任何变形，则所承受的土压力应为静止土压力。但现场发生破坏的翼墙，在填土沉落过程中均有变形发生，土压力也随之发生变化，所以翼墙实际抵御的土压力为主动土压力。

3. 土石结合部特点

由于施工因素，翼墙背水面的回填土难以夯实，在填土完成后土体会继续固结，这一过程持续时间长且与建筑物不易结合紧密，往往形成不密实状态，因此当翼墙因折角较大，墙身产生裂缝时，水流容易透过防渗层进入土石结合部，若长期以来受流水侵蚀，一方面坡脚可能被掏空，造成土基边坡滑塌；另一方面，土基含水率增加，冬季气温降低时，土体冻胀量较大，水平冻胀力会对墙体发生作用，产生冻害破坏。有的虽然采用了抗冻设计，但当墙后回填土的含水率过大时，易造成实际冻胀力大于设计冻胀力，造成翼墙开裂，严重者发生位移。另外，当翼墙基础土体不良、存在软弱夹层或未夯实时，易产生不均匀沉降而导致翼墙裂缝。

翼墙墙后有一定的渗透压力，其主要与墙前水位变化情况和墙后土层的渗透性能以及地下水补给等影响有关。因此，为保证侧向绕渗稳定性，涵洞下游出口至两岸翼墙间设置有防渗止水措施。

由此可知，翼墙土石结合部存在的主要问题是易产生裂缝、坍塌等结构破坏或侧向绕渗不稳定，从而造成渗水，威胁翼墙甚至翼墙后堤身安全。

4. 出险类型

出险类型有裂缝、滑坡、渗漏。

5. 出险原因

(1)不均匀沉降造成裂缝、坍塌;

(2)水流冲刷;

(3)止水措施失效。

(二)铺盖

1. 结构作用

铺盖主要作用是增加渗径长度,同时具有防冲功能。

2. 受力分析

铺盖主要受水流冲刷和水压力的作用。当铺盖因冲刷作用或不均匀沉降产生较大裂缝时,易出现空鼓现象,若裂缝发展贯穿,则会缩短渗径长度,增大渗透压力,在较高水位作用下,造成水闸渗透不稳定,影响水闸和堤防安全。

3. 土石结合部特点

为起到防渗作用,铺盖与闸室底板接缝处设置一道止水。

4. 出险类型

出险类型有裂缝、渗水、渗透破坏。

5. 出险原因

(1)不均匀沉降;

(2)地震作用下造成结构破坏;

(3)水流过度冲刷。

(三)底板

1. 结构作用

底板主要是把闸室及其上部结构荷载向地基传递,并兼有防渗和防冲作用。

2. 受力分析

水闸底板承受的地基反力整体呈中间小、边沿大的特点;由于水闸底板是空间结构,受力情况较为复杂,且底板上闸墩及上部结构的荷载顺水流方向分布并不均匀,特别是闸门挡水时,这种不均匀就更加明显,此时闸门前水重较大,闸门后水重较小,而底板的地基反力则是连续变化的,因此当以闸门为界截取单宽板条对其进行结构计算时,其上部所作用的竖向力必然是不平衡的,即向上的外力不等于向下的外力,从而产生不平衡剪力。此外,底板除承受上部结构自重外,还受水压力及渗透压力作用。

3. 土石结合部特点

底板下部铺设混凝土垫层后直接作用在土基上,结合部面积较大,若受力不均易引起不均匀沉降,进而诱发结构裂缝。

4. 出险类型

出险类型有因渗径缩短而造成的渗透破坏。

5. 出险原因

(1)受力不均、不均匀沉降或荷载变化引起闸底板承载力不足;

(2)与闸前铺盖连接处止水破坏。

(四)闸墩

1. 结构作用

闸墩是主要用于支承闸门、分隔闸孔、连接两岸的墩式部件。

2. 受力分析

闸墩一般承受上部启闭机房、启闭机及排架柱等结构荷载作用,支撑闸门的推力、水压力、墩后填土的侧向土压力等。

3. 土石结合部特点

为防止侧向绕渗,闸墩与墩后填土之间设置有防渗止水措施。

4. 出险类型

出险类型有裂缝、侧向渗透破坏。

5. 出险原因

(1)受力不均或荷载变化引起闸墩承载力不足;

(2)墩后防渗止水设施失效。

(五)涵洞

1. 结构作用

位于堤防上的水闸多为箱涵式水闸,穿堤而建,疏导水流,为矩形断面现浇整体式钢筋混凝土结构,主要由底板、侧墙、顶板等组成。由于洞身覆有填土,上部重量较大,结构稳定性较易得到保证。另外,涵洞为闸室提供较大止推力,利于闸室稳定。

2. 受力分析

涵洞主要受到其上部传递的土压力及堤顶行车荷载,但由于洞身上部填土高度不等及车辆荷载变化等,荷载沿洞身分布不均;洞身一般分节设置,且洞节之间设沉降缝和止水装置,防止不均匀沉降危及洞身及堤防安全。其侧墙两侧填土的侧向土压力利于结构整体稳定。此外,涵洞洞身增加了有效渗径长度,提高了水闸的渗透稳定性。涵洞内的水流流态随闸前水位而变,同一水闸,洞内可能出现有压流、无压流和半有压流等不同流态。因此,需统一考虑稳定、过流、闸基及堤身防渗要求。

3. 土石结合部特点

涵洞顶板、底板、侧墙各构件与顶部及两侧回填土均有接触,土石结合部接触面大、防渗部位多。

4. 出险类型

出险类型是渗透破坏。

5. 出险原因

(1)荷载变化、不均匀沉降导致结构裂缝甚至断裂;

(2)伸缩缝止水破坏等。

四、堤防土石结合部险情主要特征

(一)险情特征

穿堤引黄涵闸与堤防土石结合部险情特征主要概括为以下几方面:

(1)建筑物回填土与堤身结合处出现裂缝,形成漏水;

(2)靠近堤身的水闸两侧土体形成不同程度的沉陷,水位较低一侧的左、右翼墙及护坡裂缝处有渗水;

(3)堤身与涵闸混凝土接触面之间土体不密实,长期渗流作用下形成淘刷空洞等隐患;

(4)接缝处止水破坏形成渗水或混凝土本身形成贯穿性裂缝、断裂而造成渗水。

(二)险情判别

汛期穿堤建筑物均应有专人把守,同时新建的一些穿堤建筑物应设有安全监测点,如测压管和渗压计等。汛期加强观测,及时分析堤身、堤基渗压力变化,即可分析判定是否有接触冲刷险情发生。未设置安全监测设施的穿堤建筑物,可从以下几个方面进行分析判别:

(1)查看建筑物背水侧渠道内水位的变化,也可做一些水位标志进行观测,帮助判别是否产生接触冲刷;

(2)查看堤背水侧渠道水是否浑浊,并判定浑水流向,仔细检查各接触带出口处是否有浑水流出;

(3)建筑物轮廓线周边与土石结合部位处于水下,可能在水面产生冒泡或浑水,应仔细观察,必要时可进行人工探摸;

(4)接触带位于水上部分,在结合缝处(如八字墙与土体结合缝)有浑水渗出,说明墙体与土体间产生了接触冲刷,应及早处理。

五、堤防土石结合部险情及成因

土石结合部的渗流安全是保证涵闸及堤防安全的重要条件之一。在施工过程中进行土体回填时,由于结合面不易夯实,导致在不均匀沉降作用下产生裂缝或脱空缺陷,严重时导致结构裂缝甚至断裂,进而在上游水压力作用下,结合面间孔隙就会成为水流渗透的主要通道。当渗流量在控制范围内时,渗透破坏的情况就不会发生,此时水是清澈的,未有土体颗粒被带出,并且渗流量较小;相反,如果渗流量大且有土体颗粒被带出,水是浑浊的,此时就发生了渗透破坏。渗透破坏发生的位置不同,其破坏原因也有所差异。总体来讲,对于涵闸来说,一种是沿涵闸与大堤两侧连接处的渗透破坏,即绕渗破坏,另一类是沿涵闸基础的渗透破坏。

(一)沿涵闸与大堤两侧连接处的渗漏险情及原因

穿堤涵闸的岸墙、翼墙或边墩等混凝土与堤防土体结合部位,由于不均匀沉降以及其他诸多因素,很容易引起裂缝,一旦迎水面水位升高或遇降雨地面渗流进入,沿洞壁、墙或墩等硬性构件与土体结合部位流动,形成集中渗漏,严重时将形成漏洞,危及建筑物及堤防安全。主要原因有以下几方面:

(1)靠近建筑物回填土质量不佳,回填土密实度达不到要求,抗渗强度得不到保证。建筑物回填土多采用机械化施工,大型机械上土、碾压,使填土与建筑物接触面处很难压实,特别是一些拐角和狭窄处。采用人工填土受人为影响因素较大,尤其是翼墙处更难填实,遇水后将产生较大沉降,引起土石结合部拉开、裂缝而发生渗漏。

(2)穿堤建筑物止水工程遭破坏,在高水位时渗径不够,致使沿洞、管壁渗漏。

(3)由于建筑物受力不均,或地基内有淤泥、松软薄弱带,在荷载作用下,基础将产生较大的不均匀沉降，引起土石结合部土体不紧密，遇水发生渗漏。

（二）沿涵闸基础的渗漏险情及原因

汛期外河高水位下，在较强的渗透压力作用下，涵闸基础下的地基也会发生严重渗透破坏，使基础砂土大量流失，从而引起涵闸塌陷、断裂或下沉，甚至导致堤防溃决。主要原因有以下几方面：

（1）涵闸建在粉细砂基础上，从而缺乏有效的加大渗径措施，在高水位时上下游水位差大，渗透压力大，在地基的薄弱处发生渗漏。

（2）地震作用下，地基砂层发生液化，遇高水位时发生渗漏。

（3）施工时，地基浮土及淤泥清理不彻底，遇高水位时发生渗漏。

另外，考虑地基渗流和水闸两岸大堤绕渗的需要，下游涵洞出口或消能防冲设施后端设置反滤层和排水孔，以降低渗压水头，并可防止管涌等渗透破坏险情的发生。但随着作用时间增长，反滤失效，即反滤的“滤水阻砂”作用失效，则会造成土体结构削弱，土体流失并最终导致水闸渗透破坏。

从宏观方面讲，穿堤涵闸土石结合部主要险情为由渗透破坏引起的管涌、漏洞，在高水位下，河水在势能的作用下常常沿着土石结合部等薄弱地带产生渗漏，进而形成渗漏通道，造成险情发生。从涵闸出险部位来着，其渗透破坏多数是沿基土或侧向、顶部填土与建筑物接触面产生的。接触冲刷常开始发生在填土与建筑物接触部位，先是接触部位颗粒从渗流出口被带出，进而形成渗漏通道，引起堤防溃决。

第四节　堤防土石结合部接触冲刷试验

由国内外研究成果可知，接触冲刷渗透破坏与土体性质、土体密度、接触面状态等因素密切相关。然而，目前大多研究集中在无黏性土层之间、砂砾石层与黏性土层之间以及黏性土质防渗体与岩基接触带之间的接触冲刷，土体与穿堤建筑物之间的接触冲刷问题研究相对较少也较为困难。接触冲刷试验中，接触面的渗流特性不仅依赖相接触的两种介质自身的渗流特性，更依赖于接触带的结合程度，但接触带渗流介质与水力条件的模拟，较难通过实际工程现场试验解决。鉴于此，项目在自行设计的接触冲刷试验装置基础上，通过室内小尺寸试样模拟，尝试开展土石结合部接触冲刷渗透破坏试验研究，并初步探讨接触冲刷渗透破坏过程特征，对比分析土体性质、水力比降、接触面状态等对接触冲刷渗透破坏的影响。

一、试验用土

由前述可知，黄河堤防堤身代表土性黏粒含量介于15%～30%的占多数，少数黏粒含量占10%左右。为充分反映堤防涵闸土石结合部冲刷的真实性，土质太黏、太粉都不太利于模型的制作，若土质太黏，则流速达不到黏土的起动流速而难以冲刷；若土质太粉，则发展迅速完成，试验过程中冲刷量及冲刷过程都不易控制。结合调研分析结果及本试验的特点，拟选取黏粒含量分别在5%、10%和20%左右的无黏性土和黏性土作为试验用土。

二、现场取样

（一）土料来源

根据堤防典型土体分布，并结合科研人员赴新乡韩董庄闸、于店闸、红旗闸、祥符朱闸、禅房渠首闸、大车引黄闸等10余座引黄涵闸的实地调研情况，以及《黄河下游现行河道工程地质研究图集》（水利部黄河水利委员会勘测规划设计研究院编著，1996年12月）的地质资料可知，新乡原阳段堤基土多为黏土及粉砂，土层分布集中且在表层，因此到新乡原阳段附近大堤取散土样。

（二）取样方法

土体密度试验采用现场环刀取原状样，试验用土主要用重塑土。

（三）现场取样情况

先后进行了四次现场取样：第一次现场取样地点为黄河左岸大堤新乡原阳段左岸大堤桩号K97+400处（背河侧）；第二次现场取样地点为黄河左岸大堤新乡原阳段左岸大堤桩号K101+100处（临河侧）；第三次现场取样地点为黄河左岸大堤新乡原阳段左岸大堤桩号K101+500（背河侧）处；第四次现场取样地点为黄河左岸大堤新乡原阳段左岸大堤桩号K97+100处（背河侧）。

考虑到黄河大堤分层填筑、碾压，每层土体碾压不尽相同，为保证取样土体的均匀性和试验结果的可靠性，每次取样分别在相应桩号大堤距表层10 cm、30 cm和50 cm处取土。

三、土体物理力学试验

为使试验结果更具规范性和代表性，本试验对所用土的干密度、含水率、颗分、液限、塑限、抗剪强度等指标进行试验，具体试验或计算方法参见《土工试验规程》（SL 237—1999）。

（一）颗粒分析试验

颗粒分析试验是测定干土中各粒径组成所占该土总质量的百分数及对土质进行分类定名。颗粒分析试验对粒径大于0.075 mm的颗粒采用筛析法；对粒径小于0.075 mm的颗粒采用比重计（甲种）法，分散剂为六偏磷酸钠，排气方法为煮沸法。试验情况见图2-8和图2-9。

图2-8　土体煮沸

图2-9　搅拌测密度计读数

（二）密度试验

密度试验采用环刀法，现场密度试验环刀体积采用 200 cm^3；室内结合相关试验环刀体积采用 60 cm^3。含水率试验采用烘干法，是试样在 105 ~ 110 ℃下烘到恒重时所失去的水质量和达到恒重后干土质量的比值。试验情况详见图 2-10。

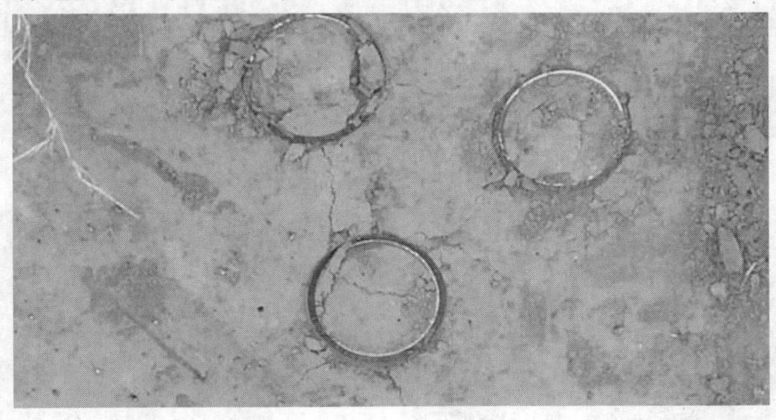

图 2-10　环刀法测密度

（三）界限含水率试验

界限含水率试验的目的是测定细粒土的液限和塑限，并计算塑性指数，划分土类。它适宜于粒径小于 0.5 mm 的颗粒组成及有机质含量不大于干土质量 5% 的土。本次试验采用天然含水率的土样，剔除大于 0.5 mm 的颗粒，然后分别按接近液限、塑限和二者的中间状态制备不同稠度的土膏，采用光电式液塑限联合测定仪测定圆锥的下沉深度。以含水率为横坐标、圆锥下沉深度为纵坐标，在双对数坐标纸上绘制关系曲线，得出细粒土的液限、塑限，并依次计算塑性指数。

（四）直接剪切试验

直接剪切试验采用 ZJ 型应变控制式直剪仪。细粒土、砂类土采用快剪试验，根据土样的软硬程度施加各级垂直压力，对松软试样垂直压力应分级施加，以防土样挤出。以 1.2 mm/min 的剪切速度进行剪切，使试样在 3 ~ 5 min 内剪损。若测力计的读数达到稳定或有明显后退，表示试样已剪损，但一般剪至剪切变形达到 4 mm 时停机。手轮每转动两圈测记测力计和位移读数，直至测力计读数出现峰值，记下破坏值；当剪切过程中测力计读数无峰值时，应剪切至剪切位移为 6 mm 停机。以抗剪强度为纵坐标、垂直压力为横坐标，绘制抗剪强度与垂直压力关系曲线，从而得出黏聚力和内摩擦角。试验情况详见图 2-11。

（五）击实试验

先对土样进行风干，然后过 5 mm 筛，将筛下土拌均匀（四分法）并根据塑限（W_p）预估最优含水率，然后按不同的含水率焖土。击实筒内壁要均匀涂一薄层润滑油，轻型击实分三层击实，每层 25 击，每层交界处要刮毛，最后一层要加护筒并考虑高出 6 mm，击实结束，卸护筒修平。最后称重计算，取试样的含水率。试验情况见图 2-12 和图 2-13。

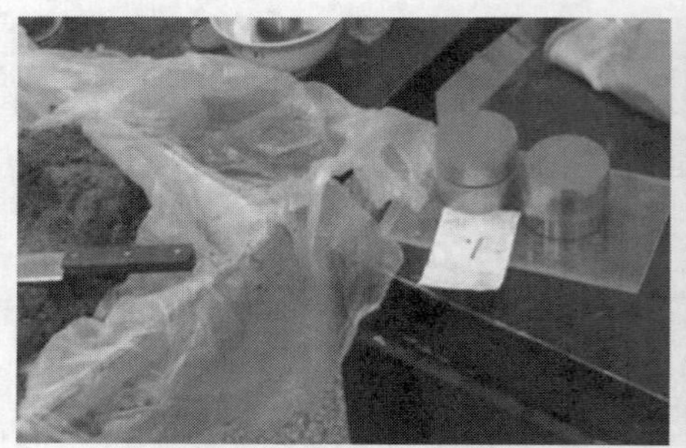

图 2-11　直剪试验

图 2-12　第二层击实

图 2-13　土样修平

土体物理力学性能指标详见表 2-7、土样颗分试验结果见表 2-8、土体颗粒级配曲线见图 2-14。

表 2-7　土体物理力学性能指标

土样类型	直剪			击实		液塑限		
	试样状态	摩擦角 φ(°)	黏聚力 C(kPa)	最优含水率 (%)	最大干密度 (g/cm^3)	液限 ω_L(%)	塑限 ω_P(%)	塑性指数 I_P
无黏性土	自然	31.7	5.7	13.7	1.91	23.5	14.0	9.5
黏性土	自然	35.1	10.2	15.53	1.78	27.2	15.4	11.8
黏性土	自然	31.0	17.8	15.8	1.81	29.3	12.5	16.8

表 2-8　土样颗分试验结果

土样类型	颗粒组成(%)					
	砂粒(mm)				粉粒(mm)	黏粒(mm)
	2~0.5	0.50~0.25	0.25~0.1	0.1~0.05	0.05~0.005	<0.005
无黏性土	0.0	0.0	41.9	18.4	35.1	4.6
黏性土	0.0	1.4	9.4	24.6	52.3	12.3
黏性土	0.0	0.4	1.8	13.5	62.1	22.6

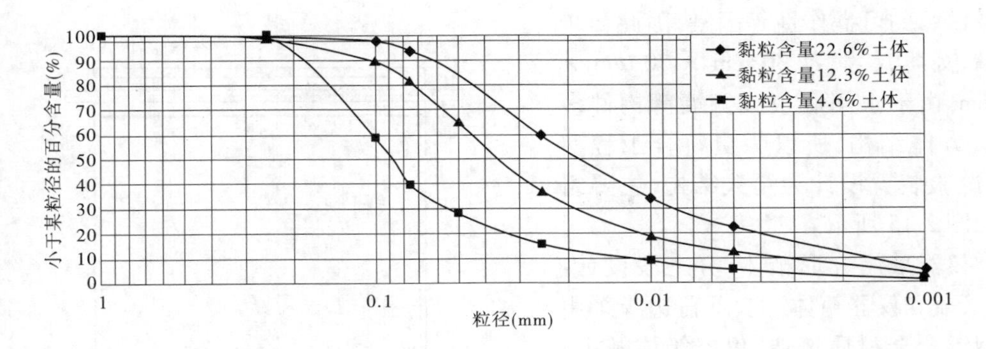

图 2-14　土体颗粒级配曲线

四、接触冲刷试验

(一)试验目的

试验的主要目的是研究堤防涵闸土石结合部存在一定缺陷情况下的接触冲刷渗透破坏,探讨接触冲刷破坏特征。通过室内小尺寸试样试验模拟的方法研究确定不同土体与刚性建筑物接触面在水力比降作用下接触冲刷的破坏程度,为土石结合部的渗流控制提供基础数据及技术支持。

(二)缺陷设置

堤防涵闸土石结合部常见的病害类型主要有脱空、裂缝、止水破坏及不密实等,且裂缝、止水破坏及不密实等缺陷的最终发展结果表现为接触面的脱空问题,考虑到接触面土体碾压不密实及裂缝缺陷的普遍性和可操作性,且由已有研究成果表明,裂隙是接触冲刷的主要因素之一,因此本试验主要对土体与涵闸接触面存在不密实区及裂隙两类缺陷进行室内试验模拟。

(三)试验装置材料

接触冲刷的渗流流态除与接触面状态、水力比降、土体性质等有关外,还与接触面刚性结构的糙率有关。由于堤防涵闸土石结合部多为混凝土结构,表面平整度差别较大,制作成形时由于模板支护或浇筑等问题,往往使得混凝土试件的表面平整度较难控制,且不便于试验过程中的现象观测,因此试验装置设计时,采用相似材料代替混凝土板。试验中为模拟最不利情况和方便试验现象观测,试验装置采用光滑透明的钢化玻璃制作。

(四)试验方案选择

在调研的基础上,结合本试验的特点及实际情况,先后共进行了三个阶段的土石结合部接触冲刷模拟试验,从试验装置、试验方式、试验情况等方面共完成三种试验方案的讨论和完善。

1. 试验方案一

1)试验装置

初始阶段,试验装置为自制渗透仪器,原理参照土的渗透试验[《土工试验规程》(SL 237—1999)]。由于试验土体粒径较小,仪器尺寸无法按照规范所规定的仪器内径与试验土样最大粒径的比例关系确定,且考虑到渗径的过大或过小均会对试验结果造成影响,以及试验的可操作性等因素，因此初步设置仪器尺寸为 30 cm × 30 cm × 40 cm。由于水闸底板或侧墙等构件多为长方体结构，所以为更符合工程实际，试验装置设计为箱式结构，主要组成如图 2-15 所示。

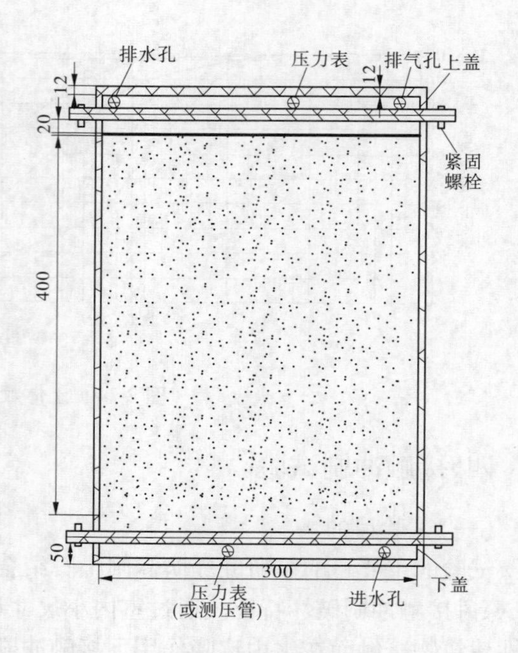

图 2-15　试验装置（单位：mm）

仪器采用方形箱体，分三段设计：上、下盖和仪器箱体，上、下盖边缘采用轻型铝合金材质铸造，仪器箱体及上、下盖顶部均采用 8 mm 厚钢化玻璃，箱体可水平或者竖直放置。在装样时仪器是竖直放置，利于装样方便。装样完成后试验开始前，将仪器水平放置，这样可模拟接触冲刷的实际工况。

上、下盖与仪器箱体部分利用螺栓紧固连接，并且为防止漏水，上、下盖和箱体采用“O”形圈止水防止漏水。仪器一面观测试验现象，另外三面外缘装上可活动的支撑钢板（宽 6 cm），相应紧贴箱体放置宽 6 cm 的活动钢条，当水头较高的时候通过支撑钢板上的活动螺栓顶紧钢条，以防箱体受力过大而变形。上、下盖顶部均比其外边缘高 5 cm，便于各进出水孔、排气孔及压力表（测压管）的安装。

另外，试验装置还包括压力控制系统、供水系统、测压系统及观测系统等。

压力控制系统如图 2-16 所示，该系统包括电葫芦（试验所需水压较高，用电葫芦起吊相对方便）、水箱等，主要通过回转吊自由升降，将与滑轮相连的水箱提升至所需的高度（最高提升位置 10 m，相当于 0.1 MPa），达到给试样提供较高的稳定进口水头压力的目的；因水压较高，故水箱的提升高度通过渗透仪进口处压力表的读数进行控制。

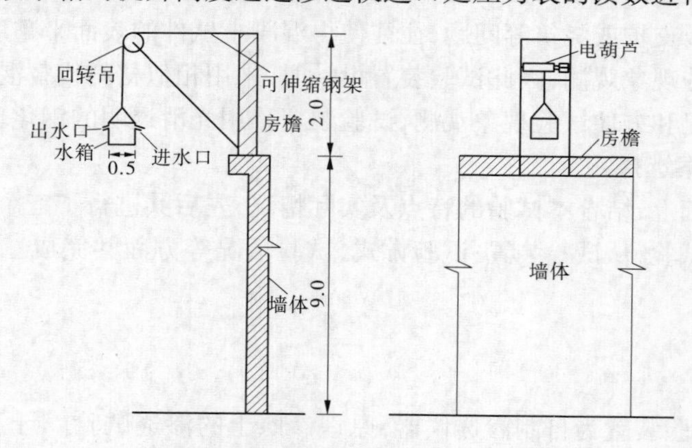

图 2-16　压力控制系统（单位：m）

供水系统：主要通过电动升降设备上搭接水箱（见图2-16），并通过橡胶软管将有压水源输送到渗透设备中的试样内。

测压系统：主要测渗透压力，仪器主要有数显式压力表，量程0～0.1 MPa，误差0.5%。

观测系统：主要通过秒表和量筒读取时间和渗流量，摄像机、照相机等辅助设备记录试验现象。

2）试验方式

试验方式为竖向制样、竖向试验；试样先饱和后进行试验，并盖上顶盖（模拟下游出口有侧向限制）。试验时，逐级施加渗透水压，为使试样不至于突然破坏，按估计破坏比降分20级加压（水压增量为0.5 m）。施加每级水头并稳定30 min，用秒表和量筒测记一段时间内的渗透水量，每隔相同时间测量1次，共测3次。记录上、下游压力表读数并测量水温、室温，用流量稳定后3次读数的平均值计算渗透流速。当流量稳定又无异常时再施加下一级水压，采用同种方法测量渗透流量；若某级水压作用下，通过试样的溢出流量突然增大并且无稳定趋势或进口水压已经达到吊桶的最大水压值，则停止试验。试验结束后，可拆开仪器，观察试样内部的破坏情况；临界冲刷水力比降的确定采用比较保守的方法，即不允许有冲刷的方法。在某级水压下出现了土颗粒的流失，不论是否会继续发展，都认为此级水力比降为临界冲刷水力比降；试验结束后，对量筒内的溢出水进行烘干、称量、颗分，并对破坏后土样进行取样烘干、称量、颗分，与原始级配比较。

3）试验情况

在该试验方案基础上，2013年8月31至2013年11月3日，先后做了5组试验，试验土质为低液限黏土，塑限17.3、液限25.1。试样干密度分别是1.34 kg/m^3、1.43 kg/m^3、1.57 kg/m^3、1.57 kg/m^3、1.57 kg/m^3，含水率均为12%。前3组试验均为土体与仪器侧壁正常接触，第四组和第五组试验为非正常接触（土体和仪器一侧侧壁接触区有3 cm左右的不密实区）。

现以第五组试样为例，简单介绍下试验情况。制样时，试样顶部留有3 cm左右的不密实区，以观察不密实区的影响和破坏后试验现象。为使膨润土能较好地起到防水功能，事先将仪器除观测面以外的三个侧面刮毛。分4层制样，每层用击石锤击实到预定高度。层与层之间进行剖毛处理（剖毛深度大致为3～4 cm）。试样装好后，上紧上盖并安装控制阀门，打开进水阀、排气阀、出水阀，遂将吊桶升至饱和水头高度对土样进行饱和。初始水压高度为2.2 m（相应水力比降为5.5），按照每级50 cm逐级增加水压，当水压增加至5.6 m时，有浑水流出，渗水量为112 cm^3，此时计算得临界比降为14.0，渗透系数为1.187×10^{-6} cm/s；继续增加至上游水头8.8 m，土样破坏，破坏比降为22.0。

具体破坏情况见图2-17。

4）存在问题

因初次试验，且仪器为自行研制，试验过程中出现了一些问题：如由于试样尺寸较大，饱和时间过长，最长的试样饱和需10 d左右，且在饱和过程中土体有较为明显的不均匀沉降现象，初步估计是由于试样浸泡时间较长所致，此种现象在接触面存在不密实区的情况下更为明显；试验结束后经取样分析，试样并未完全饱和［见图2-17（f）］，以第五组试

(a)试样初始稳定情况

(b)试样破坏后出口处浑水情况

(c)试样破坏后临近出口裂缝情况

(d)试样拆卸后顶部脱空情况

(e)顶部试样破坏情况

(f)试样中心处情况

图 2-17　顶部存在不密实区试样破坏情况

(注:试样四周土样呈流塑状态,中间土样介于饱和和非饱和之间)

验为例，试样中心处的饱和度仅 52.35%；且由于不均匀沉降的存在，正常接触时接触面存在不密实区的试样均未见明显冲刷现象；仪器在试验过程中也出现了渗水现象，仪器装置还有待改进。

2. 试验方案二

针对试验方案一试验过程中存在的问题，主要对试验装置、试样尺寸及试验方式等内容进行了改进，并对比了两种不同尺寸试样的试验结果。

1) 试验装置

考虑到试验方案一中试样尺寸较大，不利于制样及试样饱和问题，本方案考虑了两种尺寸试验装置，试样尺寸分别为 15 cm×20 cm×20 cm（长×宽×高）和 10 cm×10 cm×15 cm（长×宽×高），改进后的两种试验装置如图 2-18 所示。

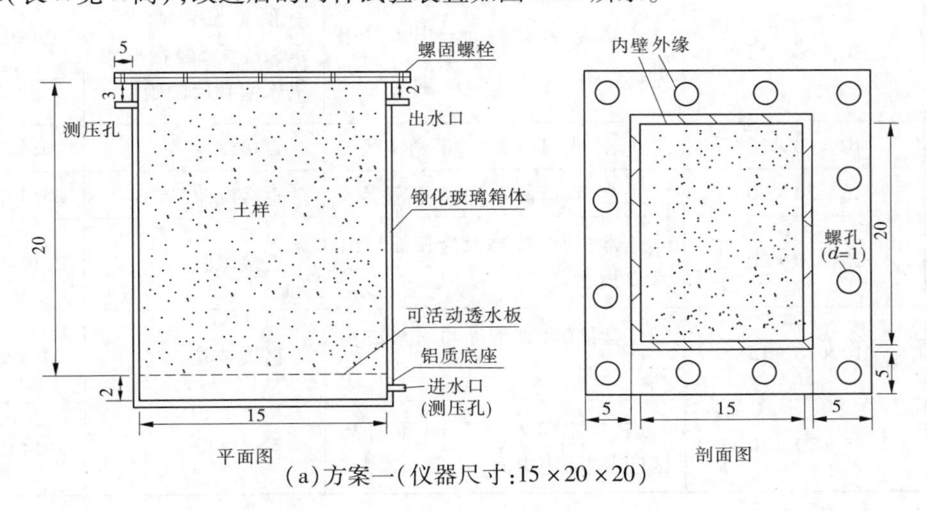

(a) 方案一（仪器尺寸：15×20×20）

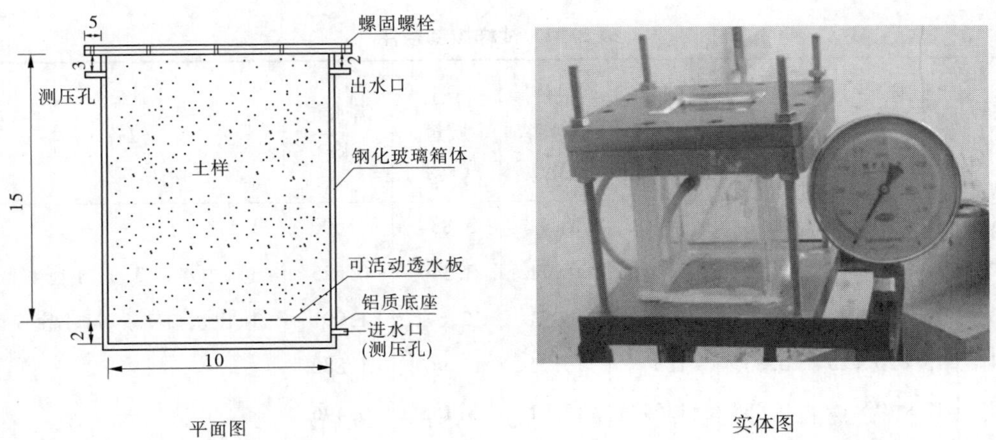

(b) 方案二（仪器尺寸：10×10×15）

图 2-18　渗透破坏仪示意图　（单位：cm）

2）试验方式

试样方式仍采用竖向制样、竖向试验的方式，下游出口有侧限（加上顶盖）。土体黏粒含量5.42%，塑性指数11.8，液限29.3%。自2014年1月7～24日，两种试样尺寸共进行了6组试验，每种尺寸各3组，其中一组试样采用先饱和后试验的方式，每级水压稳定时间为1 h；其余5组为直接施加作用水压，每级水压稳定时间为30 min。

试验基本情况和控制条件见表2-9、表2-10。

表2-9　试验基本情况

试验组次	试样尺寸（cm×cm×cm）	试样状态	试验条件	试验时间（年-月-日）
1	10×10×15	正常接触（观测面与出水口相邻）	预先设置1.5 m水头压力，静置一周仍未饱和后试验	2014-01-07～15
2	10×10×15	进、出水口留3 cm不密实区	直接试验	2014-01-16
3	15×20×20	进、出水口留7.5 cm不密实区	直接试验	2014-01-17
4	15×20×20	正常接触（观测面为长面与出水口相邻）	直接试验	2014-01-21
5	10×10×15	正常接触（观测面与出水口相邻）	直接试验	2014-01-22
6	15×20×20	进、出水口处留7 cm不密实区（观测面为短面）	直接试验	2014-01-24

表2-10　试样控制条件

试验组次	试样尺寸（cm×cm×cm）	压实度	试样干密度（g/cm^3）	最优含水率（%）	干土质量（kg）	需水量（kg）	缺陷位置及大小
1	10×10×15	0.96	1.76	15.71	3.834	0.600	—
2	10×10×15	0.90	1.63	15.71	3.344	0.525	进、出水口3 cm不密实区
3	15×20×20	0.90	1.63	15.71	12.671	1.991	进、出水口7.5 cm不密实区
4	15×20×20	0.85	1.54	15.71	11.967	1.880	—
5	10×10×15	0.85	1.54	15.71	3.158	0.496	—
6	15×20×20	0.90	1.63	15.71	12.671	1.991	进、出水口7 cm不密实区

3）试验情况

具体试验情况见表2-11和表2-12。

表 2-11　试样试验情况

试验组次	试样尺寸（cm × cm × cm）	初始水压(m)	初始比降	稳定时间(h)
1	10 × 10 × 15	1.5	10.0	1.0
2	10 × 10 × 15	1.5	10.0	0.5
3	15 × 20 × 20	1.5	7.5	0.5
4	15 × 20 × 20	1.5	7.5	0.5
5	10 × 10 × 15	1.5	10.0	0.5
6	15 × 20 × 20	1.5	7.5	0.5

表 2-12　接触冲刷试验结果

试验组数	尺寸（cm × cm × cm）	实际干密度（g/cm^3）	实际含水率（%）	试验后干密度（g/cm^3）	临界比降	渗透系数（cm/s）
1	10 × 10 × 15	1.54	14.71	—	51.44	6.93×10^{-7}
2	10 × 10 × 15	1.30	15.78	1.515 4	38.25	7.35×10^{-7}
3	15 × 20 × 20	1.38	16.02	1.583 2	14.66	—
4	15 × 20 × 20	1.54	14.71	—	17.16	6.94×10^{-7}
5	10 × 10 × 15	1.49	14.71	—	35.29	7.81×10^{-7}
6	15 × 20 × 20	1.46	15.36	1.61	15.09	2.96×10^{-6}

从本次试验情况来看，在较小水压作用下，试样基本没什么变化，但试样破坏基本都是试样先出现裂缝，然后从底部薄弱地方塌陷，进而在水流的持续冲刷作用下，形成管涌通道，具体情况见图 2-19。

(a)渗漏通道形式

(b)接触面掏空情况

图 2-19　试样破坏情况

从试验情况来看，由于试样体积较小，每组试样从施加水压到试验结束历时较短，但试验结束后试样中心处仍未完全饱和；在正常接触时，虽试样发生了渗透破坏，且破坏现象大都发生在渗径较短的侧面，预留接触面仍无明显的冲刷破坏；在同样条件下，初始水压稳定时间越长，临界比降越大；试验方式及不密实区的大小还有待进一步确定。

3. 试验方案三

由前述试验可知，试验过程中由于试样饱和时间较长，土体产生较大不均匀沉降；另外，在下游有侧限情况下，接触面均未观察到明显的接触冲刷试验现象。因此，本此试验主要对试验方式、尺寸效应、初始比降稳定时间及接触面缺陷设置等问题进行对比试验。

1）试验装置

试验装置同试验方案二。

2）试验方式

为减小试验过程中土体不均匀沉降，试验方式选择竖向制样、横向试验。由于在实际工程中，堤防涵闸土石结合部大多在接触面存在缺陷、高水位长时间浸泡作用下较易发生渗透破坏险情，因此，在总结前两种试验方案的基础上，采用下游无侧向限制、直接施加作用水压方式进行试验。

自2014年2月19～28日，共进行了6组试验，试验土体与方案二相同。试验基本情况见表2-13、各组试样试验目的见表2-14、试验控制条件见表2-15。

表2-13　试样基本情况

试验组次	试样实际尺寸（cm×cm×cm）	干土质量（kg）	需水量（kg）	压实度		试样干密度（g/cm³）		含水率（%）		缺陷位置及大小
				目标	实际	目标	实际	目标	实际	
1	15×20×20	12.53	1.97	0.9	0.80	1.81	1.45	15.71	15.49	接触面中部宽0.5 mm的裂缝（长11 cm）
2	10×10×15	3.18	0.50	0.9	0.81	1.81	1.37	15.71	15.49	接触面中部宽0.5 mm的裂缝（贯通）
3	15×20×20	12.42	1.95	0.9	0.87	1.81	1.57	15.71	15.81	接触面有5 cm的竖向不密实区
4	15×20×20	12.42	1.95	0.9	0.87	1.81	1.57	15.71	15.81	接触面有5 cm的竖向不密实区
5	15×20×20	12.42	1.95	0.9	0.87	1.81	1.57	15.71	16.07	接触面有5 cm的横向不密实区
6	15×20×20	12.42	1.95	0.9	0.87	1.81	1.57	15.71	16.07	接触面有5 cm的横向不密实区

表 2-14　各组试样试验目的

试验组次	试样尺寸(cm×cm×cm)	试验目的
1	15×20×20	对比试验:相同条件下试样尺寸对比
2	10×10×15	
3	15×20×20	对比试验:相同条件下初始稳定时间对比
4	15×20×20	
5	15×20×20	对比试验:相同条件下初始水压对比
6	15×20×20	

表 2-15　试验控制条件

试验组次	试样尺寸(cm×cm×cm)	初始水压差(cm)	初始稳定时间(min)	每级水压稳定时间(min)	每级水压升高值(cm)	试验时间(年-月-日)
1	15×20×20	45	60	60	20	2014-02-19
2	10×10×15	30	60	60	20	2014-02-21
3	15×20×20	30	60	60	20	2014-02-24
4	15×20×20	30	等下游出口处出水后再升水头	60	20	2014-02-25
5	15×20×20	30	等下游出口处出水后再升水头	60	20	2014-02-27
6	15×20×20	50	等下游出口处出水后再升水头	60	20	2014-02-28

3)试验情况

因6组试样试验条件略有不同,因此从初始加水压到下游出现土样的流失、试样破坏及渗漏通道形成时间和破坏形态也不相同,具体见表2-16。

表 2-16　试样破坏时间节点

试验组次	试样尺寸(cm×cm×cm)	初始水压差(cm)	初始水压施加时间(h:min)	下游出口处渗水时间(h:min)	下游出口处渗水时水压差(cm)	形成管涌通道时间(h:min)	形成管涌通道时水力比降	初始出水量(g)	初始冲出土样质量(换算出干土质量)(g)
1	15×20×20	45	09:40	13:55	105	14:33	5.25	28/(20 min)	64.3/(20 min)
2	10×10×15	30	09:00	09:40	50	10:43	3.33	40/(20 min)	30.5/(20 min)
3	15×20×20	30	13:04	15:15	70	16:13	3.5	46.91/(30 min)	125.4/(30 min)
4	15×20×20	30	11:15	14:30	70	15:46	1.5	19.29/(30 min)	80.62/(30 min)
5	15×20×20	30	11:48	14:21	30	15:33	2.5	32.0/(10 min)	—
6	15×20×20	50	11:10	13:03	50	15:23	2.5	63.4/(10 min)	—

(1)横线裂缝和竖向不密实区试样情况。

由于下游出口无侧向限制,试样在上游水压作用下,各组试样初始现象均表现为从试样与仪器接触面的下部开始,先是接触面土样润湿、渗水,紧接着接触带土样松软、鼓胀,然后接触面底部小块土样脱落,继而内部土样在一定水压作用下出现连续性的流失,最后形成管涌通道。具体情况见图2-20~图2-23。

(a)接触面底部渗水

(b)接触面底部土体鼓胀

(c)接触面底部土体脱落

(d)渗漏通道的形成

(e)接触面冲刷情况

图2-20　第一组试样破坏现象

(a)接触面底部渗水及土样润湿

(b)接触面土体膨胀及底部土体脱落

(c)下游出口处土样大面积脱落

(d)渗漏通道形成(内部土体冲刷情况)

(e)渗漏通道形成(内部土体冲刷情况)

图 2-21　第二组试样破坏现象

(a)接触面底部渗水及土样润湿

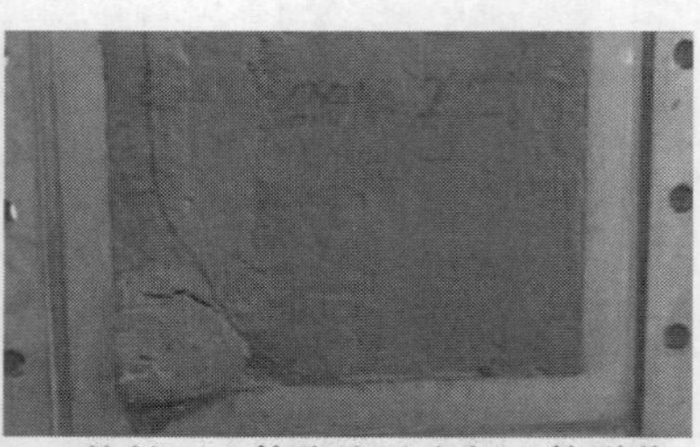

(b)接触面土体膨胀及底部土体脱落

(c)土体冲刷

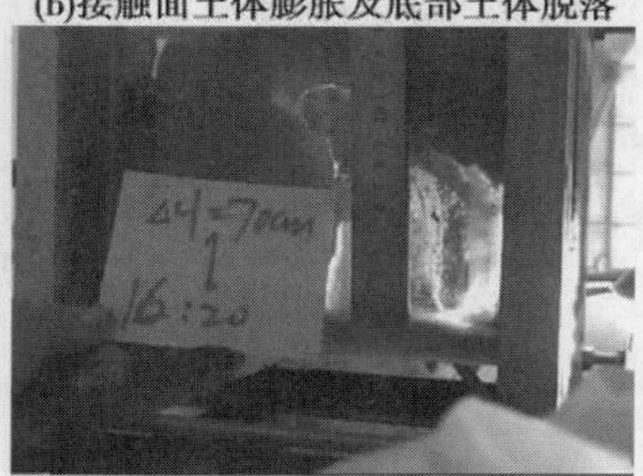

(d)接触面冲刷情况

图 2-22　第三组试样破坏现象

（注：画线所圈为预估薄弱区范围，下同）

(a)接触面底部渗水及土样润湿

(b)接触面土体鼓胀及底部土体脱落

(c)土体冲刷

(d)接触面冲刷情况

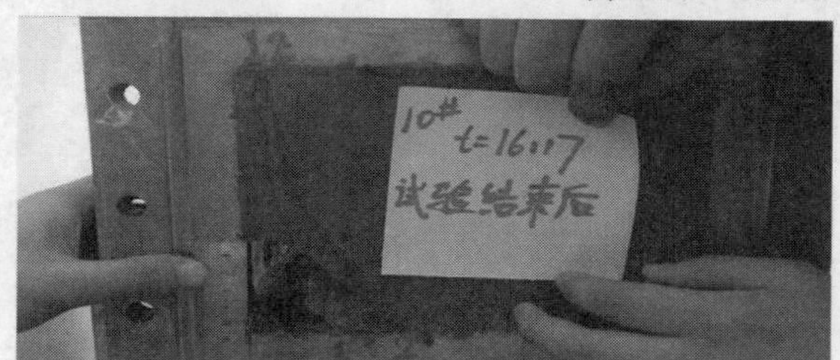

(e)下游出口处渗漏通道

图 2-23　第四组试样破坏现象

(2)横向不密实区试样情况。

当不密实区位于试样上部横向设置时,初始现象表现为从试样与仪器接触面的薄弱地带开始破坏,先是接触面土样润湿、渗水,紧接着接触带土样松软、鼓胀,然后接触面顶部薄弱区小块土样脱落,继而内部土样在连续水流作用下出现了流失,最后形成管涌通道。具体情况见图 2-24 和图 2-25。

(a)接触面上部渗水及土样润湿

(b)接触面土体脱落

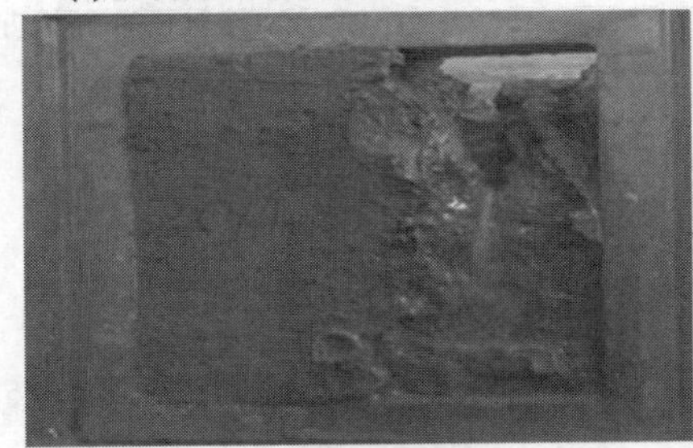

(c)土体冲刷

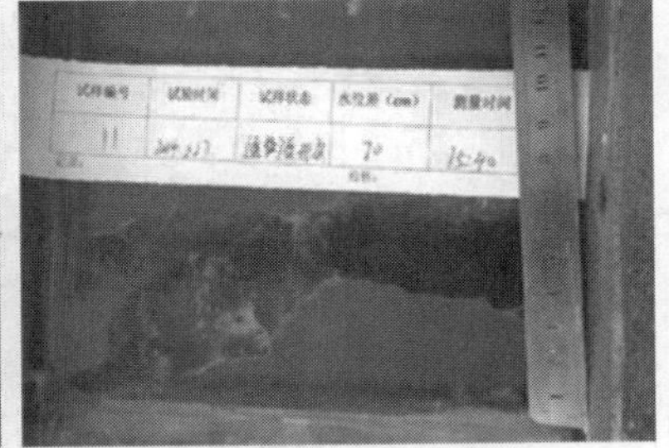

(d)接触面冲刷情况

(e)下游出口处渗漏通道

图 2-24　第五组试样破坏现象

(a)接触面底部渗水及土样润湿

(b)接触面土体鼓胀及底部土体脱落

(c)土体冲刷

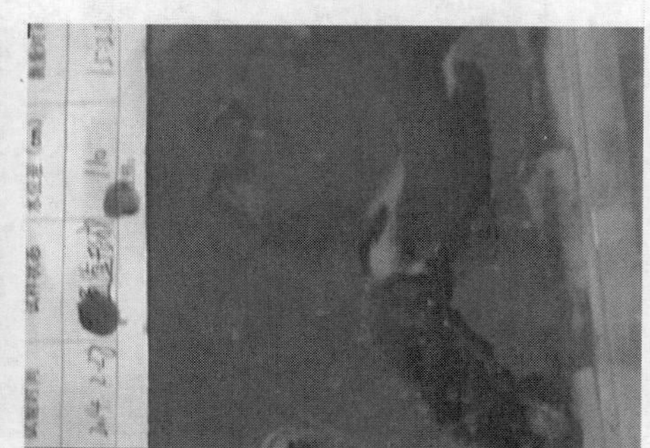

(d)接触面冲刷情况

(e)下游出口处渗漏通道

图 2-25　第六组试样破坏现象

不同试验条件下临界比降和从试样破坏到渗漏通道形成的时间见表 2-17。

表 2-17　各试样的破坏情况

试验组次	试样尺寸(cm×cm×cm)	破坏时水压差(cm)	临界比降	从渗水算起破坏时间(min)	形成管涌通道时间(min)	初始出水量(g/min)
1	15×20×20	105	5.25	35	18	1.40
2	10×10×15	50	3.33	50	16	2.00
3	15×20×20	70	3.5	25	33	1.56
4	15×20×20	70	3.5	26	50	0.64
5	15×20×20	30	1.5	57	15	3.20
6	15×20×20	50	2.5	62	23	6.34

从本方案试验结果可知,在下游无侧限情况下,几组试样接触面均出现了较为明显的接触冲刷渗透破坏现象,而且在相同的试验条件下,试样尺寸越大,抗渗能力越强;从本次试验的两组试样来看,初始稳定时间对临界比降影响不大,仅对试样破坏后接触冲刷有一定影响;不密实区的位置竖向放置时临界比降较横向放置时大,从渗水到试样破坏的历时较短,但从试样破坏到形成渗漏通道时间相对较长;在接触面存在不密实区情况下,从初始水力比降施加到管涌通道形成时间均历时较短,在相同试验条件下,初始水力比降越大,试样破坏时间越短。

4.最终试验方案

通过三种试验方案的开展,经过试验结果对比,主要从试样尺寸、接触面不密实区的设置方式(横向或竖向)及大小(不密实区宽度)、接触面裂隙的设置(横向或竖向)及大小(裂隙开度)、试验方式(横向或竖向放置、出口有无侧向限制、初始水压和每级水压差的确定、土体选择及压实度确定、破坏时间的判断)等方面对试验仪器和方案进行了改进。

三种试验方案比选结果总结见表 2-18。

表 2-18　三种试验方案比选结果

试验方案	仪器大小(cm×cm×cm)	试验组数	试验日期(年-月-日)	试验方式	试验内容	存在的主要问题	下一步的改进措施
一	30×30×40	5	2013-08-31～2013-11-03	竖向制样、竖向试验；逐级施加试验水压(水头增量为0.5 m，每级水头稳定时间为50 min)；下游有侧限(盖上顶盖)	正常接触及接触面存在不密实区	1. 试样未完全饱和； 2. 接触面未见冲刷现象； 3. 试验结果重复性较差； 4. 试样尺寸较大，在饱和过程中土体有较为明显的不均匀沉降； 5. 仪器在试验过程中出现渗水现象	1. 试验方式； 2. 仪器尺寸； 3. 提高试验结果重复性； 4. 仪器渗水问题
二	两种尺寸对比：10×10×15和15×20×20	6(两种尺寸各3组)	2014-01-07～2014-01-24	竖向制样、竖向试验；提高初始水压(1.5 m)，缩短稳定时间；下游有侧限(盖上顶盖)	正常接触及接触面存在不密实区；对比尺寸效应	1. 土体临界比降普遍偏大； 2. 不密实区大小确定	1. 进一步探讨试验方式； 2. 不密实区大小确定
三	两种尺寸对比：10×10×15和15×20×20	6(小尺寸1组，大尺寸5组)	2014-02-19～2014-02-28	竖向制样，横向试验；不饱和，直接试验；下游无侧限(打开顶盖)；初始水压稳定一段时间后再进行试验	相同条件下试样尺寸、初始稳定时间及初始水压的确定；缺陷指标确定	在接触面存在不密实区情况下，从初始水压施加到管涌通道形成时间均历时较短	1. 试验水力比降的确定； 2. 试验方式确定

1）试验装置

试验用自行设计的试验装置进行，试验装置仍由压力控制系统、接触冲刷试验装置、供水系统、测压系统等组成(见图 2-26)。在前期试验方案基础上，对接触冲刷试验装置也进行了改进。箱体仍为透明有机玻璃，壁厚 8 mm，内径尺寸为 15 cm×20 cm×20 cm。接触冲刷试验装置上、下边缘为钢平板，钢平板与有机玻璃箱体之间设置硅胶防水圈，顶杆用于紧固有机玻璃箱体和上、下边缘，在紧固螺栓和顶杆作用下钢板与有机玻璃箱体之间密闭防水。为使上游水流均匀平稳，底部设有带孔金属透水板(孔径 1.5 mm)。进水口与自行设计的能够自由升降、提供试验水压的上游供水装置相连，为试样渗流及接触冲刷渗透破坏提供稳定水压。上游供水装置内设浮球，水源通过进水口不断向水箱内供水，多余的水通过排水管排出，从而为试样底部入口提供恒定的水压，在试验过程中，通过变化上游水箱的高度控制上游水压的大小。

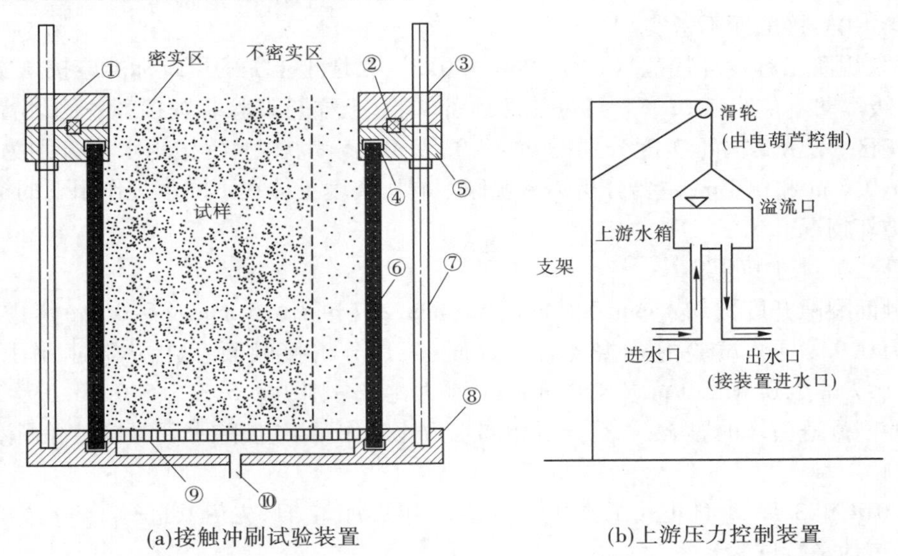

(a)接触冲刷试验装置　　(b)上游压力控制装置

注：①上缘：采用厚度为 20 mm 的普通钢板，内径尺寸：200 mm（长）×150 mm（宽），外径尺寸：250 mm（长）×200 mm（宽）；②密封圈：厚度为 12 mm 的硅胶密封条；③紧固螺栓：ϕ12 mm 螺栓，连接上盖和仪器箱体外缘；④压槽：内置厚 12 mm 的硅胶密封条，用于有机玻璃箱体和外缘的连接；⑤仪器外缘：厚度为 20 mm 的普通钢板；⑥箱体：方便观测，采用 8 mm 厚的有机玻璃；⑦顶杆：用于有机玻璃箱体和上、下盖的密封；⑧底座：厚度为 20 mm 的普通钢板；⑨透水钢板：钢板尺寸 160 mm×210 mm，透水孔径为 1.5 mm，用于水流均匀过度；⑩进水口：与压力表相连

图 2-26　试验装置

2）试验方案

（1）试验方式。

试验方式为竖向制样、横向试验，且试样不预先饱和，直接施加水头试验，考虑接触冲刷破坏时间、水力比降的影响。

穿堤涵闸回填土由于多采用机械化施工，使填土与建筑物接触面很难压实，存在松散接触带，遇水后将产生较大沉陷，引起土石结合部拉开、裂缝而发生渗漏。拟模拟施工中较易出现的涵闸侧墙与两侧填土之间（下游涵洞出口临空）接触面存在不密实区情况下的渗透破坏，因此试验方式采用竖向制样、横向试验（水流方向水平）、下游无侧向限制（出口临空）的方式，较易观察接触面接触冲刷试验现象。

在接触面存在缺陷，即不密实区情况下，试样从施加水压、破坏至渗漏通道形成历时较短，初始稳定时间影响不大。

从比尺效应看，较大尺寸试样更接近实际情况，且每组试样试验时间也较易控制。

施加初始水压作用下，试样饱和效果并不理想。但由于现有试验条件及技术限制，用上游水压代替闸前水位进行接触冲刷试验，且用较为光滑的钢化玻璃代替有一定糙率的混凝土板，考虑最不利情况。

(2)接触面缺陷类型。

接触面缺陷考虑两种:一种是接触面存在不密实区,一种是接触面存在裂隙情况。

(3)试验方案设计。

①第一类:接触面不密实。

根据《堤防工程设计规范》(GB 50286—2013),黏性土土堤的填筑标准应按压实度确定,且1级堤防不应小于0.95。经过前期预备试验,土样与试验装置接触一侧设置5 cm的不密实区,不密实区压实度分别按0.75、0.80、0.85考虑,上游作用水头分别为4 m、2 m、1 m、0.7 m和0.5 m,主要分析不密实区不同压实度土体在不同水头作用下的接触冲刷渗透破坏情况。

②第二类:接触面裂隙。

接触面裂隙开度按0.3 mm、0.6 mm、1.0 mm、2.7 mm、6.0 mm及9.0 mm考虑,土体压实度为0.95,具体试验内容主要有两方面:一是分析接触面存在裂隙时,作用水压(0.5 m、0.7 m、1.0 m、2.0 m及4.0 m,相应水力比降分别为2.5、3.5、5.0、10.0及20.0)对接触冲刷渗透破坏的影响;二是分析相同水力比降作用下,裂隙水平对接触冲刷渗透破坏的影响。

自2014年3月31日正式试验开始至2014年9月22日,先后共进行了90余组土体的试验(包括平行试验)。

结合调研情况和选土原则,试验选取了3种土质,3种土体试样模型土样含水率分别为15.53%、15.8%和13.7%,最大干密度分别为1.78 g/cm^3、1.81 g/cm^{3}和1.91 g/cm^3,每种土体均进行接触面存在不密实区和裂隙两种情况的接触冲刷试验。每种土体试验方案见表2-19。

表2-19 每种土体试验设计方案

<table>
<tr><td>试验条件</td><td>密实区压实度</td><td>不密实区压实度</td><td>不密实区宽度(cm)</td><td>水力比降</td><td>试验组数</td><td>试验方式</td></tr>
<tr><td>接触面存在不密实区</td><td>0.95</td><td>0.85
0.80
0.75</td><td>5.0</td><td>20、10、5、3.5、2.5</td><td>18</td><td rowspan="3">竖向制样、横向试验、下游无侧限</td></tr>
<tr><td>试验条件</td><td>土体压实度</td><td>裂隙开度(mm)</td><td colspan="2">试验水头(m)</td><td>试验组数</td></tr>
<tr><td>接触面存在裂隙</td><td>0.95</td><td>0.3
0.6、1.0、2.7、6、9</td><td colspan="2">20、10、5、3.5、2.5
2.5</td><td>6
5</td></tr>
</table>

(五)试验情况

1. 试验内容

试验主要模拟堤防涵闸土体结合部接触冲刷渗透破坏,具体试验内容包括以下两方面:

(1) 在不同水力比降情况下,对不同性质土体、接触面不同状态试样分别进行接触冲刷试验,分析水力比降、接触面状态、土性对试样破坏的影响。

(2) 分析不同状态下土体试样破坏后接触冲刷的发展、破坏变化过程及破坏类型,并分析不同条件下冲刷量随时间的变化和冲刷破坏前土体颗粒的流失情况。

2. 土体试样模型特征指标的控制

土体试样模型的特征指标包括压实度、含水率、干密度等。

1) 压实度

土体试样模型制作前首先计算出所要求的不同密度、不同含水率的土的质量,计算出土体试样模型的体积和用土量,分层夯实,根据铺土高度计算出每层土的体积和质量,每层都压实到所要求的高度以保证压实度。不同土体接触面存在不密实时,在各压实度下,每层装样质量及控制高度见表2-20;不同土体接触面存在裂隙时,试样每层装样质量及裂隙开度见表2-21。

表2-20 不同土体接触面存在不密实时试样制备参数

土的种类	密实区			不密实区			前三层每层装样质量(g)	最后一层余土质量(g)
	干密度(g/cm^3)	压实度	试样每层控制高度(cm)	干密度(g/cm^3)	压实度	试样每层控制高度(cm)		
低液限粉土(黏粒含量4.6%)	1.81	0.95	5.375	1.43	0.75	6.81	3 335.9	702.3
				1.53	0.80	6.38	3 335.9	526.7
				1.62	0.85	5.95	3 335.9	318.1
低液限黏土(黏粒含量12.3%)	1.69	0.95	5.375	1.34	0.75	6.81	3 153.6	663.9
				1.42	0.80	6.38	3 153.6	497.9
				1.69	0.85	6.00	3 153.6	332.0
低液限黏土(黏粒含量22.6%)	1.72	0.95	5.375	1.36	0.75	6.81	3 207.2	675.2
				1.45	0.80	6.38	3 207.2	506.4
				1.54	0.85	6.00	3 207.2	337.6

2) 含水率

试验应考虑空气对试样含水率的影响。土体试样在按照一定含水率拌和后,用不透水的透明塑料布包裹后放在一密闭容器中。制样过程中尽量在最短时间内完成,并制样完成后立即试验,以减少土体在空气中的暴露时间,防止土体试样的含水率降低,影响试验精度。

3. 试样制备

1) 土样配制

土样制备严格按照《土工试验规程》(SL 237—1999)进行,将试验用土风干后,用木锤击碎,过筛备用。以最优含水率和最大干密度为控制指标。为使拌和均匀,分次拌和,将土样平铺在托盘内,用喷雾器喷洒预计的加水量,分层拌和均匀后放置到玻璃缸内润湿一夜备用,以使水分均匀分布在土料中(见图2-27)。

表 2-21　不同土体接触面存在裂隙时试样制备参数

土的种类	干密度(g/cm^3)	压实度	裂隙开度(mm)	试样每层装样质量(g)
低液限粉土 (黏粒含量 4.6%)	1.81	0.95	0.3	3 408.4
			0.6	3 403.8
			1.5	3 342.3
			2.7	3 294.0
			6.0	3 242.8
			9.0	3 196.3
低液限黏土 (黏粒含量 12.3%)	1.69	0.95	0.3	3 222.1
			0.6	3 217.7
			1.5	3 159.6
			2.7	3 114.0
			6.0	3 065.6
			9.0	3 021.6
低液限黏土 (黏粒含量 22.6%)	1.72	0.95	0.3	3 277.0
			0.6	3 272.5
			1.5	3 213.3
			2.7	3 167.0
			6.0	3 117.7
			9.0	3 073.0

2)不同试样制备

(1)不密实区试样。

土体试样模型制作前首先根据土体最优含水率、最大干密度、试样体积和压实度分别计算出密实区和不密实区所需土的质量及铺土高度。其次,将试验装置竖向放置进行装样。装样前,在观测面外的另外三面均匀涂抹一层膨润土防止边壁集中渗漏。每个试样分四层装料,表面平整后振捣压实,分层夯实。每层填料时,尽量使土体颗粒分布均匀,且层与层之间进行刨毛处理(刨毛深度为 1 ~2 cm);击实时,击锤要分布均匀击实到要求层高,且试样与仪器边壁接触的周边一定要击实(见图 2-28)。

(2)裂隙试样。

在装填样品时,按照紧贴箱体观测面一侧垂直放入不锈钢薄板,通过改变隔板的厚度来模拟接触面的裂隙大小,在隔板另一侧装入土样,其余三面均匀涂抹一层膨润土防止边壁集中渗漏,制样完成后去掉隔板即可。

4. 试验步骤

(1)制样后将试验装置平放。将上游水压调整至预定高度,并按图 2-26 所示安装渗

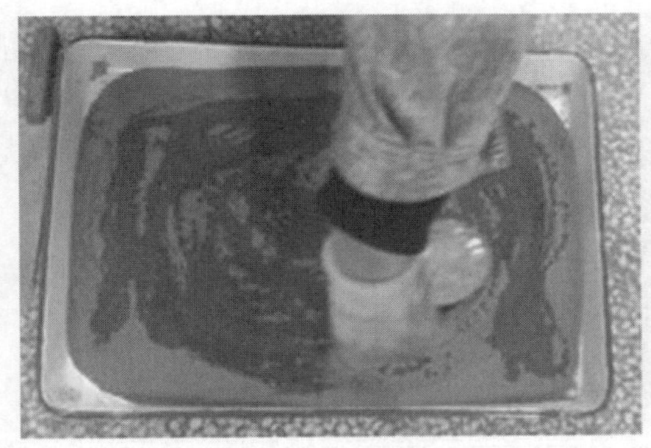

(a)土样的拌和

(b)拌和后的土样

(c)土样的润湿

图 2-27　土样配制

透试验装置,检查进水口是否堵塞,打开进水阀门,检查装置周边是否渗水。

(2)初始水压施加后,观察试样与仪器接触面土体随水压施加时间的变化,并记录其变化过程,利用上、下水头差和渗径,计算上下游水力比降 J,$J=H/L$(J 为上游平均比降;L 为渗径,本试验中 L 取 20 cm;H 为上游水位与试样进口位置高度差)。

(3)最后试样破坏直至渗漏通道形成时通过观察并记录主要试验现象,分别记录试样破坏后 2 min 内的冲刷量(记录 5 次)。

(4)对冲出土体颗粒烘干后进行颗分,并与原始土体进行比较。

5. 破坏标准判定

1)接触面不密实

从前期试验可知,在试样下游出口无任何保护和限制的情况下,试样多是先渗水,然后局部土体鼓胀,进而局部土体脱落,最后形成渗漏通道。因此,接触面存在不密实区情况下,在某级水头下若出现了土体脱落,则认为土样已破坏。

2)接触面存在裂隙

当接触面存在裂隙时,土与裂隙接触处有泥或浑水不断流出,即认为试样破坏。

6. 破坏类型

1)接触面不密实

结合部接触冲刷时渗透破坏的发生及其发展过程较为隐蔽,土体内部颗粒起动及破

(a)分层抹膨润土

(b)每层进行剖毛处理

(c)将土样击实

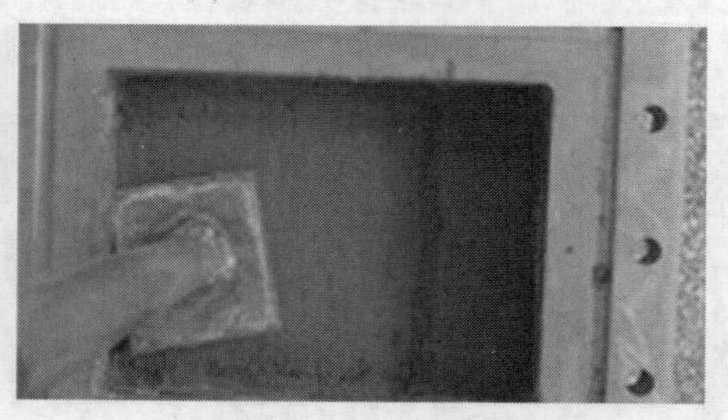

(d)将土样击实到要求高度

图 2-28　正常接触试样制备

坏状态较为复杂且较难观测，一旦渗漏通道形成则发展较为迅速，严重时影响堤防安全，引起堤防溃决。然而土石结合部土体变形及接触冲刷渗透破坏并非瞬间完成，虽然从宏观上表现为靠近接触面底部土体首先破坏，但实际上接触面内部土体首先发生颗粒调整，发生发展过程与水力比降大小有关。随着试验的进行，土体颗粒调整区域逐渐向下游扩展，一旦连通上下游，则土体快速破坏失稳，进而形成渗漏通道。

但接触冲刷渗透破坏与水力比降、接触面土体状态（压实度大小）、土体性质（黏粒含量大小）等密切相关，并非所有土体均发生接触冲刷渗透破坏。从本次试验来看，破坏类型分为三类：

第一类破坏：接触冲刷破坏，大部分土体属于这一破坏类型，下文主要对此类型破坏特征及过程进行详述。

第二类破坏：土体局部失稳破坏。这一类型发生在上游水压较小，且不密实区压实度较大的情况下。宏观现象表现为土体在上游水压较长时间作用下，先是不密实区润湿，然后局部土体失稳（见图 2-29）。

第三类破坏：在上游较大水压作用下，初始仍表现为接触带土体的润湿，润湿区域主要分布在不密实区接触带的底部，然后随着水流的持续作用，先是接触带区域土体推出，然后向正常接触区域扩散，直至土样整体发生顶托破坏。此时，土体出现整体变形，被整体推出（见图 2-30）。

接触面不密实不同条件下土体破坏情况详见表 2-22。

(a)不密实区润湿

(b)土体整体润湿

(c)土体局部失稳破坏

(d)下游土体失稳破坏

图 2-29　土体第二类破坏情况

（黏粒含量 4.6% 的土体，不密实区压实度 0.85，水力比降 2.5）

(a)不密实区土体底部润湿

(b)不密实区土体涌出

(c)不密实区土体破坏

(d)土体试样整体破坏

图 2-30　土体第三类破坏情况

（黏粒含量 22.6% 的土体，不密实区压实度 0.85，水力比降 20）

表 2-22　接触面不密实不同条件下土体破坏情况

土体性质	水力比降	不密实区压实度	破坏类型	稳定时间(min)	破坏时间(min)
低液限粉土(黏粒含量 4.6%)	2.5	0.75	第一类破坏	35	50
低液限粉土(黏粒含量 4.6%)	3.5	0.75	第一类破坏	27	16
低液限粉土(黏粒含量 4.6%)	5	0.75	第一类破坏	18	10
低液限粉土(黏粒含量 4.6%)	10	0.75	第一类破坏	6	4
低液限粉土(黏粒含量 4.6%)	20	0.75	第一类破坏	3	2
低液限粉土(黏粒含量 4.6%)	2.5	0.80	第一类破坏	70	183
低液限粉土(黏粒含量 4.6%)	3.5	0.80	第一类破坏	55	64
低液限粉土(黏粒含量 4.6%)	5	0.80	第一类破坏	39	20
低液限粉土(黏粒含量 4.6%)	10	0.80	第一类破坏	12	7
低液限粉土(黏粒含量 4.6%)	20	0.80	第一类破坏	5	4
低液限粉土(黏粒含量 4.6%)	2.5	0.85	第二类破坏	160	—
低液限粉土(黏粒含量 4.6%)	3.5	0.85	第一类破坏	145	60
低液限粉土(黏粒含量 4.6%)	5	0.85	第一类破坏	95	41
低液限粉土(黏粒含量 4.6%)	10	0.85	第一类破坏	35	22
低液限粉土(黏粒含量 4.6%)	20	0.85	第三类破坏	17	—
低液限黏土(黏粒含量 12.3%)	2.5	0.75	第一类破坏	75	28
低液限黏土(黏粒含量 12.3%)	3.5	0.75	第一类破坏	42	20
低液限黏土(黏粒含量 12.3%)	5	0.75	第一类破坏	31	19
低液限黏土(黏粒含量 12.3%)	10	0.75	第一类破坏	4	6
低液限黏土(黏粒含量 12.3%)	20	0.75	第一类破坏	0.5	1
低液限黏土(黏粒含量 12.3%)	2.5	0.80	第一类破坏	108	57
低液限黏土(黏粒含量 12.3%)	3.5	0.80	第一类破坏	67	33
低液限黏土(黏粒含量 12.3%)	5	0.80	第一类破坏	47	25
低液限黏土(黏粒含量 12.3%)	10	0.80	第一类破坏	10	18
低液限黏土(黏粒含量 12.3%)	20	0.80	第一类破坏	4	7
低液限黏土(黏粒含量 12.3%)	2.5	0.85	第一类破坏	265	164
低液限黏土(黏粒含量 12.3%)	3.5	0.85	第一类破坏	236	73
低液限黏土(黏粒含量 12.3%)	5	0.85	第一类破坏	75	57
低液限黏土(黏粒含量 12.3%)	10	0.85	第一类破坏	20	30
低液限黏土(黏粒含量 12.3%)	20	0.85	第三类破坏	12	—
低液限黏土(黏粒含量 22.6%)	2.5	0.75	第一类破坏	116	77
低液限黏土(黏粒含量 22.6%)	3.5	0.75	第一类破坏	80	45
低液限黏土(黏粒含量 22.6%)	5	0.75	第一类破坏	69	42
低液限黏土(黏粒含量 22.6%)	10	0.75	第一类破坏	38	27
低液限黏土(黏粒含量 22.6%)	20	0.75	第一类破坏	8	5
低液限黏土(黏粒含量 22.6%)	2.5	0.80	第一类破坏	170	238
低液限黏土(黏粒含量 22.6%)	3.5	0.80	第一类破坏	139	105
低液限黏土(黏粒含量 22.6%)	5	0.80	第一类破坏	98	74
低液限黏土(黏粒含量 22.6%)	10	0.80	第一类破坏	50	52
低液限黏土(黏粒含量 22.6%)	20	0.80	第一类破坏	12	13
低液限黏土(黏粒含量 22.6%)	2.5	0.85	第二类破坏	268	—
低液限黏土(黏粒含量 22.6%)	3.5	0.85	第一类破坏	227	215
低液限黏土(黏粒含量 22.6%)	5	0.85	第一类破坏	187	103
低液限黏土(黏粒含量 22.6%)	10	0.85	第一类破坏	88	79
低液限黏土(黏粒含量 22.6%)	20	0.85	第一类破坏	24	44

2)接触面裂隙

从试验情况来看,接触面存在裂隙时,基本上试样的破坏表现均为土与裂隙接触处底部有浑水不断流出为主要破坏特征,并未伴随流泥等试验现象。

接触面裂隙不同条件下土体破坏情况见表2-23。

表2-23　接触面裂隙不同条件下土体破坏情况

试验土体	水力比降	裂隙开度(mm)	破坏时间(min)
低液限粉土(黏粒含量4.6%)	20	0.3	9
	10	0.3	16
	5	0.3	21
	3.5	0.3	45
	2.5	0.3	55
	2.5	0.6	35
	2.5	1.5	23
	2.5	2.7	15
	2.5	6	10
	2.5	9	9
低液限黏土(黏粒含量12.3%)	20	0.3	12
	10	0.3	18
	5	0.3	27
	3.5	0.3	40
	2.5	0.3	68
	2.5	0.6	40
	2.5	1.5	28
	2.5	2.7	20
	2.5	6	10
	2.5	9	9
低液限黏土(黏粒含量22.6%)	20	0.3	14
	10	0.3	23
	5	0.3	30
	3.5	0.3	38
	2.5	0.3	45
	2.5	0.6	28
	2.5	1.5	18
	2.5	2.7	14
	2.5	6	9
	2.5	9	8

7.试验过程

现主要介绍第一类破坏,即接触冲刷试验破坏过程。

1)接触面不密实

按已确定的试验方案进行试验。初始水压施加后,观察试样尤其是试样与仪器接触面不密实区土体随水压施加时间的变化，并记录不密实区从润湿、渗水、破坏、渗漏通道形成的过程、冲刷量及冲刷时间，并对比每种试验条件下试验现象的变化，对初始试验溢出土体及冲刷土体进行颗分试验，对比不同试验条件下、不同土体冲刷前后颗粒流失情况。分别记录试样冲刷破坏后 2 min 内的冲刷量（共记录 5 次，分别称量水重和冲出土体颗粒质量，见图 2-31）。根据试验情况进行 1 ~ 2 组重复性试验。

图 2-31　冲刷破坏后土体颗粒的分离

根据试验情况，可将接触冲刷破坏过程分为 3 个阶段：稳定期、破坏期和冲刷期。本试验所考虑的破坏时间是指从试样初始渗水到试样破坏的持续时间。每组接触冲刷破坏试验的破坏现象基本上较为相似，也从一定程度上验证了试验的重复性。

（1）稳定期。

从试样初始加压到不密实区润湿且有水渗出阶段称为稳定期。不同条件下土体的稳定时间不同，稳定时间与试样接触面状态及水力比降有关，若不密实区密度较小，则在较大水力比降作用下，稳定时间较短或直接发生破坏；若接触面存在裂隙，则试样直接发生冲刷破坏。因此，这一阶段主要针对于试样接触面存在不密实区的情况。水压初始施加阶段，颗粒相对稳定，不会发生土体调整或流失。试样润湿从与仪器接触的土体不密实区开始，逐渐向土样密实区润湿，待不密实区土样完全润湿后，不密实区试样与仪器接触面右下角有水渗出，出水清澈，但渗水量较小，此时试样内部并未发生渗透变形，且这一阶段持续时间较长。稳定期接触面润湿典型图片见图 2-32。

（2）破坏期。

从试样初始渗水到试样渗漏通道形成阶段称之破坏期。

随着上游水流作用时间的持续增长，土体出现了局部变形，主要表现在不密实区的变形破坏，并未扩展到整个土体内部，密实区仍存在未变形区，且密实区也并未完全润湿。从宏观表现出来的是不密实区与仪器侧壁接触面底部土体出现局部变形，变形现象较为明显。在较小水力比降时，则表现为接触面润湿，然后土体细颗粒析出，但最终土体颗粒析出后的试验现象大致相同（见图 2-33）；而在较大水力比降作用下（上游水压大于 1 m 时），先是接触带土体变形，然后土体鼓胀，继而内部土体细颗粒涌出（见图 2-34）。

(a)黏粒含量4.6%的土体
(不密实区压实度0.75,水力比降10)

(b)黏粒含量12.3%的土体
(不密实区压实度0.75,水力比降3.5)

(c)黏粒含量22.6% 的土体
(不密实区压实度0.75,水力比降10)

图 2-32　稳定期接触面润湿典型图片

接触面土体底部变形

接触面土体析出

接触带土体持续涌出

渗漏通道出口情况

(a)黏粒含量4.6%的土体
(不密实区压实度0.8,水力比降5)

图 2-33　上游水压较低情况下土体破坏现象典型图片

接触面土体底部变形

接触面土体析出

接触带土体持续涌出

渗漏通道出口情况

(b)黏粒含量12.3%的土体
(不密实区压实度0.75,水力比降3.5)

接触面土体底部变形

接触面土体析出

接触带土体持续涌出

渗漏通道出口情况

(c)黏粒含量22.6%的土体
(不密实区压实度0.75,水力比降3.5)

续图 2-33

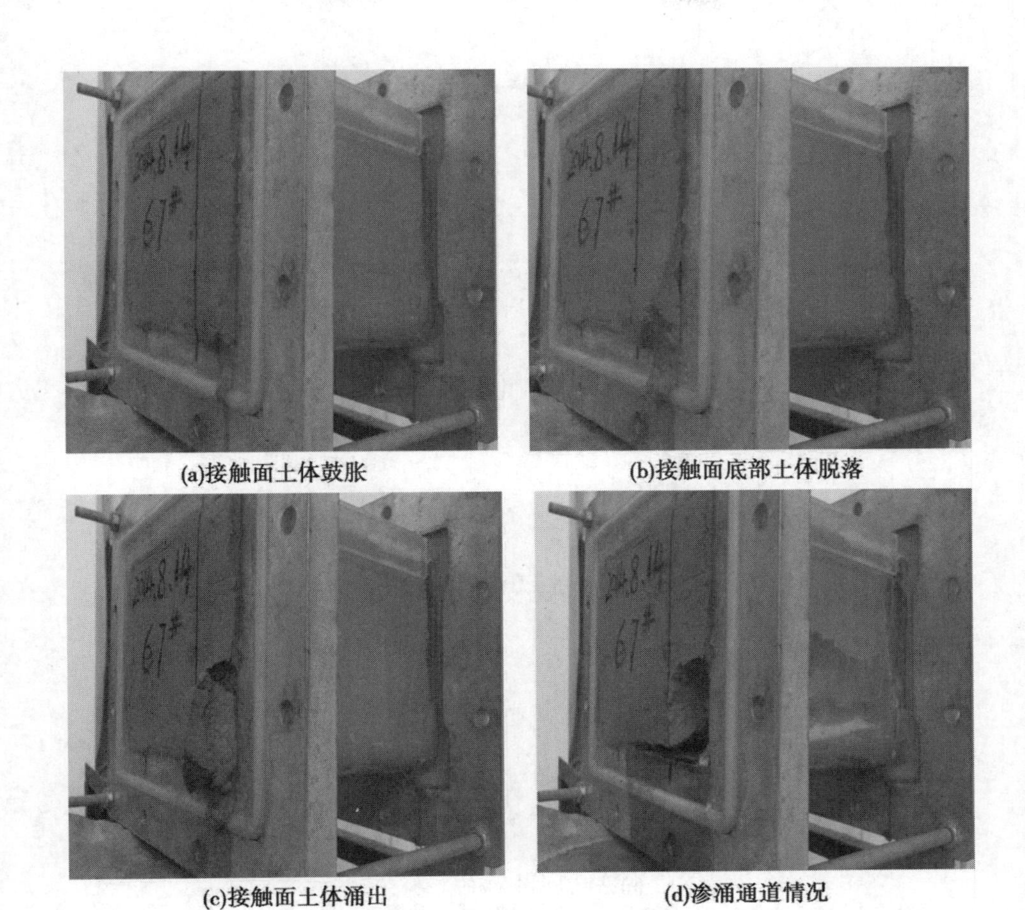

(a)接触面土体鼓胀　(b)接触面底部土体脱落

(c)接触面土体涌出　(d)渗涌通道情况

图 2-34　上游水压较高情况下土体破坏现象典型图片

（黏粒含量 4.6% 的土体，不密实区压实度 0.8，水力比降 10）

但当上游水压持续增高，而不密实区压实度又较小时（如当上游水压 4 m、不密实区压实度 0.75 时），在水流冲刷力作用下，接触带底部土体先是鼓起，但随后临空面土体被掀开，继而内部土体被冲出，形成渗漏通道，具体情况见图 2-35。

在水流作用下，通过底部突破口接触面试样土体一点点侵蚀，土体细颗粒逐渐从底部被带出，渗流变为泥浆。此时土体变形现象较为明显，在保持上游水压不变的情况下，土体颗粒的涌出会暂时停止，时快时慢，持续一段时间后，底部突破口变形区域逐步扩大，并且随之有土体颗粒从接触面底部持续不断涌出，土体颗粒正逐步大量流失，进而从渗流出口处向上游方向逐步发展，渗漏通道由前端向上游回溯发展，直至与上游连通，形成贯通的渗漏通道，通道口呈现不规则的圆形洞，渗漏通道与上游水箱贯通。

在试验结束后，对接触面土体的破坏情况及渗漏通道的形成情况进行了观察和分析。发现接触面不密实区的破坏范围大部分呈现一扇形破坏面（见图 2-33、图 2-34），且土体试样最终形成的渗漏通道通常是弯曲的，最终底部渗漏通道口横向宽度贯穿整个不密实区。在这一阶段，水平向的渗漏通道已初步形成，但密实区土体未见明显破坏，由于土体自重及水流作用，渗透破坏发展范围仅限于接触面下部附近。

接触带土体膨胀　　接触带土体推出

接触带土体掀开　　接触带土体破坏情况

(a)黏粒含量4.6%的土体
(不密实区压实度0.75,水力比降20)

接触带土体鼓胀　　接触带土体掀开

接触带渗漏通道　　接触带土体冲刷情况

(b) 黏粒含量 22.6% 的土体
(不密实区压实度 0.75, 水力比降 20)

图 2-35　水压较大作用时接触面土体破坏情况典型图片

这一阶段土体的破坏时间与水力比降及土体性质密切相关，历经时间也有所差别，几分钟至几十分钟不等。尤其在较大水力比降作用下，土体从初始破坏到渗漏通道形成时间非常短。因此，对于工程而言，在汛期应注意加强堤防巡查，特别是涵闸与堤防土石结合部的巡视，发现隐患，应立即采取相应的处理措施，否则一旦形成破坏，则会在较短时间内形成渗漏通道，最终造成溃堤事故。

(3)冲刷期。

从渗漏通道形成至接触面土体冲刷阶段称为冲刷期。

随着渗漏通道的形成，土体在水流作用下，接触面不密实区土体不断被淘刷，渗漏通道出口面积不断扩大，最终接触面土体完全流失，此时，流量较大。实际上，这一阶段是土层渗透破坏的最终结果，即沿土层接触面形成大的冲刷带(见图2-36)。

(a)黏粒含量4.6%的土体
(不密实区压实度0.75,水力比降3.5)

(b)黏粒含量12.3%的土体
(不密实区压实度0.85,水力比降3.5)

(c)黏粒含量22.6%的土体
(不密实区压实度0.75,水力比降3.5)

图2-36　冲刷期接触面土体冲刷情况典型图片

2)接触面裂隙

接触面存在裂隙时引起的渗透破坏也较为突出。试验分别考虑了裂隙为0.3 mm的试样在0.5 m、0.7 m、1.0 m、2.0 m和4.0 m五个水压，以及在一定水压0.5 m作用下，裂隙开度分别为0.3 mm、0.6 mm、1.5 mm、2.7 mm、6 mm和9 mm的渗透破坏试验。由于裂隙的存在，不同土体试样的破坏过程相对明了，基本上此类型的接触，各土体试样均以浑水流出为主要破坏特征。在上游水压位一定的情况下，刚开始，接触面缺陷裂隙变化并不明显，有小股水流不断地从接触面底部裂隙处流出，在水流持续冲刷作用下，接触面底部裂隙逐渐横向发展,试样底部与仪器接触面发生强力冲刷并形成突破口,逐渐发展,且有土体颗粒被带出,试样被一点点侵蚀。

试样破坏状态与裂隙开度、水力比降及土体性质等有关,但并不完全一致,水力比降较小时,主要表现为:裂隙开度较大时(大于 0.6 mm),试样破坏主要表现为底部快速润湿后,从接触面底部有浑水流出,并从底部冲刷(见图 2-37);裂隙开度较小时,试样的破坏表现为施加水压较短时间后,主要从试样底部开始向上部润湿,然后有浑水从裂隙底部不断流出,此时接触面并未完全润湿,但继而快速由进水侧至上部润湿,形成由下到上、由进水底部到上部一不规则的马蹄面(见图 2-38)。基本上,底部缝长大概发展至试样总宽的 1/4 ~ 1/5 便不再发展。同样,分别记录试样冲刷破坏后 2 min 内的冲刷量(记录 5 次)。但水力比降较大时,试样破坏情况又不相同,裂隙在水流作用下不断横向发展并扩大,破坏面逐渐向试样内部扩展,最终接触带土体被带走,形成不规则的破坏带(见图 2-39),但这种属于个别现象。

接触面底部润湿及底部冲刷

接触面冲刷情况

(a)裂隙开度1.5 mm,水力比降2.5

接触面底部润湿及底部冲刷

接触面冲刷情况

(b)裂隙开度2.7 mm,水力比降2.5

图 2-37 接触面裂隙开度较大时试样破坏情况典型图片(黏粒含量 12.3% 的土体)

接触面底部润湿及底部浑水流出

接触面冲刷情况

(a)裂隙开度0.3 mm,水力比降5

接触面底部润湿及底部浑水流出

接触面冲刷情况

(b)裂隙开度0.6 mm,水力比降2.5

图 2-38　接触面裂隙宽度较小时试样破坏情况典型图片(黏粒含量 12.3% 的土体)

图 2-39　大水力比降作用下接触面裂隙开度较小时试样破坏情况典型图片
(黏粒含量 22.6% 的土体,裂隙开度 0.3 mm,水力比降 20)

五、试验结果与分析

本试验对黏粒含量分别为4.6%、12.3%和22.1%的三种土体在不同试验条件下的不密实区的压实度、裂隙开度、黏粒含量、不同水头与稳定时间及破坏时间的变化等进行了试验研究。由于接触冲刷渗透破坏较为复杂,其影响因素也较多,试验模拟也较为困难,本试验仅对接触面存在不密实区及裂隙情况下的不同土体进行了试验分析,初步探讨了土石结合部接触冲刷渗透破坏的发展过程,糙率对接触冲刷渗透破坏的影响及试验现象的微观描述等还需进行更深入的研究。另外,结合土体性质及水力比降,对接触冲刷过程中土体内部颗粒级配的变化及冲刷量的分布情况等问题进行研究也是必要的。书中所述的颗粒级配主要是最先流失土体的级配变化情况,冲刷量用浑水中含有泥沙的多少来表示。因此,根据试验结果深入分析了土体性质、水力比降、不密实区压实度及裂隙开度等因素对稳定时间(初始施加水压到渗水时间)、破坏时间(试样渗水到试样破坏时间)、冲刷量及冲出颗粒组成的影响规律。

(一)不同条件下各因素随时间的变化规律

1.接触面不密实

本试验对比了水力比降分别为20、10、5、3.5和2.5时,土体接触面压实度分别为0.75、0.80和0.85三种情况下各土体的接触冲刷试验。现主要从稳定阶段和破坏阶段两个方面考虑,分别分析土体性质、压实度大小、水力比降等与稳定时间和破坏时间的关系,具体情况如下。

1)试验稳定阶段

接触面不同压实度时,各土体试样稳定时间与水力比降的关系见图2-40和图2-41。

由上述可知,在一定水力比降作用下,不同土体的稳定时间也有所不同,具有一定的规律性。在水力比降及不密实区压实度一定的情况下,对于不同黏粒含量土体,土体黏粒含量越大,试样从施加水压到稳定时间越长;对于同种土体,不密实区压实度越大,土体稳定时间越长,抗冲刷性越强。

但从图2-41可知,不同土体试样稳定时间随上游比降的变化规律也具有离散性,例如,不密实区压实度0.75、水力比降20时,黏粒含量4.6%、12.3%、22.6%的土体稳定

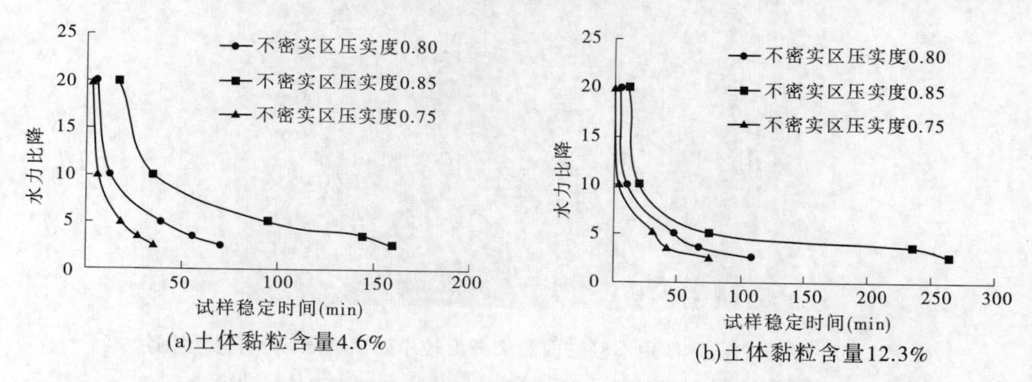

图2-40 接触面不同压实度情况下,试样稳定时间与水力比降的关系曲线

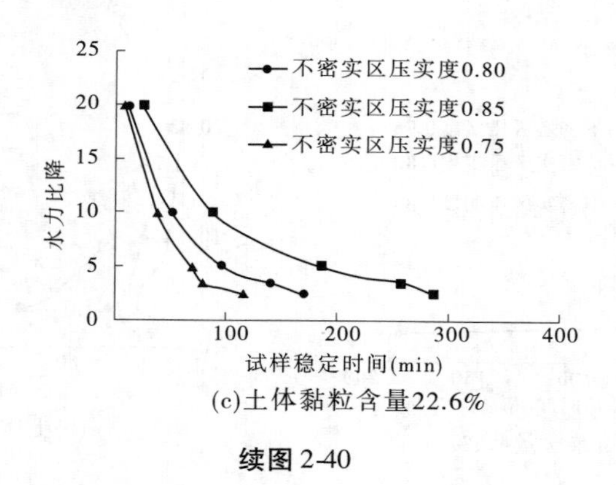

(c)土体黏粒含量22.6%

续图 2-40

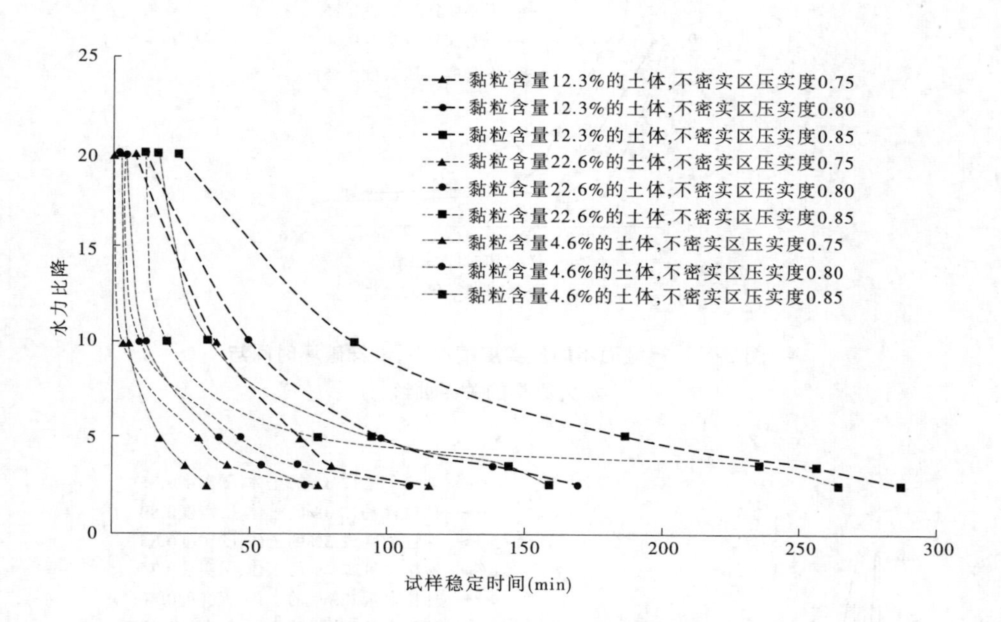

图 2-41　不同土体试样稳定时间与水力比降的关系对比

时间分别为 3 min、0.5 min 和 8 min。同样条件下,黏粒含量 4.6% 的土体反而较黏粒含量 12.3% 的土体稳定时间长。这种现象在不密实区压实度 0.85 的情况下表现更为明显,究其原因,可能是制样及试验过程中人为因素的影响,造成试验结果不太规律。这一不规律性也从侧面反映了影响土体接触冲刷因素的复杂性,且某些因素还较难定量分析。

2)试验破坏阶段

各土体试样破坏时间与水力比降的关系见图 2-42 和图 2-43。

基于上述试验成果,并对比前期试验结果,对于不同土体土石结合部的接触冲刷渗透破坏具有以下特性:

(1)在土石结合部存在一定缺陷情况下,在上游较高水压的长时间作用下,较易发生接触冲刷渗透破坏,与工程实际也较为一致。

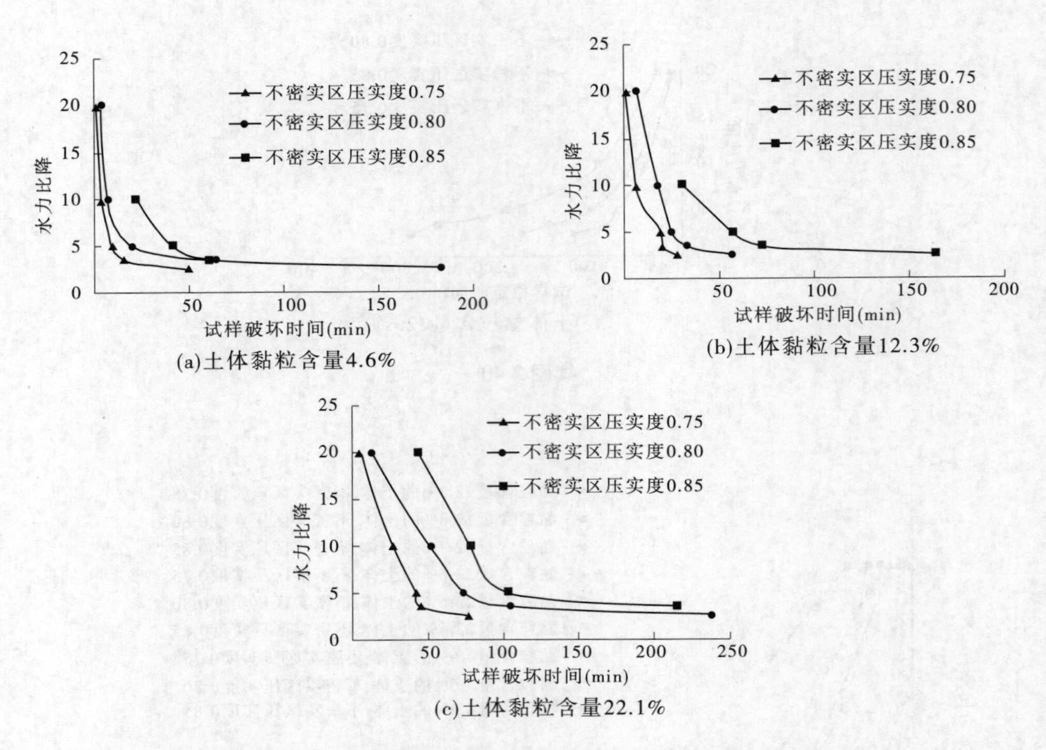

图 2-42　接触面不同压实度情况下，试样破坏时间与水力比降的关系曲线

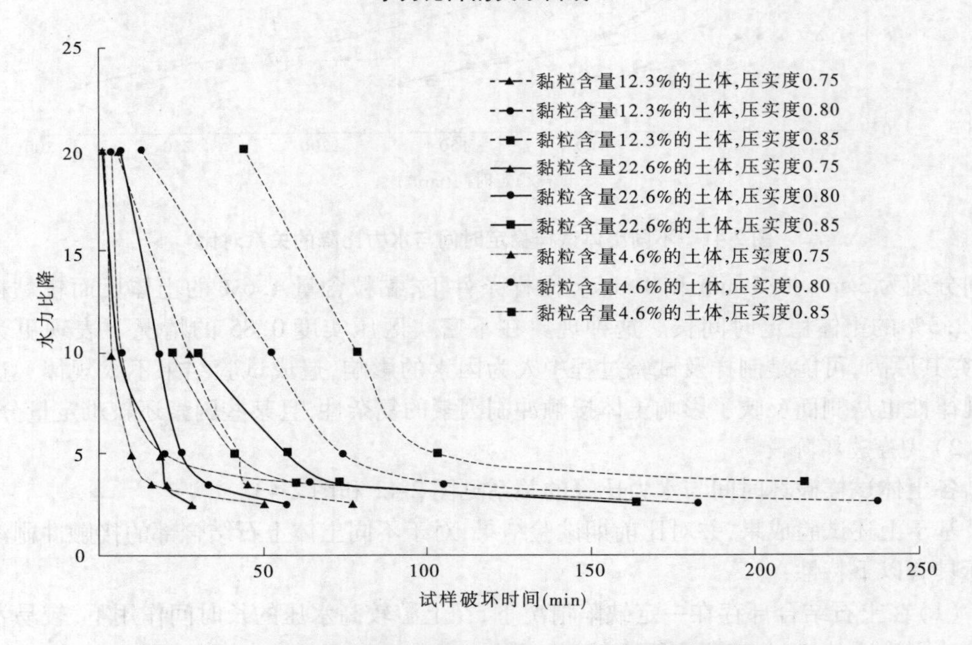

图 2-43　不同土体试样破坏时间与水力比降的关系对比

(2)在相同条件下，即同样水力比降和压实度情况下，黏粒含量较大的土体抗冲刷能力较强，土体性质对接触冲刷影响较大。例如，在水力比降 5，不密实区压实度为 0.75、0.80和 0.85 时，黏粒含量为 12.3% 的土体较黏粒含量为 4.6% 的土体分别提高了 90.0%、25% 和 39.0%。

(3)相同土体情况下，不密实区压实度越高，其抗冲刷能力越强。

2. 接触面裂隙

从前期试验可知，在接触面存在裂隙情况下，水流直接冲刷接触面土体，试样不存在稳定阶段。在接触面存在裂隙情况下，主要从两个方面对比分析了水力比降及裂隙开度对不同性质土体的接触冲刷渗透破坏的影响：一是在相同水力比降 2.5，6 种不同裂隙开度 0.3 mm、0.6 mm、1.5 mm、2.7 mm、6 mm 及 9 mm 情况下，裂隙开度及土体性质的影响；二是相同裂隙开度 0.3 mm，5 种不同试验水头 20、10、5、3.5 和 2.5 情况下，水力比降及土体性质的影响。具体如下。

1)水力比降与破坏时间的关系

不同黏粒含量土体，在接触面存在一定裂隙（裂隙开度为 0.3 mm）时，水力比降与试样接触冲刷破坏时间的关系如图 2-44 所示。

2)裂隙与破坏时间的关系

不同黏粒含量土体，在水力比降一定情况下，接触面裂隙大小与试样接触冲刷破坏时间的关系如图 2-45 所示。

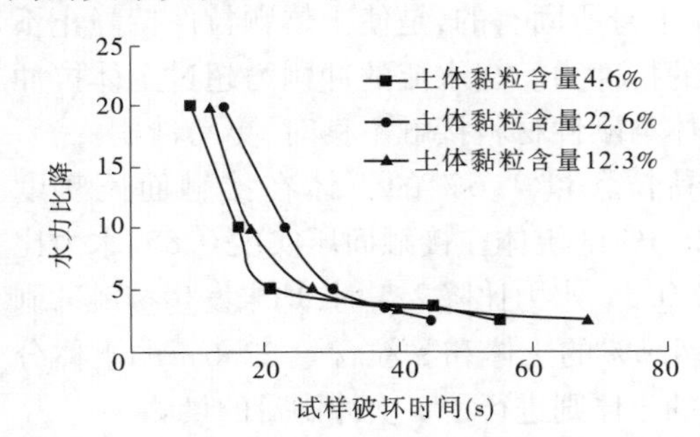

图 2-44　不同黏粒含量土体试样破坏时间与水力比降的关系（裂隙开度 0.3 mm）

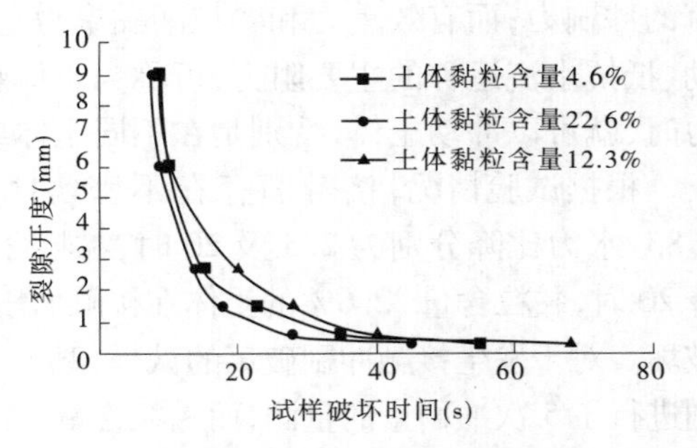

图 2-45　不同黏粒含量土体裂隙开度对破坏时间的影响（水力比降 2.5）

由以上试验结果可知：

(1)在土石结合部存在裂隙情况时，抗冲刷能力较接触面存在不密实区时弱。

(2)显然，在裂隙开度一定情况下，水力比降越大，其抗冲刷能力越弱，但在较高水力比降作用（大于 10）时，土体性质的影响并不太明显，其破坏时间较为接近，此时，土体性质不再有明显作用。

(3)相同水力比降作用下，总体来说，黏性高的土体抗裂缝冲刷的能力较强，但在裂隙开度大于 2.7mm 时，各黏粒含量土体的抗裂隙冲刷破坏时间接近，此时，开度也不再有明显作用。这一研究成果与早前刘杰等研究成果较为接近。

(二)不同冲刷条件下冲刷量随时间变化规律

由前述可知，接触冲刷与水力比降、土体性质、接触面状态等密切相关，因此冲刷量的多少也由多个因素决定。借鉴含沙量的表达方法，所指冲刷量指浑水中含有泥沙量的多

少,则冲刷量 R 可表示为

$$R = \frac{\text{泥沙的质量}}{\text{浑水的体积}}$$

但冲刷量大小与冲刷时间密切相关,故本试验中,除了分析一定时间内冲刷量的变化,还分别深入分析了累计冲刷量及单位时间冲刷量、单位时间平均冲刷量在不同试验条件下的变化规律。

将盛水容器放在模型下游处的地面上,用来盛接冲刷后流经下游的水和冲刷出的土体颗粒,每 2 min 更换盛水容器,然后将盛有水和泥沙的容器静置,直至土体颗粒沉降到容器底部致使水土分离,将土体分离后称其水的质量 G_w 和烘干后干土的质量 G_s,则单位时间内的冲刷量公式可表达为

$$R_t = \frac{G_s}{Vt} \tag{2-10}$$

式中:R_t 为单位时间冲刷量,g/(cm^3·s);$V = G_w / \rho_{水}$,为冲刷过程中水的体积,cm^3;t 为冲刷的时间,s。

1. 接触面不密实

1)水力比降对冲刷量的影响

水流作用力是水流施加在土体颗粒上促使其起动、悬浮、冲刷的主要动力,可称为水流的冲刷力;而有效重力和颗粒间黏聚力是颗粒本身所固有的,是使土体颗粒保持静止不动、抵抗水流运移的主要阻力,可称为土体颗粒的抗冲力。当水流的冲刷力超过土体抗冲力时,就可以冲动土体,特别是在不同土体或土体与刚性材料接触不良时,更易冲刷。

根据试验情况,接触面存在不密实区时,黏粒含量 4.6% 的土体在接触面压实度 0.85、水力比降分别为 2.5 及 20 时,黏粒含量 12.3% 的土体在接触面压实度 0.85、水力比降 20 时,黏粒含量 22.6% 的土体在接触面压实度 0.85、水力比降 2.5 时,均未发生接触冲刷破坏。对于发生接触冲刷破坏的试样,黏粒含量 4.6% 的土体和黏粒含量 22.6% 的土体分别进行了 5 次冲刷量的量测,而黏粒含量 12.3% 的土体则进行了 3 次冲刷量的量测。

(1)对不同时间段累计冲刷量的影响。

接触冲刷破坏后,每个冲刷时段为 2 min,采用单因素对比法,对比了不同土体、接触

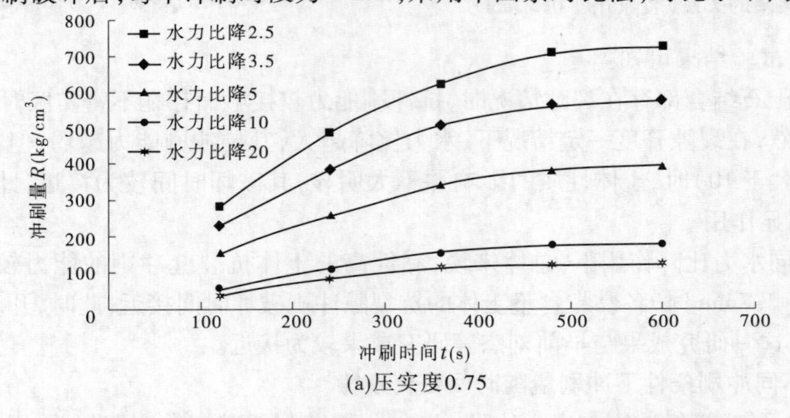

(a)压实度0.75

图 2-46　黏粒含量 4.6% 的土体累计冲刷量随水力比降的变化规律

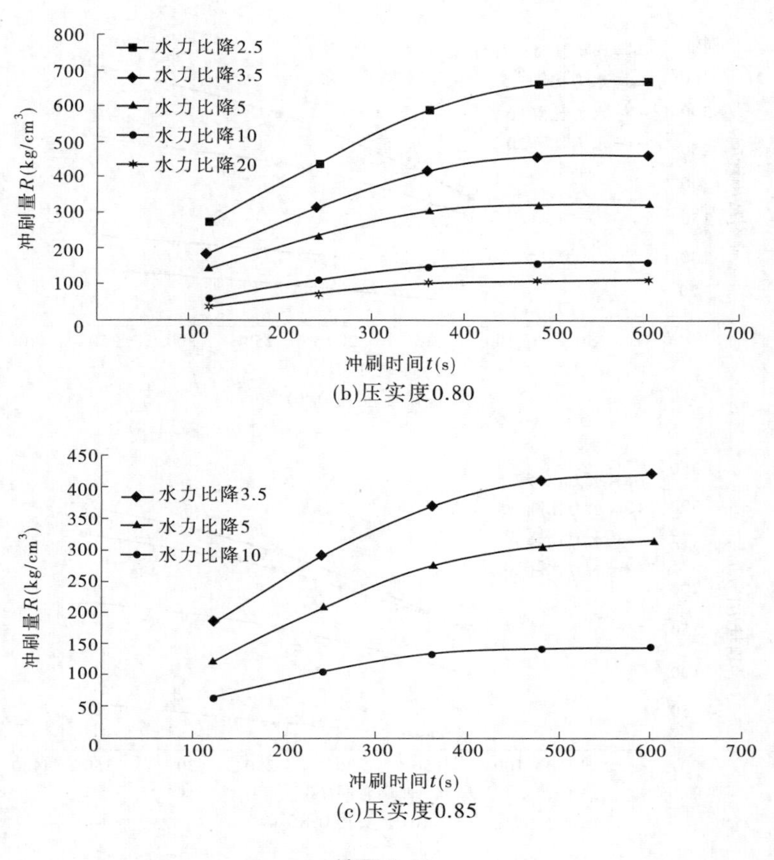

(b)压实度0.80

(c)压实度0.85

续图 2-46

面不同压实度情况下,累计冲刷量随时间的变化规律,如图 2-46 ~ 图 2-48 所示。

由图 2-46 ~ 图 2-48 可知,随着冲刷时间的增加,累计冲刷量总体呈增大趋势,增加速度由快到慢。在渗漏通道初始形成时,由于接触面土体的大量存在,冲刷量的变化增加较为显著,而随着接触面土体的流失、通道孔口的扩大,冲刷量增加明显降低,后期曲线较为

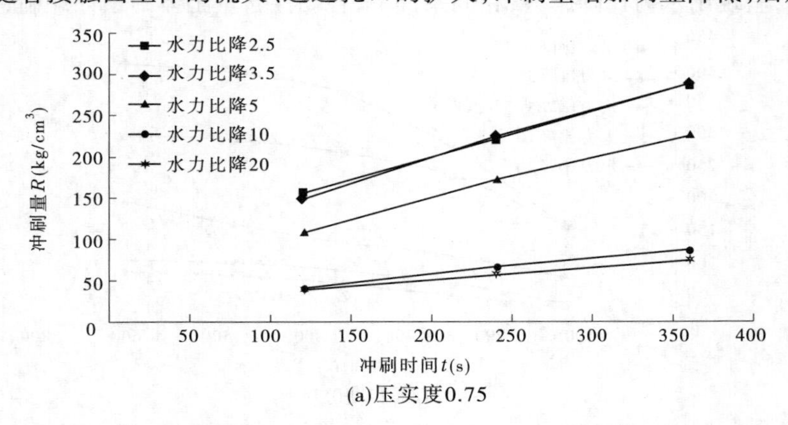

(a)压实度0.75

图 2-47　黏粒含量 12.3% 的土体累计冲刷量随水力比降的变化规律

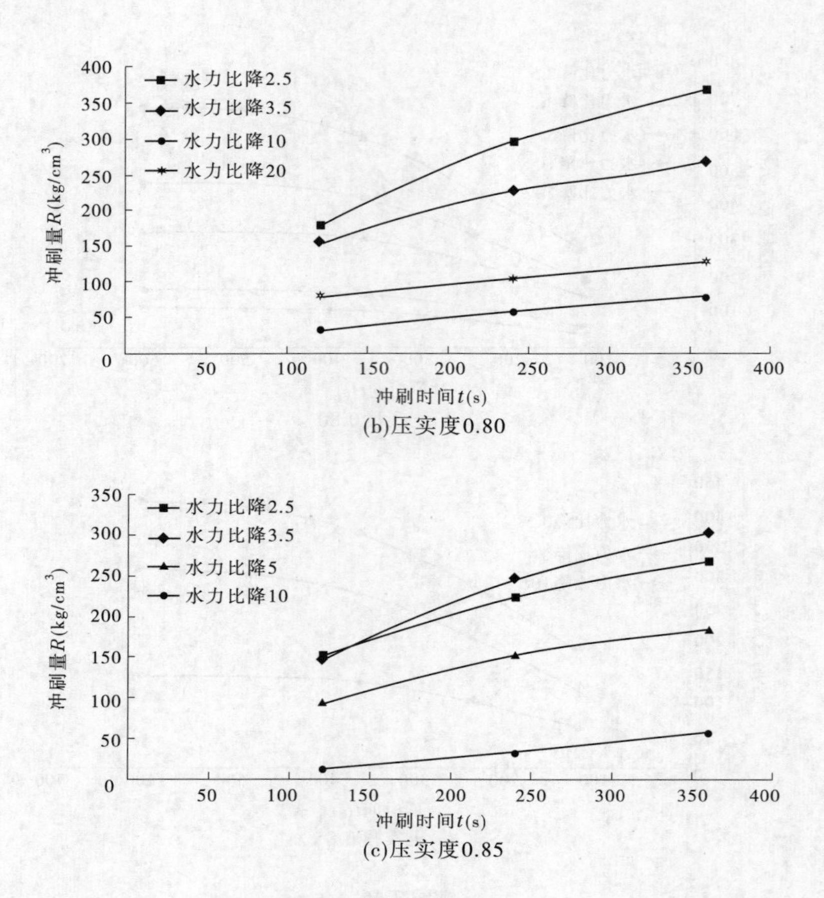

(b)压实度0.80

(c)压实度0.85

续图 2-47

平缓。一般认为,水力比降越大,相同条件下,土体累计冲刷量越大,但接触冲刷不仅与水力比降有关,还需综合考虑冲出水流的体积、接触面状态等因素,且目前还未见相关研究成果。从本次试验情况来看,在不同水力比降情况下,累计冲刷量的变化也表现出不同特点。总体上,呈现出水力比降越大,相同条件下,各黏性含量土体的累计冲刷量反而较小,

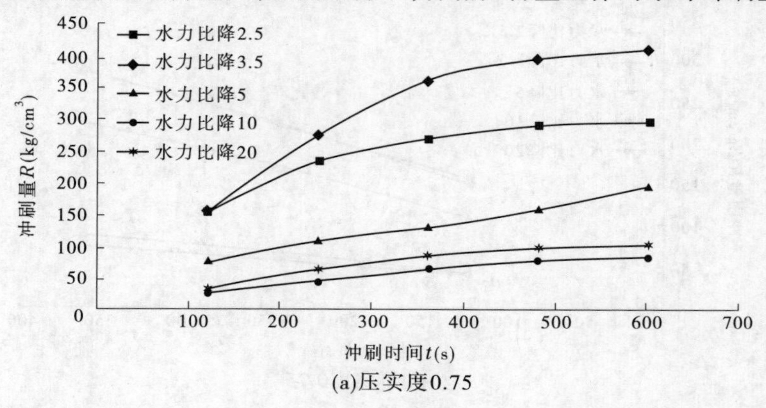

(a)压实度0.75

图 2-48　黏粒含量 22.6% 的土体累计冲刷量随水力比降的变化规律

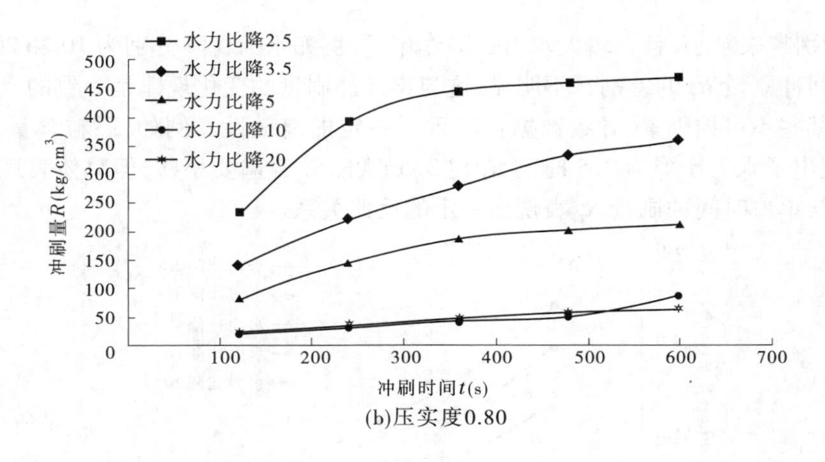

(b)压实度0.80

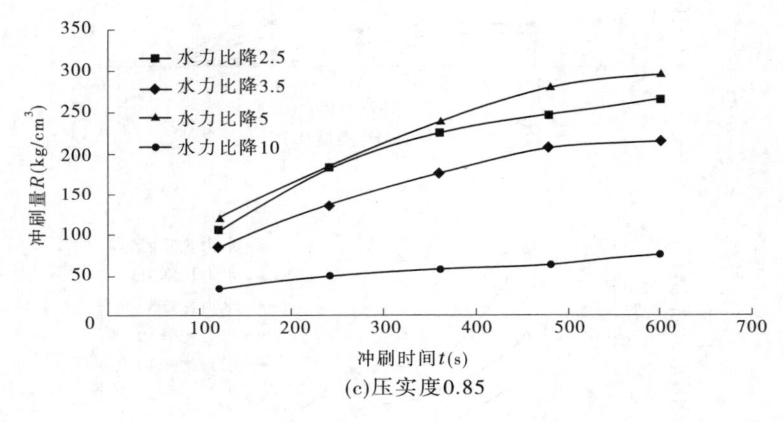

(c)压实度0.85

续图 2-48

这种现象在水力比降越大时表现越明显。初步分析认为,在水力比降较小时,接触面土体由稳定、破坏及渗漏通道形成时间较长,土体内部颗粒水土作用持续时间较长,可动颗粒潜在移动范围及距离较大,细颗粒流失导致土体结构疏松,颗粒在内部复杂水土作用下较有可能出现孔隙填充现象,导致在渗漏通道形成后冲出土体质量较大,加之在上游水箱内流量保持不变情况下,水力比降较小,冲出水流体积较小,致使冲刷量较大。但当接触面土体持续流失到一定程度后,在上游水流的持续作用下,土体流失不再显著增加,接触面形成固定的冲刷带,此后,累计冲刷量持续缓慢增加。

(2)对单位时间冲刷量的影响。

同样,在不同水力比降作用下,各土体在每个时间段内单位时间冲刷量的变化情况也相应做了对比分析,如图 2-49 ~ 图 2-51 所示。

由图 2-49 ~ 图 2-51 可看出,总体上,水力比降一定情况下,不同黏粒含量土体单位时间冲刷量 R_t 在相同时间段内还是表现出了一定的规律性。总体趋势是刚开始单位时间冲刷量较大,随着冲刷时间的增加,R_t 逐渐减小。与单位时间累计冲刷量相似,水力比降与 R_t 呈现一定的反比关系。由本次试验结果可知,初始冲刷时间段内,不同水力比降作用下,第一阶段的单位时间冲刷量 R_t 差别较为明显,而随着冲刷时间的增加,单位时间冲

刷量 R_t 差别越来越小,且在较大水力比降作用下,例如水力比降分别为 10 和 20 时,各时段单位时间冲刷量 R_t 的差别并不明显,这与累计冲刷量的变化规律是一致的。但由于试验过程中某些不可控因素,导致数据也出现了一定的离散性。例如,黏粒含量 22.6% 的土体,表现出了水力比降为 2.5 时的 R_t 比 3.5 时的 R_t 普遍要小些,但总体表现出的仍是水力比降与单位时间冲刷量 R_t 表现出一定的反比关系。

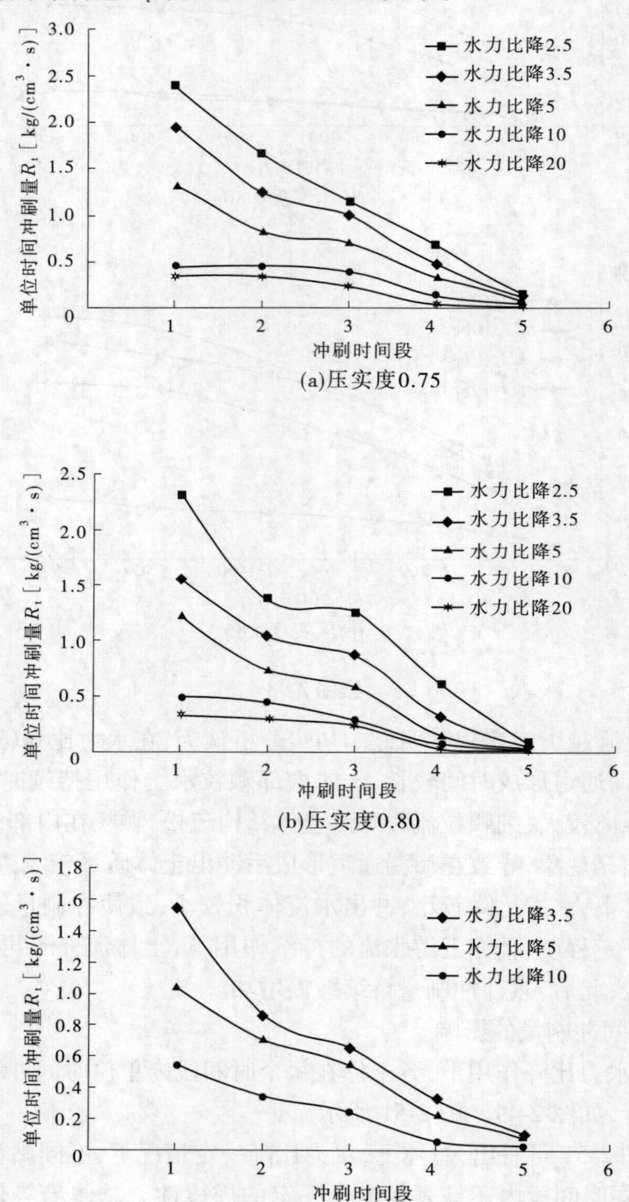

(a)压实度0.75

(b)压实度0.80

(c)压实度0.85

图 2-49　黏粒含量 4.6% 的土体单位时间冲刷量随水力比降的变化规律

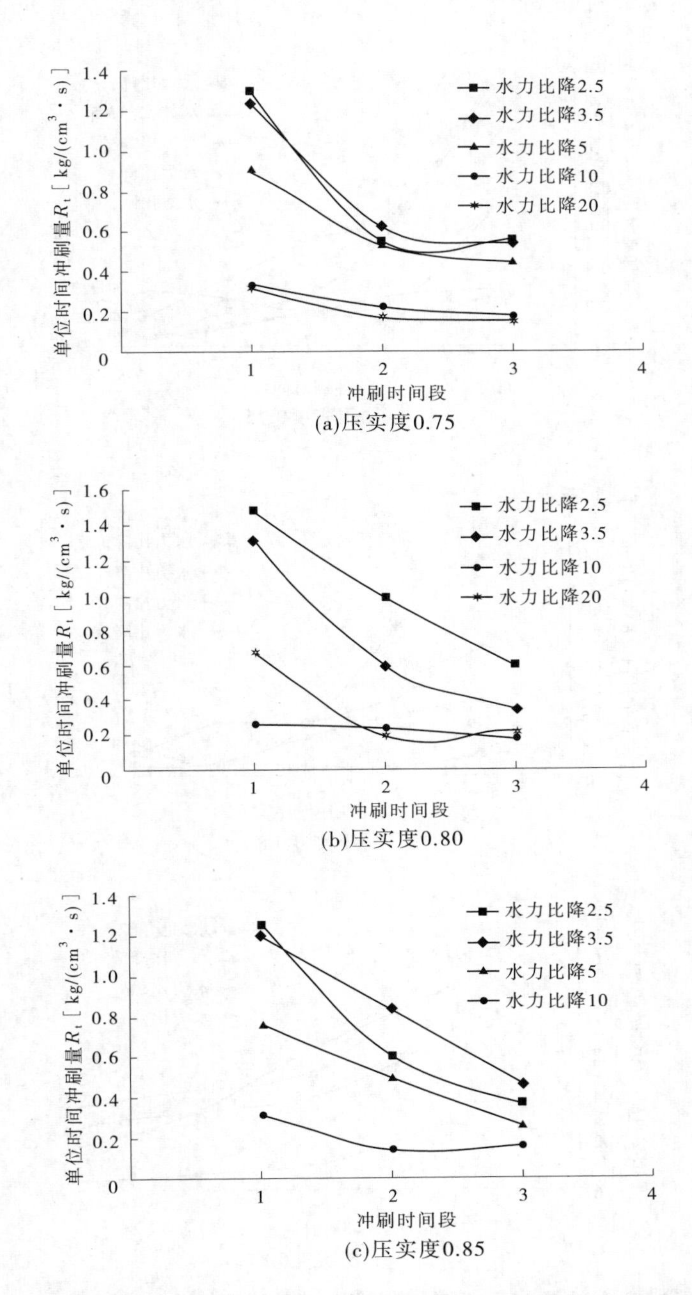

(a)压实度0.75

(b)压实度0.80

(c)压实度0.85

图 2-50　黏粒含量 12.3% 的土体单位时间冲刷量随水力比降的变化规律

(3)对平均单位时间冲刷量的影响。

由前述可知,每种土体在相同的水力比降情况下,在一定时间段内冲刷 3 次或 5 次,前述分别讨论了累计冲刷量与单位时间冲刷量随水力比降的变化规律,在此,将讨论不同黏粒含量的土体在每个水力比降作用下的平均单位时间冲刷量的变化,见图 2-52 ~ 图 2-54。

与单位时间冲刷量相似,不同黏粒含量的土体平均单位时间冲刷量随水力比降的增

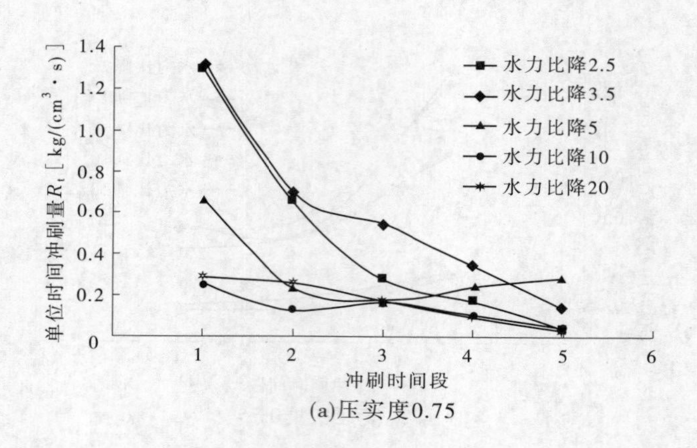

(a)压实度0.75

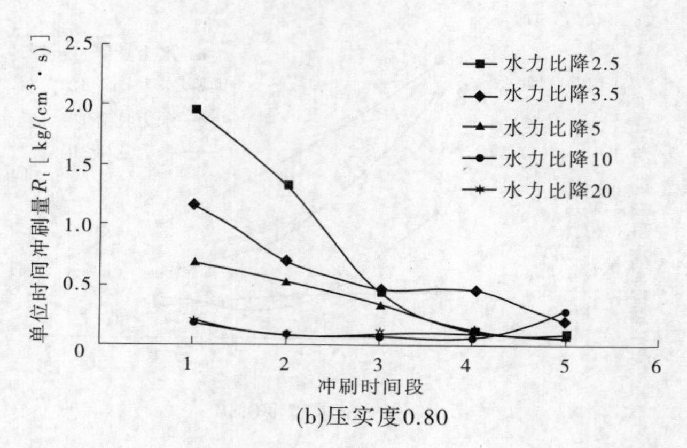

(b)压实度0.80

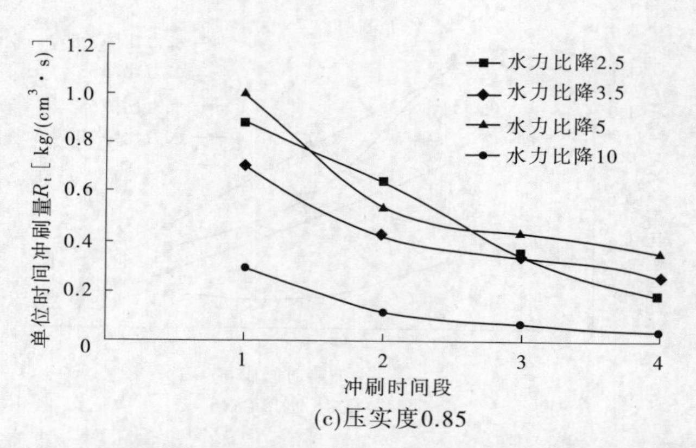

(c)压实度0.85

图2-51　黏粒含量22.6%的土体单位时间冲刷量随水力比降的变化规律

加总体上呈明显的减小趋势，且随着水力比降的增加，其变化相对缓慢。例如，黏粒含量4.6%的土体、压实度0.75时，水力比降为5时相应的平均单位时间冲刷量为水力比降为10时的2.1倍，水力比降为10时相应的平均单位时间冲刷量为水力比降为20时的1.4倍。

2）土质对单位时间冲刷量的影响

已有研究成果表明，土体性质对接触冲刷的影响更为明显。在相同条件下，土体黏粒

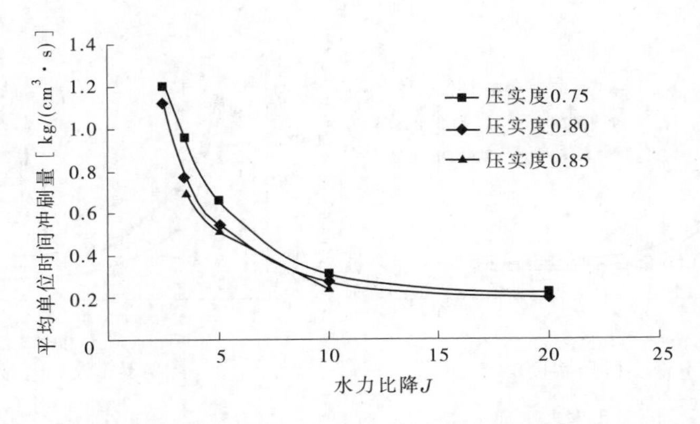

图 2-52　黏粒含量 4.6% 的土体平均单位时间冲刷量随水力比降的变化规律

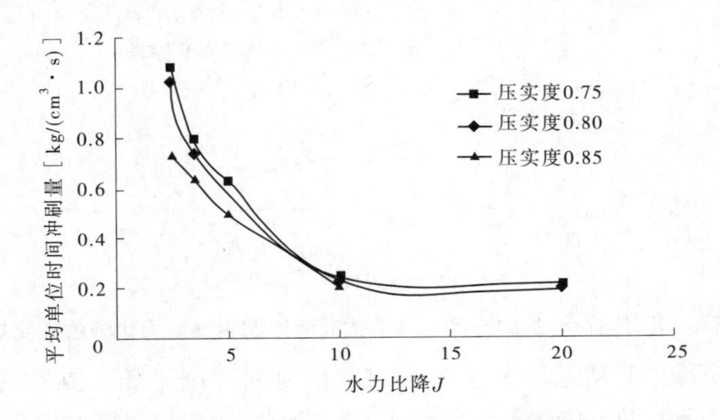

图 2-53　黏粒含量 12.3% 的土体平均单位时间冲刷量随水力比降的变化规律

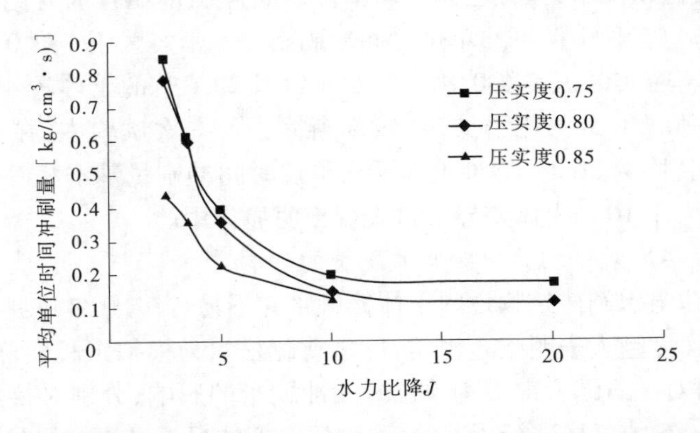

图 2-54　黏粒含量 22.6% 的土体平均单位时间冲刷量随水力比降的变化规律

含量越大，抗冲刷性越强。由前述分析可知，单位时间冲刷量与平均单位时间冲刷量表现规律较为相似，因此仅分析土质对平均单位时间冲刷量的影响。

不同黏粒含量的土体平均单位时间冲刷量随水力比降的变化规律见图 2-55。

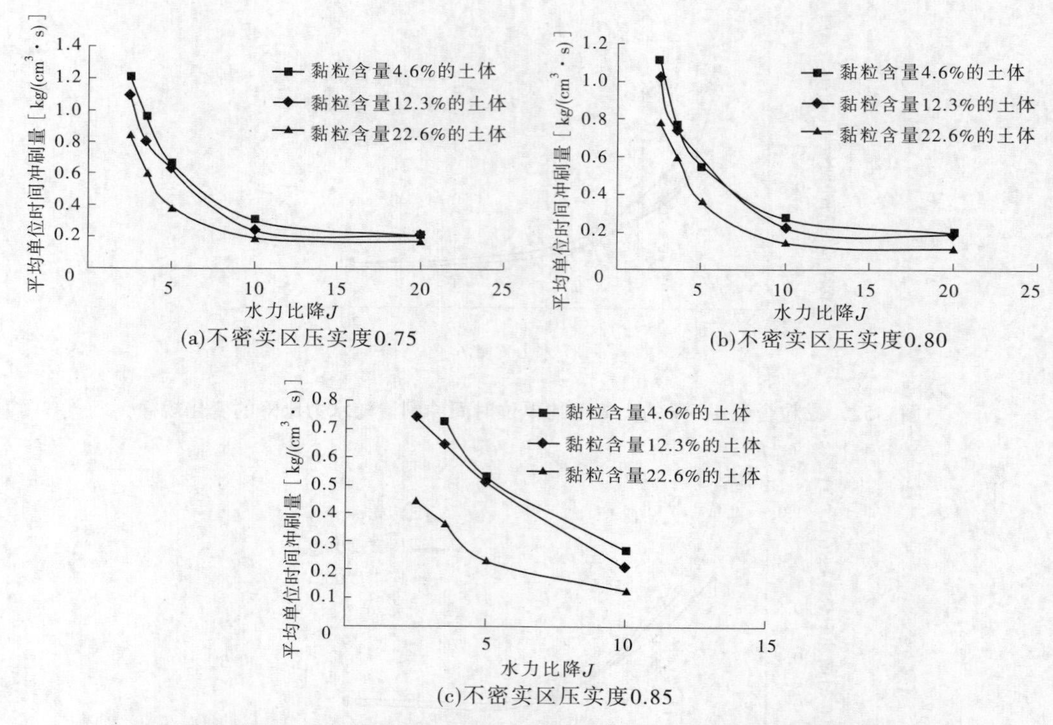

图 2-55 不同黏粒含量的土体平均单位时间冲刷量随水力比降的变化规律

由图 2-55 分析可知，所选三种土体平均单位时间冲刷量随着黏粒含量的增加而减小，且黏粒含量 22.6% 的土体较黏粒含量 4.6% 的土体较单位时间冲刷量小。总体上，在接触面存在不密实区情况下，三种土体平均单位时间冲刷量随着水力比降的增加仍然呈现明显的下降趋势。三种土体平均单位时间冲刷量在不密实区压实度 0.75 和 0.80 时相差不是太大，但在不密实区压实度 0.85 时，黏粒含量 22.3% 的土体较 4.6% 的土体最大可相差 1.9 倍，且随着水力比降增加，差异逐渐缩小。本次试验中，在不密实区压实度 0.75和 0.80，水力比降为 20 时，三种土体平均单位时间冲刷量基本相等。在水力比降增加到一定程度后（大于 10），土体差异不再表现出明显作用。

3）不密实区压实度对平均单位时间冲刷量的影响

由于施工，堤防与水闸建筑物之间土体接触带并不易夯实，压实度是评定土体密实程度的重要指标，压实度越大表明土越密实，反之愈疏松。为模拟工程实际情况，研究接触面存在不密实区时对土石结合部平均单位时间冲刷量的影响，分别对接触面土体压实度为 0.75、0.80 及 0.85 的试样进行了试验，不同压实度情况下平均单位时间冲刷量随水力比降的变化曲线如前图 2-55 所示。总体上，在相同条件下，不密实区压实度与平均单位时间冲刷量呈反比关系，不密实区压实度越小，则平均单位时间冲刷量越大。因压实度越大，土体结构越稳定，颗粒间越密实，黏聚力越大，就越难以分散。因接触冲刷并非单因素作用影响，在水力比降较小时，三者差别相对较为明显，但随着水力比降的增大其差异并不显著。

2. 接触面裂隙

由前述可知,裂隙开度是决定接触冲刷的重要因素之一。前述主要分析了土体性质及裂隙大小对接触冲刷渗透破坏的影响规律,现在试验基础上,分别从裂隙大小及在裂隙一定时土体性质对平均单位时间冲刷量的影响两方面进行分析。

1) 裂隙开度对冲刷量的影响

与接触面存在不密实区情况类似,初步对不同裂隙开度作用下不同时间段累计冲刷量、单位时间冲刷量及平均单位时间冲刷量的变化规律进行分析,仍采用单因素分析法。

(1) 对不同时间段累计冲刷量的影响。

本试验共考虑接触面裂隙开度 0.3 mm、0.6 mm、1.5 mm、2.7 mm、6 mm 和 9 mm 六个裂隙水平,相应水力比降为 2.5,具体试验情况见图 2-56 ~ 图 2-58。

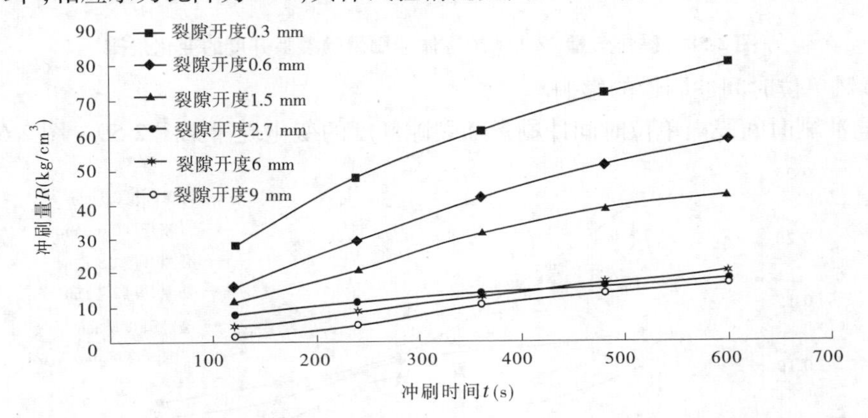

图 2-56 黏粒含量 4.6% 的土体冲刷量随裂隙开度的变化规律

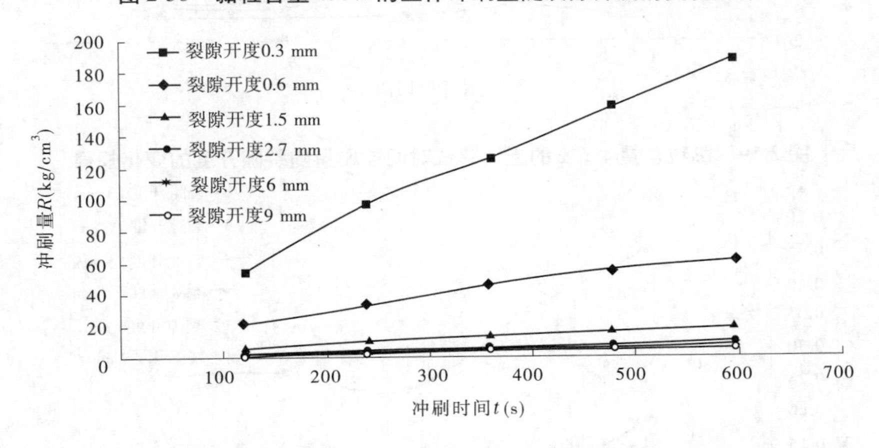

图 2-57 黏粒含量 12.3% 的土体冲刷量随裂隙开度的变化规律

从本次试验结果来看,随着冲刷时间的变化,不同黏粒含量的土体累计冲刷量随着裂隙开度增加反而减小,普遍地,裂隙开度为 0.3 mm 较裂隙开度为 0.6 mm 时的累计冲刷量大;在裂隙开度大于 2.7 mm 时,累计冲刷量的变化并不明显,此时裂隙开度也不再有明显的作用。初步分析认为,在水力比降、土体性质、试验方式等试验条件相同的情况下,接触带裂隙越小,流速相对越大,土体对预留裂隙的挤占效果较为明显,土体颗粒也较易被带出。

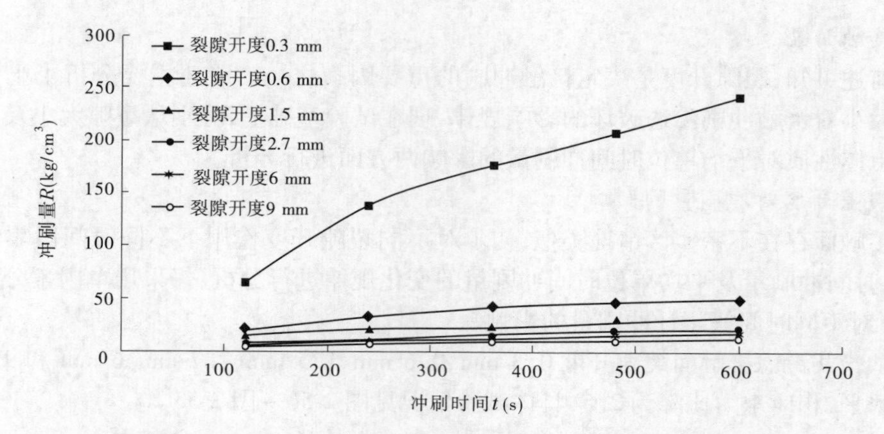

图 2-58 黏粒含量 22.6% 的土体冲刷量随裂隙开度的变化规律

(2)对单位时间冲刷量的影响。

不同冲刷时间段内单位时间冲刷量随裂隙开度的变化规律见图 2-59 ~ 图 2-61。

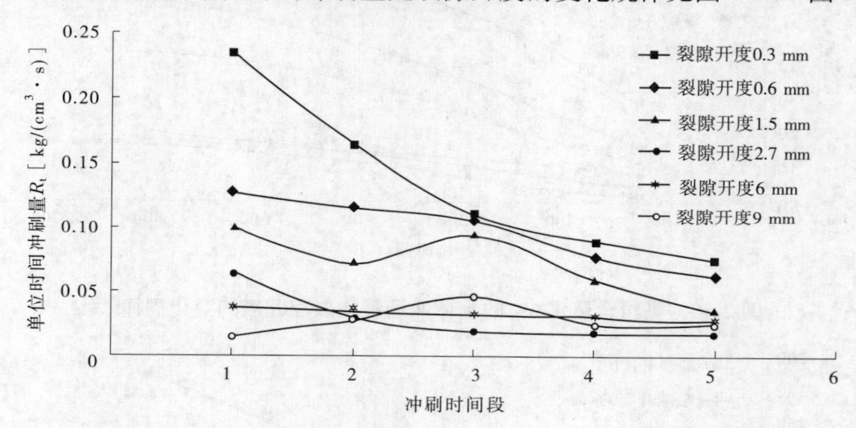

图 2-59 黏粒含量 4.6% 的土体单位时间冲刷量随裂隙开度的变化规律

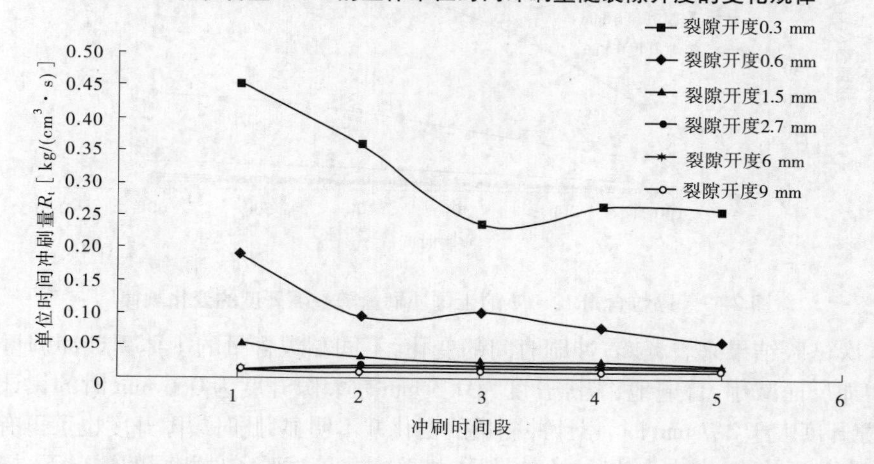

图 2-60 黏粒含量 12.3% 的土体单位时间冲刷量随裂隙开度的变化规律

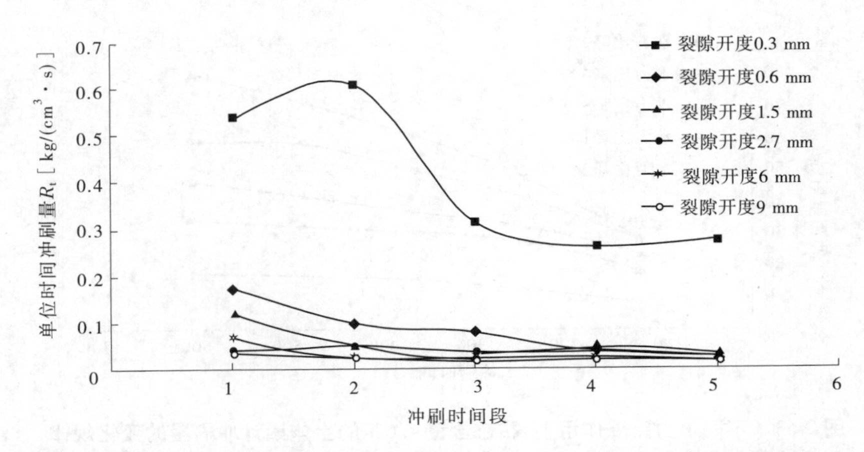

图 2-61　黏粒含量 22.6% 的土体单位时间冲刷量随裂隙开度的变化规律

同样，在接触面存在裂隙情况下，裂隙开度对土体单位时间冲刷量的影响也较为明显，总体上呈由大到小的下降趋势。裂隙开度越小，表现的越明显，在裂隙开度大于 2.7 mm 时，单位时间冲刷量的变化并无较大变化。

(3) 对平均单位时间冲刷量的影响。

图 2-62 给出了平均单位时间冲刷量随裂隙开度的变化情况。同样，不同性质土体的表现较为一致，平均单位时间冲刷量随裂隙开度的变化表现为非线性的递减关系。在初始小裂隙，即裂隙开度 0.3 mm 和 0.6 mm 时，随着水流的冲刷，接触带较小裂隙土体不断被带出，裂隙破坏较为明显，而在裂隙开度大于 2.7 mm 时，冲刷量基本无明显变化，裂隙的变化对接触带冲刷无显著影响，这一结果与前述试验成果吻合。

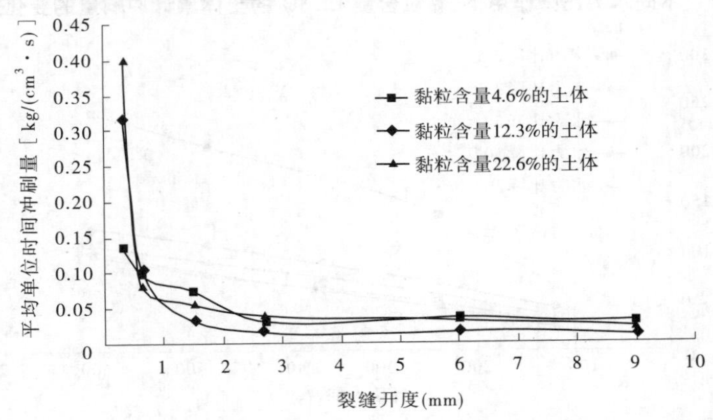

图 2-62　土体平均单位时间冲刷量随裂隙开度的变化规律

2) 水力比降对冲刷量的影响

为考察在接触带裂隙相同情况下水力比降的影响作用，本试验共探讨了 1 个裂隙水平(0.3 mm)，5 个水力比降(分别为 2.5、3.5、5、10 和 20)，主要试验结果见图 2-63 ~ 图 2-69。

(1) 对不同时间段累计冲刷量的影响(见图 2-63 ~ 图 2-65)。

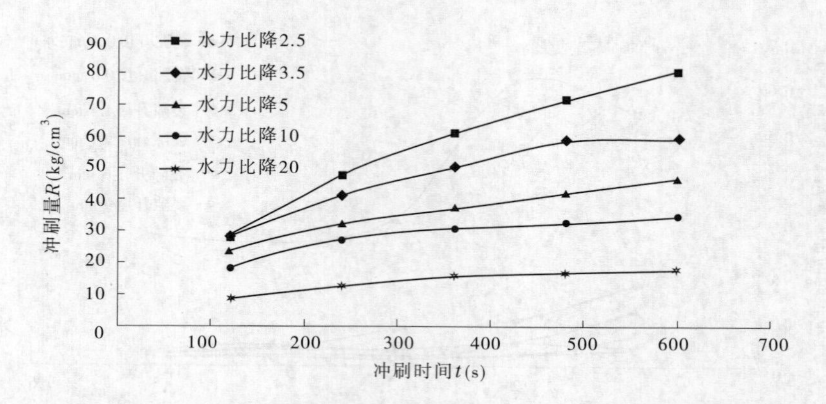

图 2-63 不同水力比降作用下,黏粒含量 4.6% 的土体累计冲刷量的变化规律

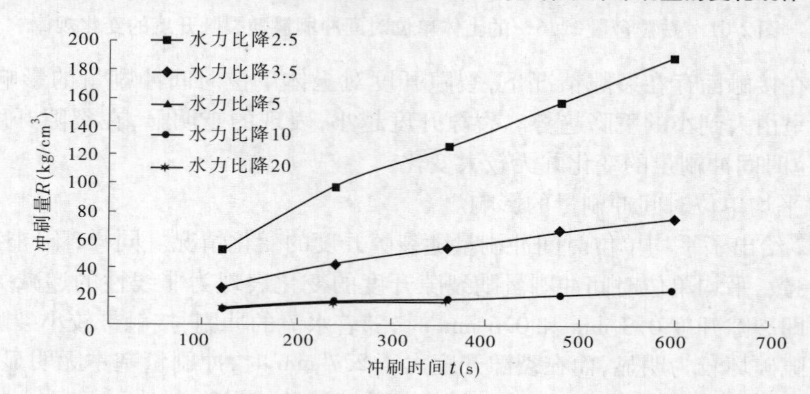

图 2-64 不同水力比降作用下,黏粒含量 12.3% 的土体累计冲刷量的变化规律

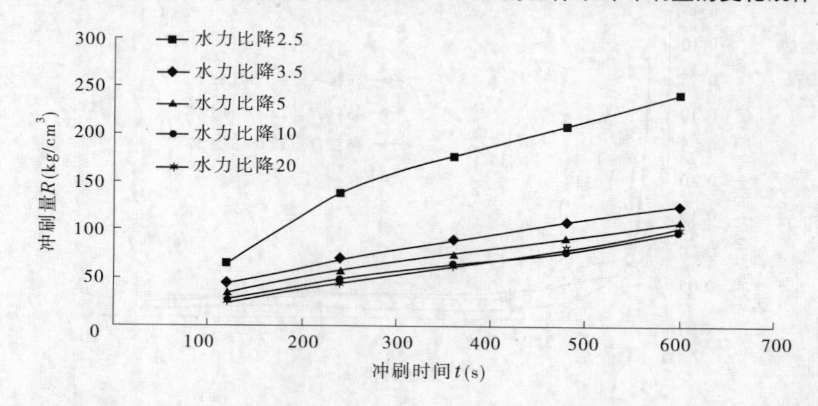

图 2-65 不同水力比降作用下,黏粒含量 22.6% 的土体累计冲刷量的变化规律

(2)对单位时间冲刷量的影响(见图 2-66 ~ 图 2-68)。

(3)对平均单位时间冲刷量的影响(见图 2-69)。

从试验结果来看,相同试验条件下,水力比降越小,则一定时间冲刷结束后的累计冲刷量越大,且累计冲刷量与水力比降呈较好的线性关系,并无流量突增现象。同样,不同性质土体单位时间内冲刷量及平均单位时间冲刷量随水力比降的变化大致相同,随水力

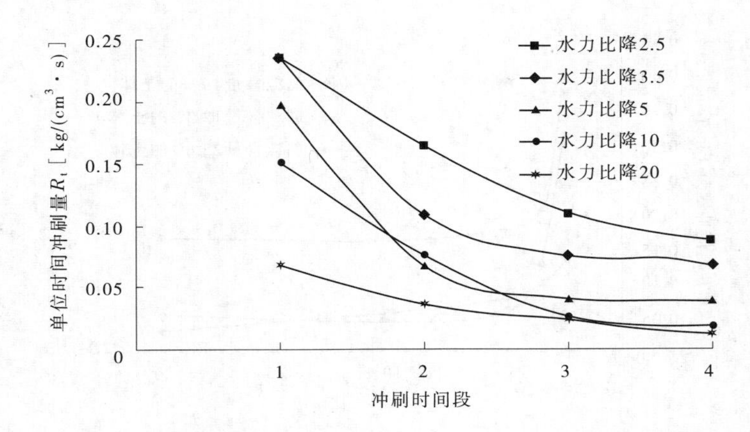

图 2-66　不同水力比降作用下，黏粒含量 4.6% 的土体单位时间冲刷量的变化规律

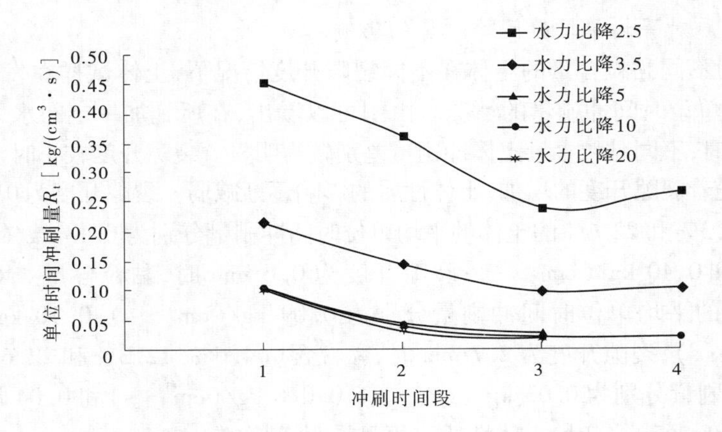

图 2-67　不同水力比降作用下，黏粒含量 12.3% 的土体单位时间冲刷量的变化规律

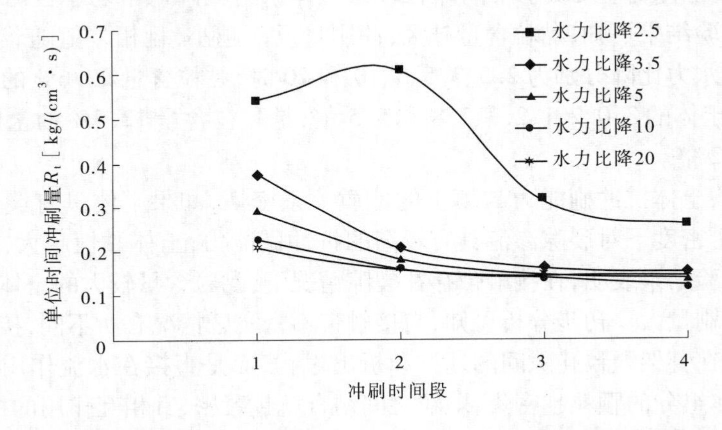

图 2-68　不同水力比降作用下，黏粒含量 22.6% 的土体单位时间冲刷量的变化规律

比降的增加而减小，当水力比降大于 5 时，冲刷量并无明显变化且越来越接近。

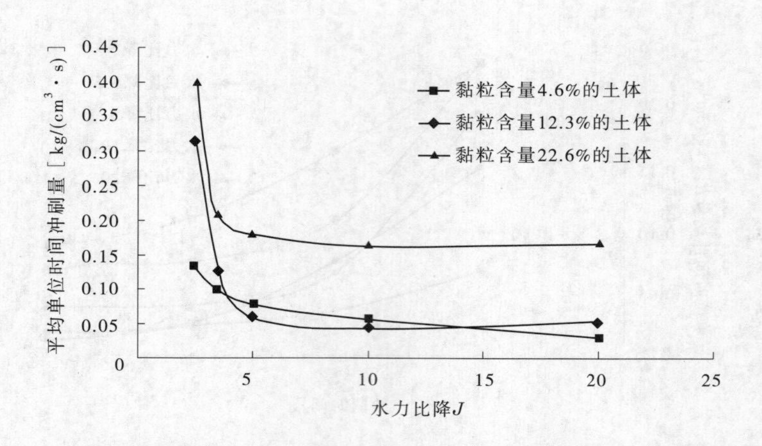

图 2-69　不同黏粒含量土体平均单位时间冲刷量随水力比降的变化规律

3)土体性质对平均单位时间冲刷量的影响

图 2-62 为不同黏粒含量的土体在不同裂隙开度情况下,土体试样在发生接触冲刷渗透破坏后平均单位时间冲刷量的情况。由图可以看出,在所施加一定的水力比降情况下,较小裂隙开度时,不同黏粒含量土体冲刷量差别较为明显。裂隙开度较小时,土体性质的影响较为明显,随着裂隙开度的增加,土体性质的影响逐渐减弱。裂隙开度为 0.3 mm 时,黏粒含量 4.6%、12.3% 和 22.6% 的土体的平均单位时间冲刷量分别为 0.13 kg/(cm^3·s)、0.31 kg/(cm^3·s)和 0.40 kg/(cm^3·s);裂隙开度为 0.6 mm 时,黏粒含量 4.6%、12.3% 和 22.6% 的土体的平均单位时间冲刷量分别为 0.09 kg/(cm^3·s)、0.10 kg/(cm^3·s)和 0.08 kg/(cm^3·s);裂隙开度为 2.7 mm 时,黏粒含量 4.6%、12.3% 和 22.6% 的土体的平均单位时间冲刷量分别为 0.03 kg/(cm^3·s)、0.016 kg/(cm^3·s)和 0.04 kg/(cm^3·s)。当裂隙开度大于 2.7 mm 时,土体性质不再具有显著影响。

图 2-69 较为直观地反映了不同黏粒含量土体水力比降对平均单位时间冲刷量的影响。由本次试验结果可知,黏粒含量越大,冲刷量反而越小,且相差值随着水力比降的增大而增大。在水力比降分别为 2.5、3.5、5、10 和 20 时,黏粒含量 22.6% 的土体冲刷量分别是 4.6% 的土体的 3.0、2.1、2.3、2.8 和 5.5 倍,是黏粒含量 12.3% 的土体的 1.3、1.7、3.3、3.7 和 3.2 倍。

一般认为,土体抗冲刷能力与填土的性质关系密切,如果土体具有壤土或黏土的性质,则在一定干密度下对裂隙渗流具有较高的抗冲刷能力,土体黏性越大,抗冲刷能力越强。但本次试验结果表明,在接触带存在裂隙情况下,黏粒含量较大的土体反而较黏粒含量小的土体冲刷量大。初步分析可知,与接触带不密实区情况有所不同,接触带黏性土体未经历细颗粒在骨架颗粒孔隙间的迁移和析出过程,而是直接在水流作用下冲出。黏粒含量越多,固体组分的颗粒越密集,颗粒之间结合就越紧密,其相互作用的机会越多,相互作用也越强。黏粒含量较多的土体在工程特性方面主要表现为细颗粒之间具有一定的黏聚力,也就决定了黏土粒团间的相互作用小于黏土颗粒之间的作用力,因此发生接触冲刷时被渗透水流冲出的是黏土颗粒团而非单个黏土颗粒。因此,本试验表现出黏粒含量大的土体较黏粒含量小的土体的冲刷量大。但由于黏性土体接触冲刷机理的复杂性和试验条件的局限性,黏性颗粒团的起动、流失等微观现象还有待进一步研究。累计冲刷量、平均单位时间冲刷量均反映的是接触冲刷结束时冲刷量的变化规律及最后的冲刷程度,单位时间冲刷量反映的也仅是每相同单位时间内的冲刷程度,虽考虑了土体颗粒的流失,但并不能动态表示其连续的变化过程,冲刷量随时间的变化规律也有一定的离散性,尚需更多的试验资料和更科学的试验方法论证研究。

(三)不同冲刷条件下土体颗粒流失的变化

由本试验现象可知,接触面存在不密实区情况时,在水力比降作用下,先是土体细颗粒持续涌出,然后渗漏通道形成,随之大量的土体颗粒被带出;接触带存在裂隙时,则土体颗粒被直接冲出。本试验利用颗粒分布曲线探讨在不同试验条件下接触冲刷渗透破坏前后土体在水流作用下不同时刻的颗粒流失情况,初步探讨土体在不同试验条件下的流失规律,仅对初始涌出土体的颗粒组成进行分析。

1. 接触面不密实

1)水力比降对颗粒流失的影响

不同黏粒含量的土体在不同水力比降作用下初始涌出土体颗分曲线见图2-70~图2-72。

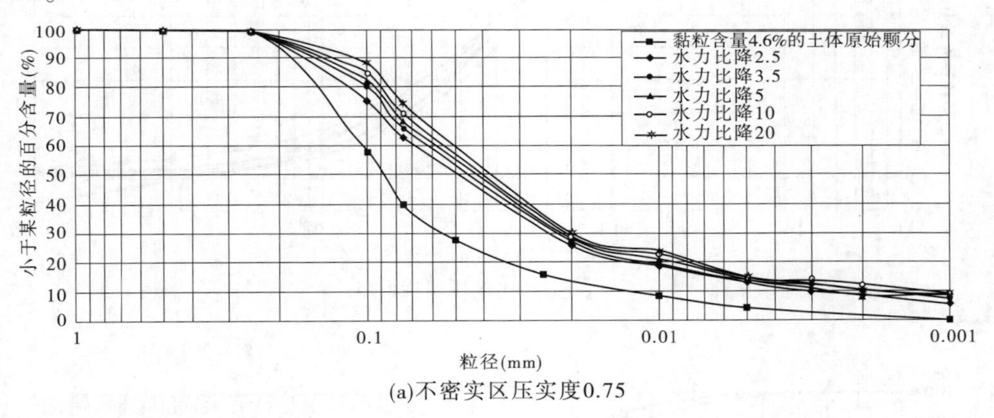

(a)不密实区压实度0.75

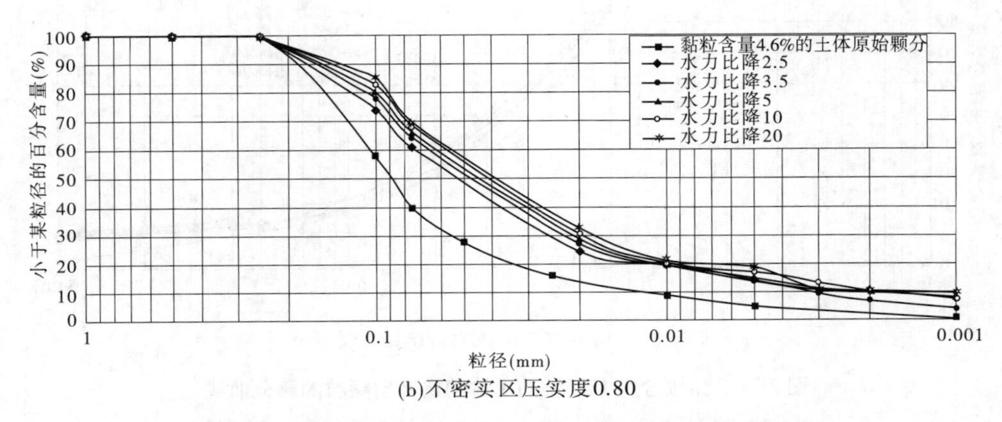

(b)不密实区压实度0.80

图2-70 黏粒含量4.6%的土体初始涌出颗粒的颗分曲线

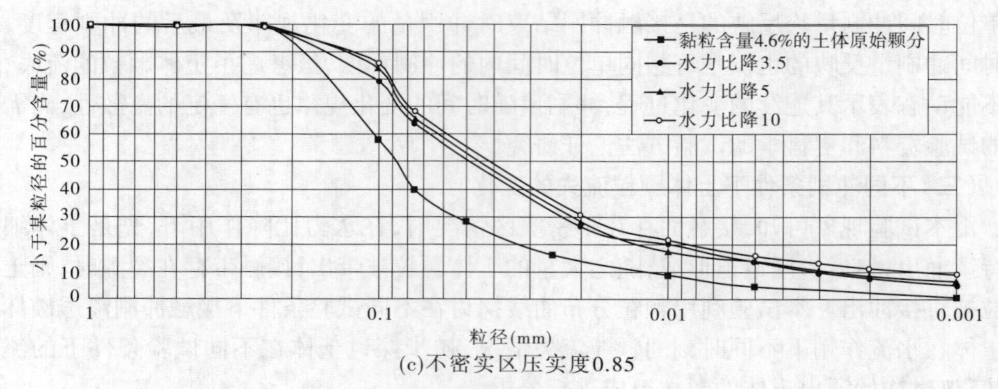

(c)不密实区压实度0.85

续图 2-70

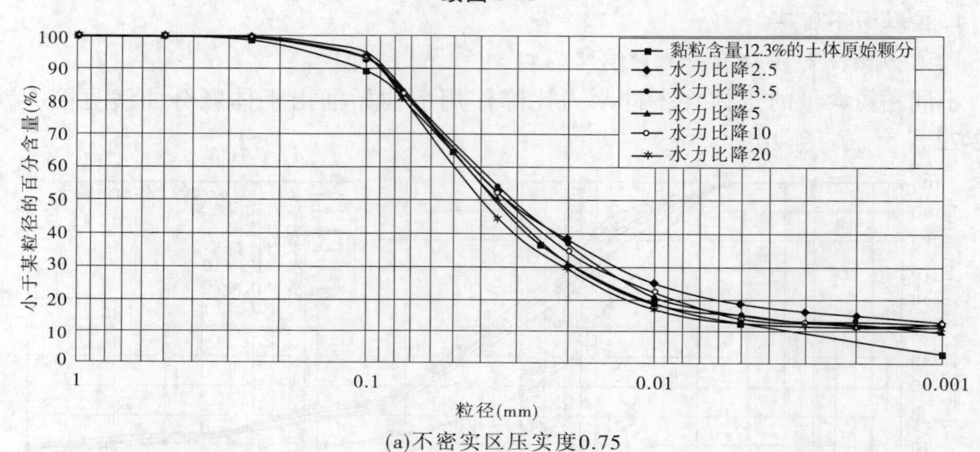

(a)不密实区压实度0.75

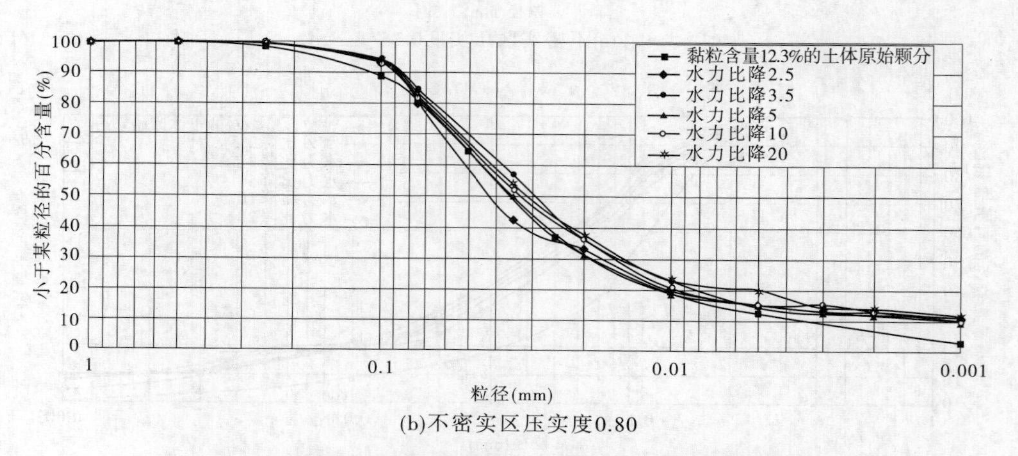

(b)不密实区压实度0.80

图 2-71　黏粒含量 12.3% 的土体初始涌出颗粒的颗分曲线

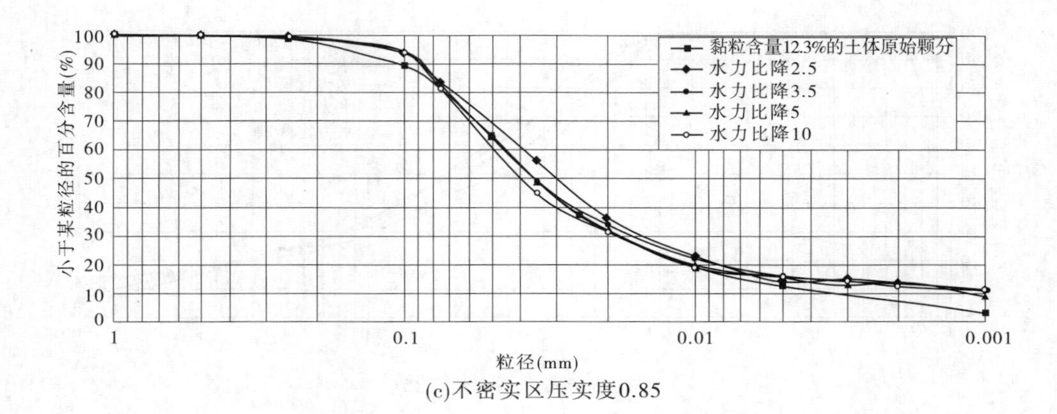

(c)不密实区压实度0.85

续图 2-71

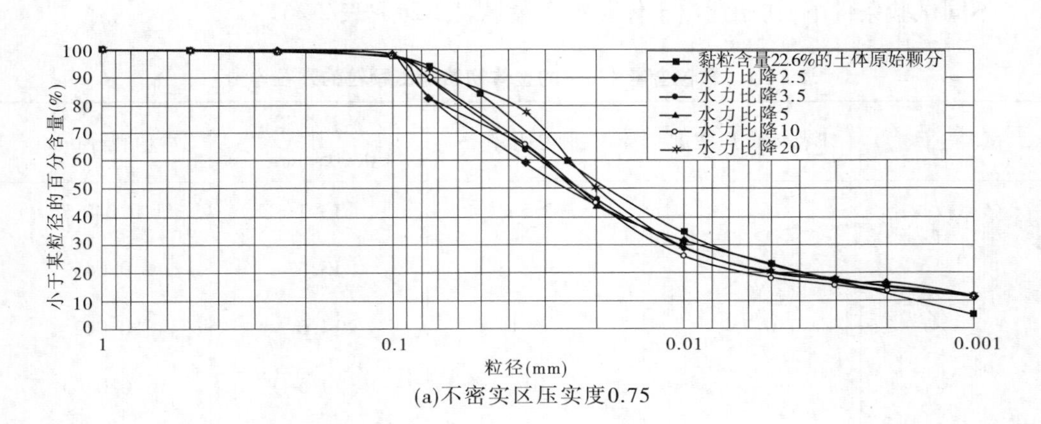

(a)不密实区压实度0.75

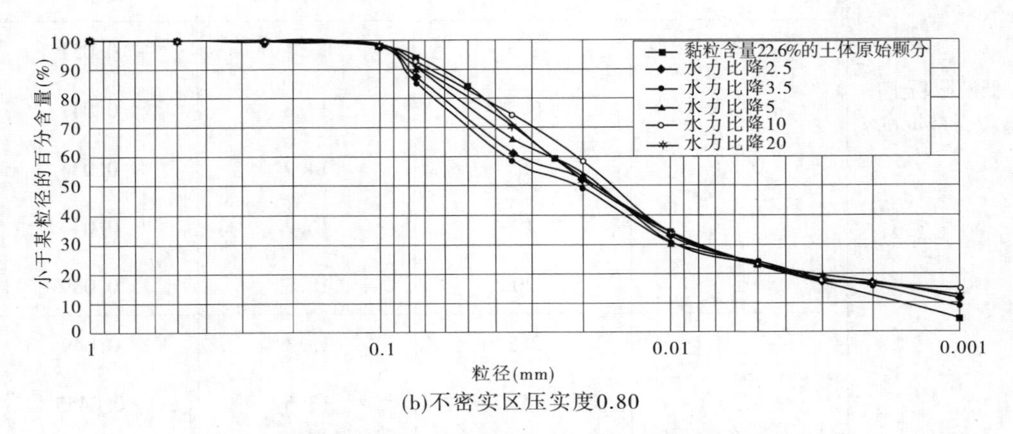

(b)不密实区压实度0.80

图 2-72　黏粒含量 22.6% 的土体初始涌出颗粒的颗分曲线

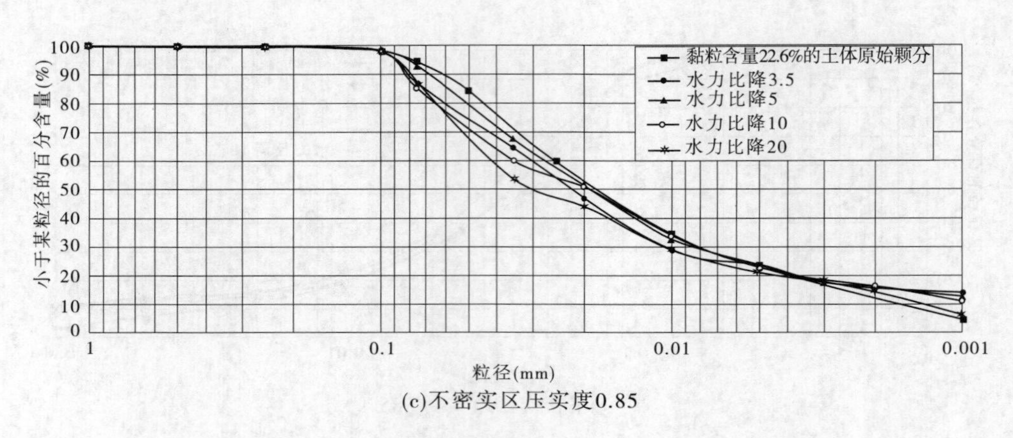

(c)不密实区压实度0.85

续图 2-72

不同试验条件下,初始涌出土体黏粒含量见表2-24～表2-26。

表 2-24　黏粒含量 4.6% 的土体初始涌出颗粒的黏粒含量

试验土体	不密实区压实度	水力比降	黏粒含量（<0.005 mm,%）	中值粒径(mm)
低液限粉土（黏粒含量4.6%）	0.75	2.5	13.1	0.048 5
		3.5	13.5	0.045
		5	14.0	0.042
		10	14.5	0.040
		20	15.0	0.038
	0.80	2.5	13.5	0.051
		3.5	13.6	0.047
		5	14.9	0.045
		10	16.7	0.040
		20	18.6	0.039
	0.85	3.5	13.3	0.049
		5	13.6	0.0455
		10	15.6	0.042

表 2-25 黏粒含量 12.3% 的土体初始涌出颗粒的黏粒含量

试验土体	不密实区压实度	水力比降	黏粒含量（<0.005 mm,%）	中值粒径(mm)
低液限黏土（黏粒含量 12.3%）	0.75	2.5	18.7	0.033
		3.5	14.8	0.031
		5	14.9	0.035
		10	13.7	0.032
		20	12.8	0.040
	0.80	2.5	15.4	0.041
		3.5	14.1	0.029
		5	14.1	0.035
		10	15.0	0.032
		20	19.7	0.031
	0.85	2.5	13.6	0.030
		3.5	15.7	0.037 5
		5	15.1	0.037
		10	15.3	0.040

表 2-26 黏粒含量 22.6% 的土体初始涌出颗粒的黏粒含量

试验土体	不密实区压实度	水力比降	黏粒含量（<0.005 mm,%）	中值粒径(mm)
低液限黏土（黏粒含量 22.6%）	0.75	2.5	22.6	0.026
		3.5	19.8	0.024
		5	22.6	0.024 3
		10	17.8	0.024 1
		20	19.4	0.020
	0.80	2.5	23.4	0.019 1
		3.5	23.6	0.020
		5	22.7	0.019 5
		10	23.3	0.019 2
		20	23.3	0.019 3
	0.85	3.5	23.3	0.019
		5	23.2	0.023
		10	22.6	0.019 5
		20	20.9	0.030

由图2-70～图2-72及表2-24～表2-26可知，水力比降对黏粒含量4.6%的土体作用较为规律，从图2-70可看出，在不密实区压实度相同的情况下，冲出土体颗分曲线随水力比降增大具有较为明显的变化趋势，粒径较小的颗粒先行析出，且水力比降越大，初始涌出土体颗粒黏粒含量越大，均较原始土体黏粒含量大，不密实区压实度0.75、水力比降为20时，涌出土体黏粒含量为15.0%，是初始土体黏粒含量的3.26倍。但对于黏粒含量12.3%及黏粒含量22.6%的土体，水力比降的变化对土体颗粒级配变化影响不大，且随着水力比降的增大，甚至出现了涌出土体颗粒黏粒含量下降的现象。初步分析认为，相同试验条件下，黏粒含量较大土体抗冲刷破坏较强，一旦发生内部土体颗粒的移动、涌出，则并非单个土体颗粒的移动，而是某个黏粒团的迁移。因此，出现了在某个水力比降作用下，土体黏粒含量时而大时而小，规律性不强。

2）土质对颗粒流失的影响

就上述试验结果来讲，在相同试验条件下，土体黏粒含量越大，则初始析出的土体颗粒黏粒含量越大，且与原始土体颗粒越接近。例如，不密实区压实度0.75、水力比降5时，黏粒含量4.6%、12.3%及22.6%的土体初始涌出土体颗粒黏粒含量分别为13.4%、14.9%和22.6%。黏粒含量4.6%的原始土体所含砂粒含量较多，颗粒粒径0.25～0.1 mm的占41.9%，其土体细颗粒流失及变化较为明显，黏粒含量最大为初始土体的4.04倍（压实度0.80、水力比降20），最小为初始土体的2.85倍（压实度0.75、水力比降2.5）。其余两种土质的黏粒含量变化略有差别，黏粒含量12.3%的土体析出颗粒黏粒含量最大为初始土体的1.60倍（压实度0.80、水力比降20），最小为初始土体的1.04倍（压实度0.75、水力比降20）；黏粒含量22.6%的土体析出颗粒黏粒含量变化范围为17.8%～23.6%。

3）压实度对颗粒流失的影响

从本次试验结果来看，在相同试验条件下，不密实区压实度的变化对初始涌出土体细颗粒的影响规律并不一致。对于黏粒含量4.6%的土体，不密实区压实度0.80时，各水力比降作用下，其涌出土体细颗粒的黏粒含量分别为13.5%、13.6%、14.9%、16.7%和18.6%，普遍较不密实区压实度0.75时大。然而初始涌出颗粒黏粒含量大小与不密实区压实度并非呈现线性增长关系，在不密实区压实度0.85时，黏粒含量反而较0.80时小，水力比降为3.5、5和10时，初始涌出土体颗粒黏粒含量分别为13.3%、13.6%和15.6%。在压实度较高时，土体具有一定的抗冲刷破坏能力，故而出现了压实度较高土体细颗粒析出较少的情况。

对于黏粒含量12.3%的土体，在水力比降为2.5、3.5和5时，不密实区压实度0.80时土体黏粒含量分别是压实度0.85时的1.21倍、1.05倍及1.06倍，此时，析出土体细颗粒多少与不密实区压实度呈反比关系，但在水力比降10及20时，析出土体细颗粒多少与不密实区压实度则呈正比关系；不密实区压实度0.80时土体黏粒含量是压实度0.85时的1.09倍和1.54倍；而当不密实区压实度为0.85时，在小水力比降2.5时，析出细颗粒反而较压实度0.80和0.85时少，当水力比降3.5、5和10时，其黏粒含量又较压实度0.80和0.85时大。

对于黏粒含量22.6%的土体,各试验条件下,不密实区压实度0.75时土体析出细颗粒较压实度0.80和0.85时小,在压实度0.80时土体析出颗粒黏粒含量达到最大值,压实度0.85时又略有下降,并非线性增长或下降关系。对于压实度0.75及0.80时,其含有的潜在可移动土体颗粒较多,不稳定性较大,析出的土体细颗粒含量变化也较为明显,但当接触面具有稍高的压实度0.85时,抗冲刷性有一定提高,反而出现了土体黏粒含量下降的情况。

就本试验来讲,管涌通道形成前,涌出土体颗分曲线大体是一致的,在水力比降作用下,颗分曲线较原始土体颗分曲线具有较明显的变化趋势,内部较细土体颗粒先行析出。从前述分析中可知,水力比降、土体性质及压实度三因素中,土体性质对涌出土体黏粒含量的变化影响较为显著,压实度次之,水力比降的影响最小。在上游水力比降作用下,土体颗粒主要承受自身重力、水压力等作用,但在土体颗粒起动后,则其需克服自身重力的作用。由于黏粒的粒径和平均质量较小,在水流作用下优先起动。然而,当土体黏粒含量较大时,其起动并不是单个颗粒,而是黏粒团的运动,但黏粒团的起动大小也因土体性质及水力比降的变化而有所不同。因此,涌出土体颗粒的黏粒含量变化规律性不强。总体看来,影响试样破坏因素较多,并非单因素影响结果,如果单从某一因素分析其对试验结果的影响,并不能客观真实地反映其影响程度,需综合考虑多因素的影响,但目前关于接触冲刷渗透破坏影响因素及其影响程度、各因素之间的相关性等方面还有待进一步研究。

2. 接触面裂隙

同样,在接触带存在裂隙情况下,分析土质、水力比降及裂隙开度等对土体颗粒流失的影响。由前述试验现象可知,由于裂隙的存在,试样底部土体颗粒先行发生破坏,随着水力比降的作用,接触带土体被逐渐带出,仅对初始阶段冲出土体颗粒级配进行分析。

1)水力比降对颗粒流失的影响

当接触带存在0.3 mm裂隙时,在不同水力比降作用下,初始冲出土体颗分曲线见图2-73～图2-75。

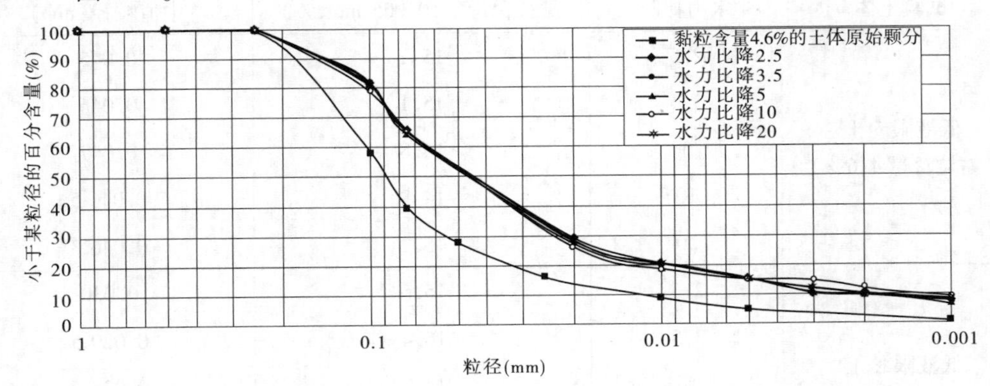

图2-73　黏粒含量4.6%的土体初始涌出颗粒的颗分曲线

裂隙开度0.3 mm时,初始涌出土体黏粒含量见表2-27。

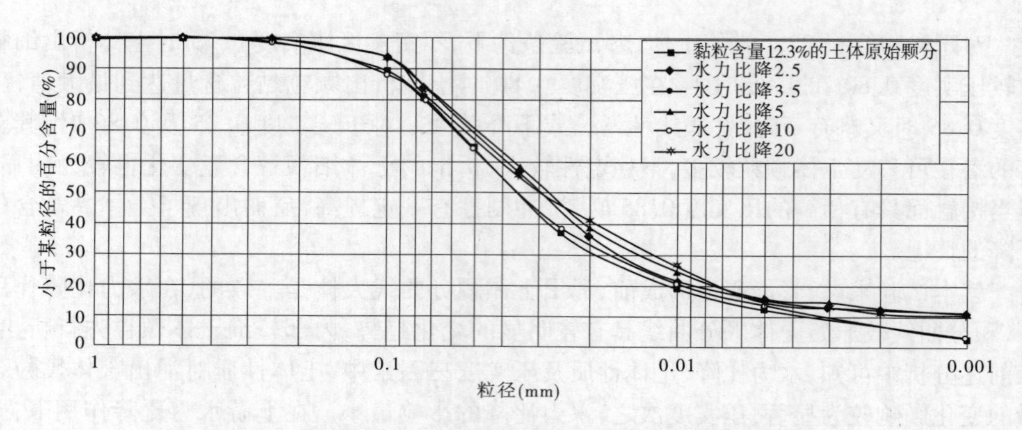

图 2-74　黏粒含量 12.3% 的土体初始涌出颗粒的颗分曲线

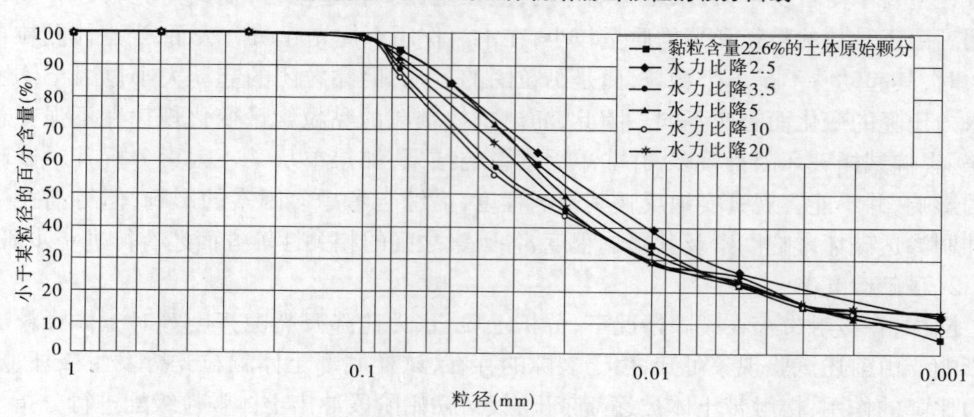

图 2-75　黏粒含量 22.6% 的土体初始涌出颗粒的颗分曲线

表 2-27　不同裂隙开度下土体初始涌出颗粒的黏粒含量

试验土体	水力比降	黏粒含量(<0.005 mm,%)	中值粒径(mm)
低液限粉土（黏粒含量 4.6%）	2.5	15.2	0.045
	3.5	15.1	0.046
	5	14.8	0.047
	10	14.8	0.046 5
	20	15.2	0.046 3
低液限黏土（黏粒含量 12.3%）	2.5	15.6	0.030
	3.5	15.4	0.029 5
	5	14.7	0.028 5
	10	14.2	0.036 5
	20	14.5	0.029 9

续表 2-27

试验土体	水力比降	黏粒含量(<0.005 mm,%)	中值粒径(mm)
低液限黏土 (黏粒含量 22.6%)	2.5	25.9	0.016
	3.5	24.5	0.028
	5	21.7	0.020
	10	21.8	0.029
	20	23.3	0.023

由于接触带裂隙的存在,在不同水力比降作用下,仍然表现为土体内部细颗粒被先行带出,随着水力比降的增大,基本上各试样冲出土体黏粒含量反而呈下降趋势,但当水力比降增加到 20 时,因试样所受荷载的突然增加,导致土体黏粒含量突然增大。

2)裂隙开度对颗粒流失的影响

为研究裂隙开度对接触冲刷颗粒流失的影响,本试验对比分析了 0.3 mm、0.6 mm、1.5 mm、2.7 mm、6 mm 和 9 mm 共六个裂隙水平下初始冲出土体的颗分试验,其颗分曲线如图 2-76 ~ 图 2-78 所示。

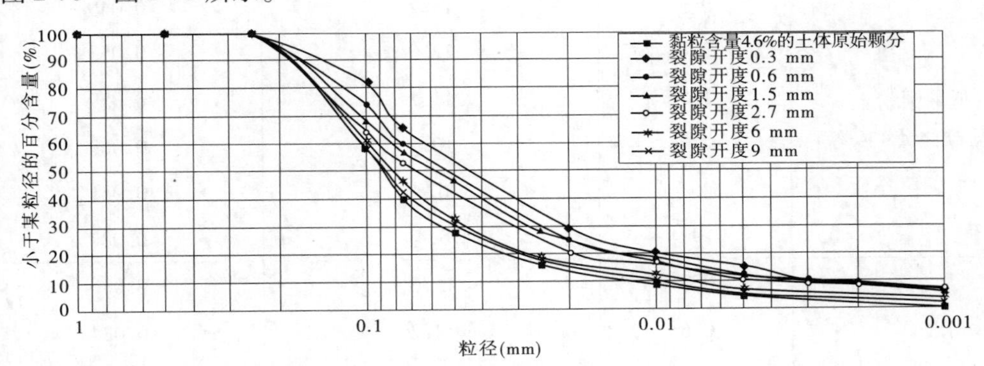

图 2-76　黏粒含量 4.6% 的土体不同裂隙开度初始涌出颗粒的颗分曲线

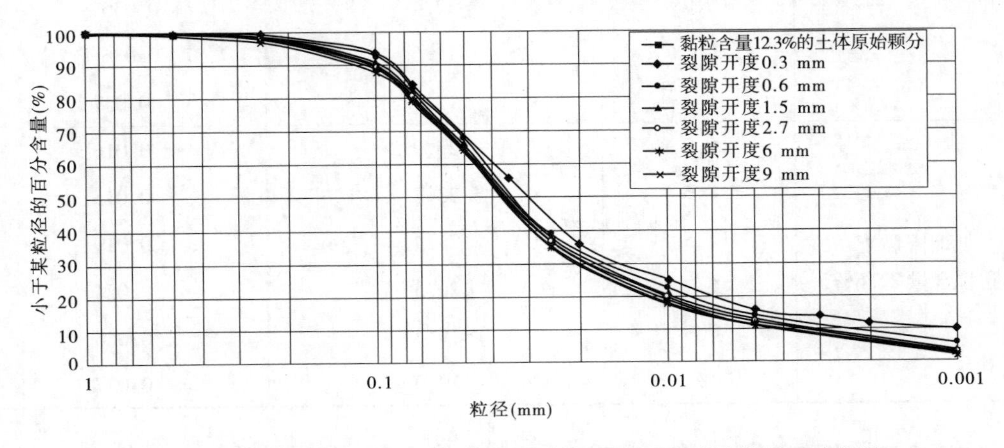

图 2-77　黏粒含量 12.3% 的土体不同裂隙开度初始涌出颗粒的颗分曲线

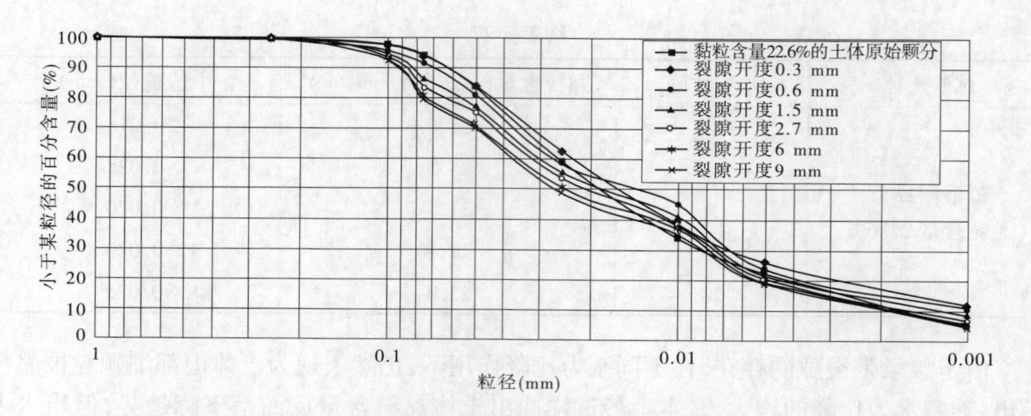

图 2-78　黏粒含量 22.6% 的土体不同裂隙开度初始涌出颗粒的颗分曲线

水力比降 2.5 作用下，不同裂缝开度初始涌出土体黏粒含量见表 2-28。

表 2-28　不同裂隙开度下土体初始涌出颗粒的黏粒含量

试验土体	裂隙开度(mm)	黏粒含量(<0.005 mm,%)	中值粒径(mm)
低液限粉土 (黏粒含量 4.6%)	0.3	15.2	0.045
	0.6	12.0	0.053
	1.5	11.5	0.059
	2.7	10.2	0.069
	6	6.8	0.081
	9	5.4	0.087
低液限黏土 (黏粒含量 12.3%)	0.3	15.6	0.030
	0.6	14.2	0.034
	1.5	13.2	0.035
	2.7	12.4	0.035 8
	6	11.6	0.036 1
	9	11.0	0.037
低液限黏土 (黏粒含量 22.6%)	0.3	25.9	0.016
	0.6	23.7	0.015
	1.5	21.4	0.019
	2.7	20.3	0.021
	6	19.4	0.026
	9	19.0	0.027

由图 2-76～图 2-78 可知，三种不同性质土体裂隙开度与颗粒流失的关系均反映出了一定的规律性，即随着裂隙开度的增加，初始冲出土体的细颗粒含量均呈现减小趋势，且

均比原始土体所含黏粒含量要大,说明即使接触面存在裂隙情况下,仍然是土体内的细颗粒被先行带出。由于土体均含有一定的黏粒含量,因此接触面土体在水流作用下,最接近冲刷面的土体并非是单个土体颗粒的移动,而是成团的黏粒颗粒的涌出。接触带裂隙开度较小时,靠近接触面的颗粒率先开始起动,并以面展开冲刷形成通道,虽刚开始并未立即贯通,但由于裂隙开度较小,在相同水力比降下,其所承受的荷载相对较集中,造成接触面土体被急剧的带出,因此造成裂隙开度较小时反而冲出土体内部细颗粒较多的情况。黏粒含量4.6%的土体,在裂隙开度大于6 mm时,其所冲出土体黏粒含量与原始土体较为接近;黏粒含量12.3%的和22.6%的土体,在裂隙开度2.7 mm时,其所冲土体黏粒含量与原始土体最为接近。

3)土体性质对颗粒流失的影响

土体性质对土体颗粒黏粒含量变化较为显著,土体黏粒含量越大,在相同条件下,其所冲出土体细颗粒含量较多。有趣的是,从本试验结果来看,黏粒含量4.6%的土体初始冲刷土体细颗粒含量增加较其余两种土体明显。在裂隙开度0.3 mm时,黏粒含量4.6%的土体,其冲刷土体黏粒含量为15.2%,为原始土体黏粒含量的3.30倍;黏粒含量12.3%的土体,其冲刷土体黏粒含量为原始土体黏粒含量的1.27倍;黏粒含量22.6%的土体,其冲刷土体黏粒含量为原始土体黏粒含量的1.15倍。初步分析认为,土体黏粒含量较小时,颗粒间黏聚力较小,在水流冲击作用下,易导致土体颗粒的大面积移动和流失,也可能是由于试验过程中人为操作等不可控因素造成的,但具体原因还有待进一步研究。

此外,从各试验条件下土体接触冲刷颗分曲线可以看出,级配曲线尾部并无一定规律,初步分析是由于细颗粒运动形成通道后,土体自稳定能力较差,潜在的可移动颗粒较多且不稳定性较大,会出现较大范围的土体颗粒逃窜现象,造成级配曲线尾部明显紊乱。

第五节　堤防涵闸土石结合部接触冲刷机理分析

一、土的性质

(一)土粒间的相互作用力

每个土颗粒均受内力和外力的共同作用。外力作用包括外荷载和重力的作用,它主要引起土体的应力变形;内力作用包括土颗粒内部的作用和土粒之间的相互作用,它影响着土的物理化学性质。内力作用有:化学键、分子键、离子、静电力、毛细力、静电力和渗透斥力。

(二)土的结构

土的结构是指土颗粒或者集合体的大小和形状、表面特征、排列形式及其之间的连接特征。土的结构与土的形成条件密切相关,可大概分为单粒结构、片架结构和片堆结构。

单粒结构是组成砂、砾等粗粒土的基本结构类型,颗粒较粗大,比表面积小,颗粒之间是点接触,几乎没有连接,颗粒间相互作用的影响较重力作用的影响可忽略不计,是重力场作用下堆积而成的。

片架结构的黏粒是在絮凝状态下形成的,也称为絮凝结构。其特点是以面与边或边与边连接为主,颗粒呈随机排列,性质较均匀,但孔隙较大,对扰动敏感。

片堆结构的黏粒是在分散状态下沉积而成的,也称为分散结构。其特点是以面与面连接为主,黏土片呈定向排列,密度较大,具有明显的各向异性的力学性质。

(三)土的黏性

土的黏性主要指土颗粒黏结在一起的性质,是黏性土的基本特征,它可从抗剪强度中的黏聚力和抗拉强度中反映出来,它的本质就是上述所提到的土颗粒之间的相互作用力的综合体现。土的抗剪强度由摩擦力和黏聚力两部分组成,但是土力学中的 c 并不能真正代表土的黏聚力,也不能真正代表摩擦力。土的黏聚力的产生是由于结合水作用、胶结作用和毛细水及冰等的连接作用。

二、接触冲刷机理分析

接触冲刷从本质上讲就是渗流在两种粒径悬殊较大的土层接触面区域渗流较集中,所以接触面上的细颗粒最容易被水流冲走。比如,砂砾石层与黏性土层接触面的渗流速度比单一砂砾石中的渗流速度大。接触面附近区域水流集中的原因有:

(1)沉积成因。两地层之间若存在沉积间断,因风化而使接触面粗糙,孔隙度增大,渗透性提高。

(2)固结成因。因上、下两土层的固结速度和固结程度不同,易在接触面上形成微小的缝隙。

(3)两种介质的刚柔度不同,会在其接触面上产生缝隙。

(4)黏性土层与砂砾石层组合结构中,接触面附近的水力比降最大,细颗粒容易被水流冲走。

(一)无黏性土的接触冲刷机理

由于无黏性土属于单粒结构,颗粒较粗大,颗粒之间是点接触,几乎没有连接,粒间相互作用的影响较重力作用的影响可忽略不计。当渗透水流逐渐增强到一定程度时,首先是土颗粒开始松动,随着渗透水流强度的再增强,当渗透水流达到某一比降时,水流对土颗粒的作用力克服了土颗粒的自重和颗粒之间的作用力而开始运动,一般认为是以滚动的形式出现。因此,无黏性土接触冲刷发生时,起动的是单个土颗粒,而不是单个土颗粒组成的微团集合体。

(二)黏性土的接触冲刷机理

黏性土的接触冲刷与无黏性土的接触冲刷在机理上的差异主要反映在接触冲刷发生时土颗粒起动机理上有所不同。黏性土本身的特性决定了黏土粒团间的相互作用力小于黏土颗粒间的作用力,结果是在黏性土接触冲刷过程中,被渗透水流冲出的是黏土颗粒团而非单个黏土颗粒。黏性土本身的结构以及不均匀性,如有夹层、腐殖质等,都使得黏性土具有明显的各向异性的力学性质,其接触冲刷特性也发生了变化。正是由于黏性土具有不均匀性,使得某个方位的黏性土更耐冲刷,体现出不同的耐冲刷能力,联系较差的粒团比联系较紧的粒团易被水流冲出。

(三)黏性土层与砂砾石层间接触冲刷机理

接触冲刷的另一种介质是砂砾石,砂砾石的级配是影响接触冲刷的一个重要因素。

较粗的砂砾石,在其内部和接触面容易形成较大的孔隙,相同比降时有更大的流速,从而对接触面的土颗粒产生更大的冲刷力。同时,较大的孔隙对土颗粒提供较小的运动阻力,有利于土颗粒被渗透水流冲走。

黏性土层与砂砾石层在接触面上发生接触冲刷时,接触面上的粒团受到水流作用力、自重及粒团之间的作用力。在砂砾石与黏性土的接触面附近水力坡度最大,当渗流比降达到某一值时,接触带一些联系较差的粒团所受的拖曳力克服了自重及粒团间的作用力而起动。此时宏观的现象是下游出水口有浑水流出,如果保持比降不变,水流会逐渐变清。这说明接触冲刷没有进一步发展,并不是说一旦发生接触冲刷就一定导致接触冲刷破坏。部分被冲刷掉的黏土颗粒团会随水流冲出,由于砂砾石孔隙的不规则及不均匀性,部分粒团在流经砂砾石的过程中遇到狭小的孔隙(对粒团产生较大的阻力)而停止运动,此时宏观表现就是接触冲刷渗透系数降低。如果渗流比降继续增大到某一值时,无论粒团联系如何,水流作用力总能克服各种阻力将粒团冲出。外部现象就是水流持续浑浊,不能变清,渗透系数增大,直到在接触面附近形成贯通上下游的通道,有时伴随黏土块体的塌陷和砂砾石中小颗粒砂石的冲出,在非接触面位置产生渗漏通道,导致最终破坏。

(四)土体与刚性建筑物间接触冲刷机理

土与结构材料变形的不一致导致土体与刚性介质的接触在渗透比降超过土体临界渗透比降时,土体细颗粒沿着接触面冲刷流失,并且接触面的方向是任意的。但目前,土与刚性建筑物之间的接触冲刷问题研究很少。现初步对土体与刚性建筑物间的接触冲刷机理进行探讨。土体有效重力和颗粒间的黏聚力是泥沙颗粒或粒团本身所固有的,是抵抗水流冲刷的主要阻力。当水流的冲刷力大于土体的抗冲力时,使得土体颗粒或粒团发生移动。对于非黏性土,当土体被水流冲动时,以单个颗粒的运动形式起动,主要受到水流作用力以及自身有效重力的作用。而对于黏性土,当土体被水流冲动时,以多颗粒成片或成团的形式起动,主要受到水流作用力、自身有效重力以及颗粒间黏聚力的作用。由于土体与刚性介质变形的不一致,尤其是两者接触不良时,土体颗粒或颗粒团先行被带走,水流冲刷力与土体抗冲刷能力相互抵抗,由平衡达到不平衡,土体颗粒不断被带出,接触带逐步形成渗漏通道,并不断演变,最后被淘空,建筑物与土体接触带形成脱空区,并发生变形,进而稳定性降低,当稳定性降低到一定程度后,建筑物在河流动水压力、水流冲刷力等因素的综合影响下最终发生破坏。

三、土石结合部接触冲刷渗透破坏渗漏通道位置

(一)接触面存在不密实区

试验过程中对接触带主要破坏现象及特征进行了常规观测和拍照,在接触带存在不密实区时,主要从接触带土层上游顶部至下游出口处形成一条强渗漏通道。通道形成前,先是内部细颗粒的析出,随着土体颗粒的大量涌出,最终形成渗漏通道,通道上的土体颗粒已全部消失,在水流的持续作用下,接触带被淘空。各土体发生接触冲刷渗透破坏情况下,其渗漏通道的位置基本上是从渗流出口处向上游方向逐步发展,通道口大致呈不规则的圆形洞(见图 2-79 ~ 图 2-81),由于接触冲刷破坏最终结果大致相同,每种土体随机取几组试验结果作为示例。

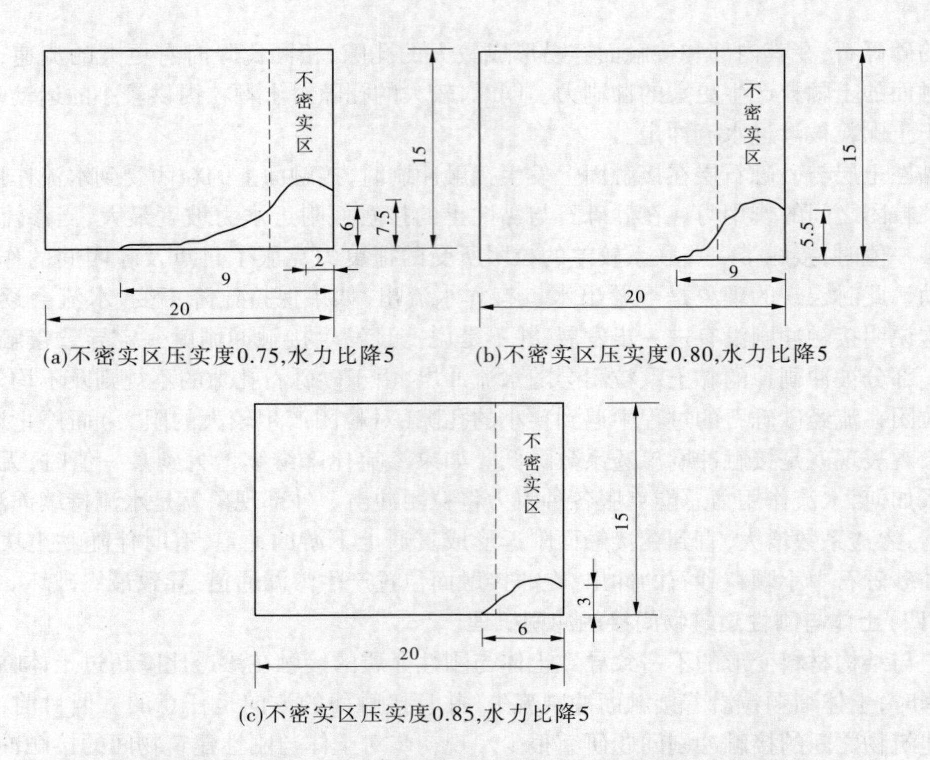

(a)不密实区压实度0.75,水力比降5　(b)不密实区压实度0.80,水力比降5

(c)不密实区压实度0.85,水力比降5

图 2-79　黏粒含量 4.6% 的土体不同试验条件下渗漏通道出口情况　(单位:cm)

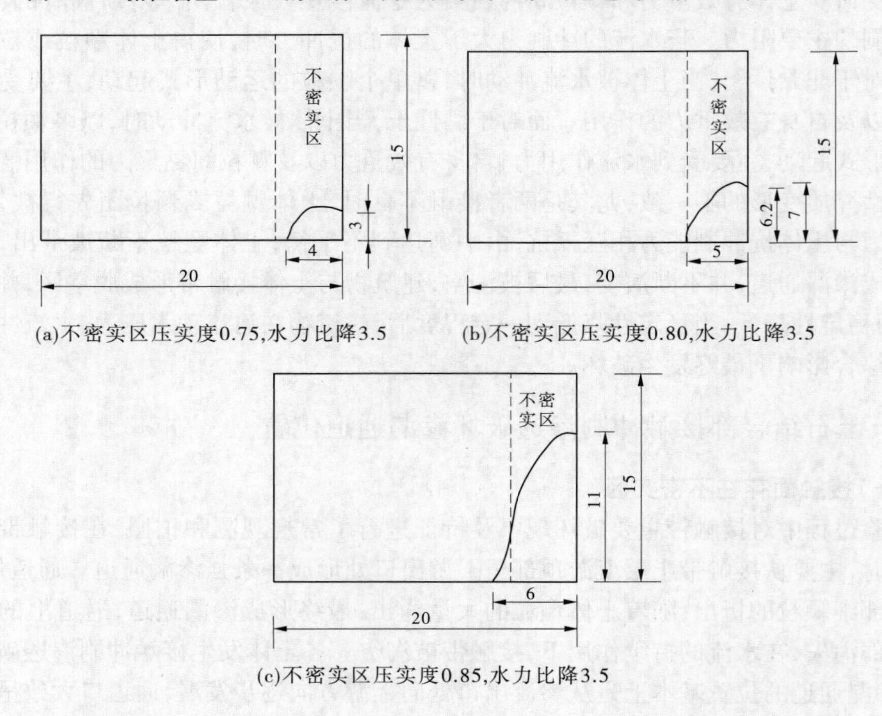

(a)不密实区压实度0.75,水力比降3.5　(b)不密实区压实度0.80,水力比降3.5

(c)不密实区压实度0.85,水力比降3.5

图 2-80　黏粒含量 12.3% 的土体不同试验条件下渗漏通道出口情况　(单位:cm)

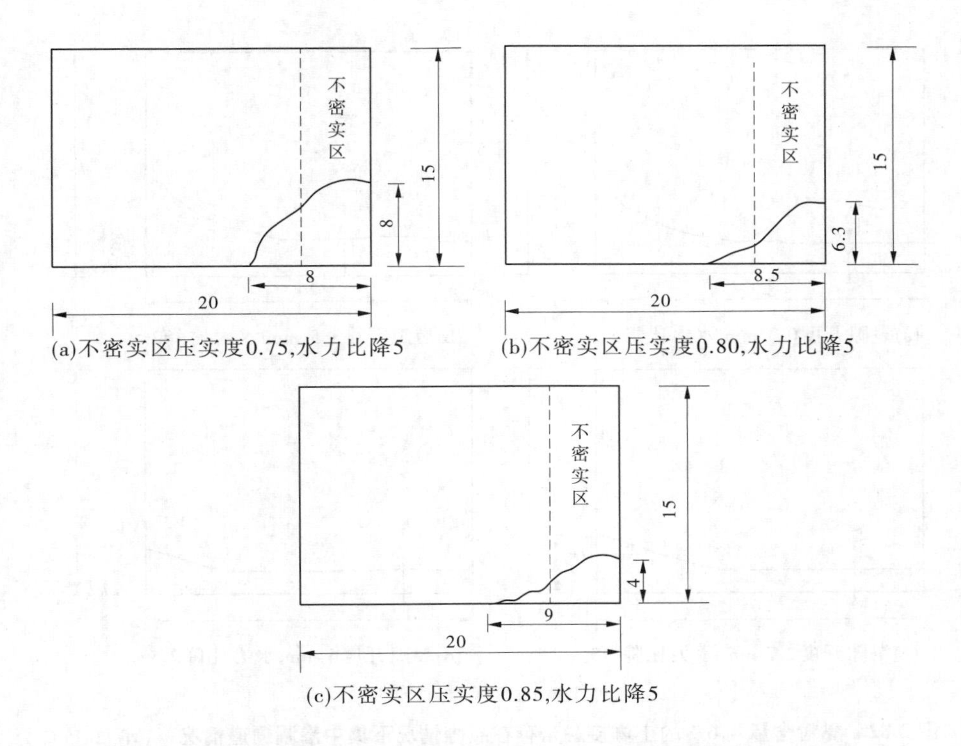

(a)不密实区压实度0.75,水力比降5　(b)不密实区压实度0.80,水力比降5

(c)不密实区压实度0.85,水力比降5

图 2-81　黏粒含量22.6%的土体不同试验条件下渗漏通道出口情况　(单位:cm)

由图2-79～图2-81可知,在上游水流作用下,在不密实区接触面底部薄弱地带形成渗漏通道出口,且通道出口形状均呈现不规则圆洞形。究其主要原因,初步认为有以下几方面:

(1)土石结合部缺陷设置为不密实接触面,破坏后出口附近底部在沿接触面并指向出口方向上的渗透比降最大,该方向为接触冲刷渗透破坏的优先方向,渗漏通道的位置也由出口方向接触面沿水平方向发展。

(2)渗漏通道水平向发展,渗漏通道一旦形成,流量变大,内部土体颗粒更易流出。

(3)土体颗粒流失又形成强渗漏通道,造成接触面土体破坏回溯向上游发展,最终致使接触面土体完全流失。

(二)接触面存在裂隙

仍然通过常规观测和拍照手段对试验现象进行直观描述。发现在接触带存在裂隙情况时,在一定水力比降作用下,在试样出口接触带底部,沿裂隙层面形成一条贯穿的强渗漏通道,并沿横向背向裂隙方向扩展,通道上的土体颗粒已全部流失,渗漏通道位置基本一致,但具体形状与水力比降、裂隙大小及土体性质有关。不同黏粒含量土体各条件下渗透破坏试样渗漏通道如图2-82～图2-84所示。

由图2-82～图2-84可知,各试验条件下,沿刚性玻璃与试样接触面裂隙之间形成一条弯曲状的强渗漏通道,接触面在水流作用下持续流失,只因裂隙的存在导致接触面土体颗粒间的黏聚力降低,随着水流的持续冲刷,裂缝不断横向发展并扩大,而刚性玻璃板的变形协调能力较差,底部非裂隙带土体的局部塌陷使其与玻璃板之间也形成了裂隙,土层

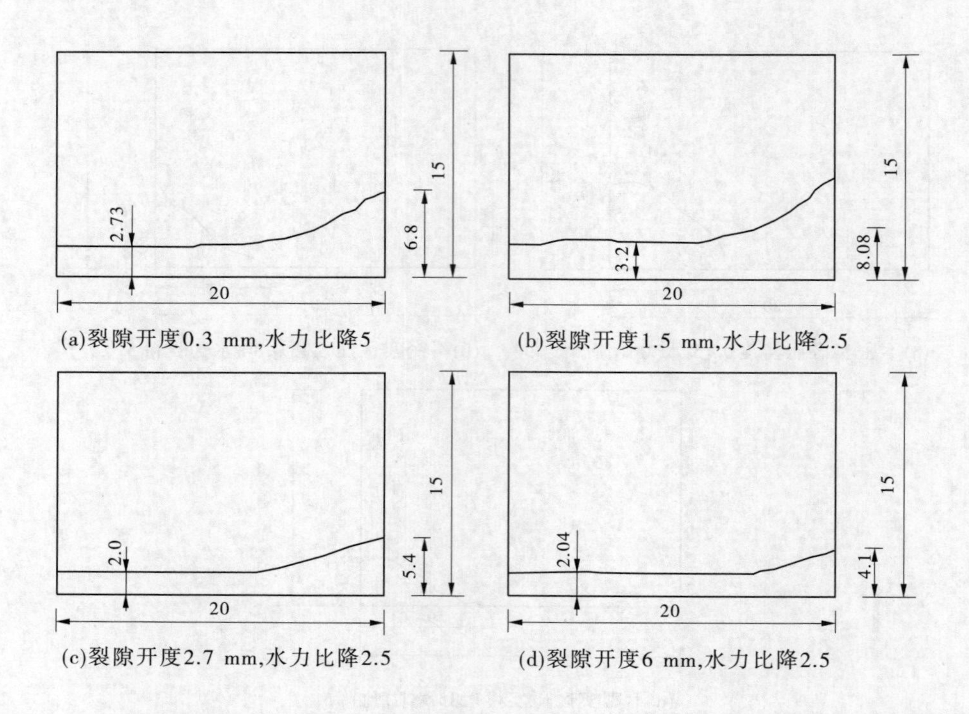

(a)裂隙开度0.3 mm,水力比降5　(b)裂隙开度1.5 mm,水力比降2.5

(c)裂隙开度2.7 mm,水力比降2.5　(d)裂隙开度6 mm,水力比降2.5

图 2-82　黏粒含量 4.6% 的土体接触带存在裂隙情况下集中渗漏通道情况　(单位:cm)

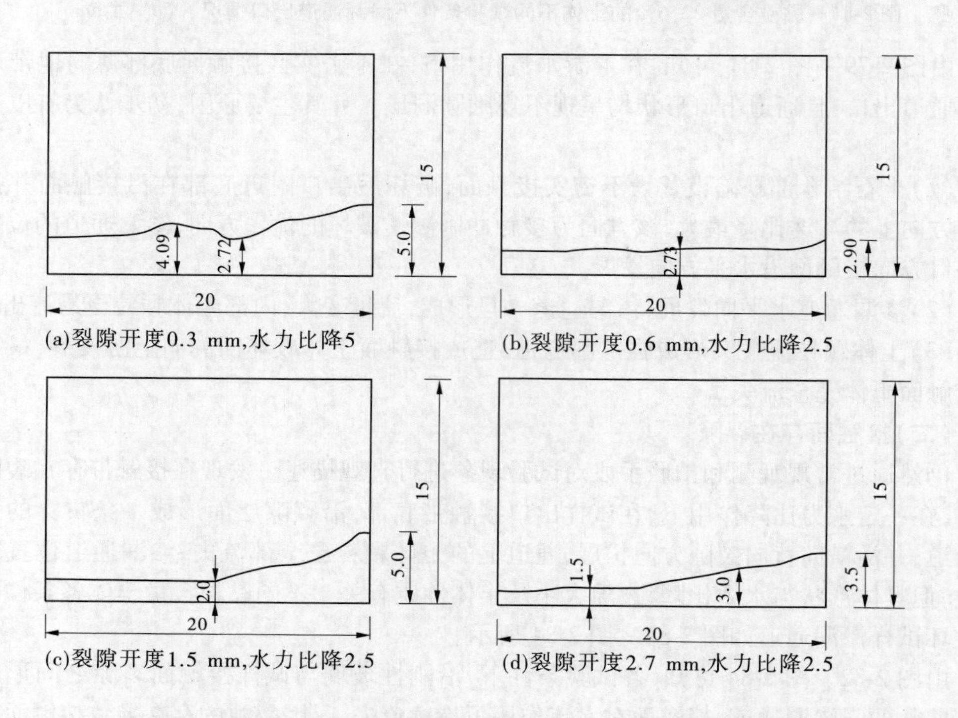

(a)裂隙开度0.3 mm,水力比降5　(b)裂隙开度0.6 mm,水力比降2.5

(c)裂隙开度1.5 mm,水力比降2.5　(d)裂隙开度2.7 mm,水力比降2.5

图 2-83　黏粒含量 12.3% 的土体接触带存在裂隙情况下集中渗漏通道情况　(单位:cm)

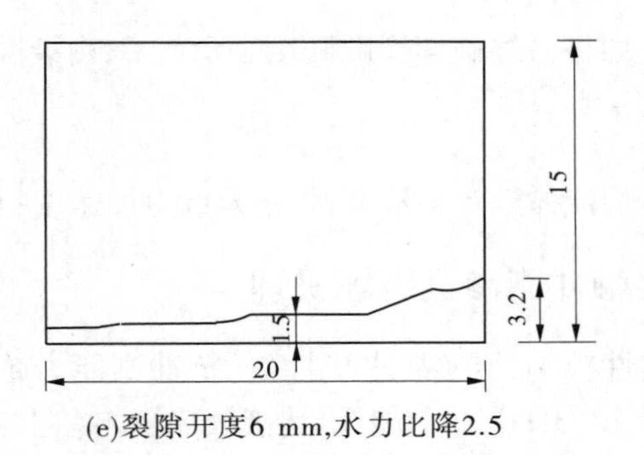

(e)裂隙开度6 mm,水力比降2.5

续图 2-83

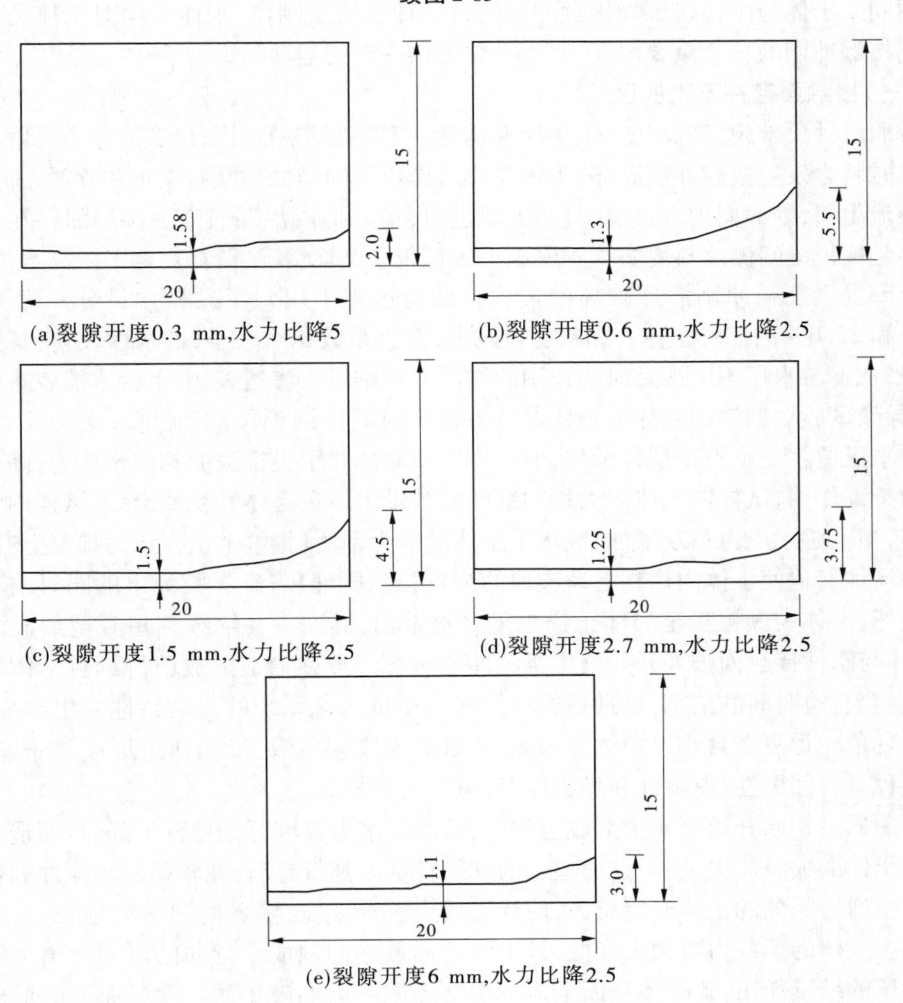

(a)裂隙开度0.3 mm,水力比降5

(b)裂隙开度0.6 mm,水力比降2.5

(c)裂隙开度1.5 mm,水力比降2.5

(d)裂隙开度2.7 mm,水力比降2.5

(e)裂隙开度6 mm,水力比降2.5

图 2-84 黏粒含量22.6%的土体接触带存在裂隙情况下集中渗漏通道情况 (单位:cm)

在水流的作用下持续侵蚀,土层底部与玻璃盖板间的裂隙变得越来越大,导致裂隙中流量变大,流速较快,冲刷作用也更加明显。其渗漏通道的发展与接触带土体的破坏这两个过

程相互作用、相互影响。如将最终破坏裂隙开度表示为 B,由裂隙立方原理可知:

$$q = -\frac{g}{\mu}JB^3 \tag{2-11}$$

式中:q 为单裂隙流量;μ 为流体运动黏滞系数;g 为重力加速度;J 为水力比降。

四、土石结合部接触冲刷渗透破坏机理

土体黏性越大,透水性较小,压实后水稳性好,抗冲刷能力越强。土体黏粒含量较多的黏性土(土体黏粒含量12.3%和22.6%),其接触冲刷与黏土粒较少的无黏性土(土体黏粒含量4.6%)的接触冲刷又有所不同,主要反映在接触冲刷发生时土颗粒的起动机理上的不同。土体与刚性建筑物接触冲刷的另一种介质是刚体,刚体表面对土体的摩擦力是影响接触冲刷的一个重要因素,对土颗粒提供一定的运动阻力。

(一)接触面存在不密实区

按照设计要求施工的堤防,土体能够承受一定程度作用水压;当实际渗透比降大于允许比降时就会发生接触冲刷破坏;土体在渗流作用下的剥蚀、冲刷、流土和管涌,都是先开始于渗流出口,继而向内部发展,直达上游进口,最后形成渗漏通道。接触面存在不密实区主要是模拟涵闸侧墙与堤防填土碾压不实且止水破坏情况下,在突遇上游高水位时,土石结合部发生接触冲刷渗透破坏的过程。试验过程中用到了黏粒含量分别为4.6%、12.3%和22.6%的三种土体。黏粒含量越大,渗透系数相对较小,透水性较差,其抗渗性能越强,在上游水压不大或短时间作用的情况下较难发生渗透破坏,上游水流较难传递过来,且导致试验后期渗透破坏前土体颗粒被带出时间持续较长、出泥量较大。开始阶段,上下游水压差主要由整个试样承担,但试样进口底部要承受很强的侧向水压力,随着上游水压的持续作用,试样内土体中大量的细颗粒被带出。在土体颗粒涌出后,试样内水压重新分布,当上游水压力不断增加,破坏了土体的静力平衡后,整个试样水力梯度上升,水力比降的增加又迫使土体内达到起动流速的细颗粒急剧涌出,细颗粒涌出的同时内部土体逐渐破坏,土体大颗粒甚至局部土样也随之被带出,继而渗径继续缩短直至形成渗漏通道,土体与刚性接触面被冲开并发生接触冲刷破坏。渗漏通道形成前持续有土体颗粒涌出,但也会有短时间的堵塞,这种短暂堵塞则会使得水流系统的流动特性发生改变,并使得管涌现象变得复杂且难以预测。因此,从试验宏观现象看,渗漏通道形成并非连续,其形成过程具有间歇性、突发性和随机性等特点,较难控制。

渗漏通道初始开始至完全形成过程中,接触面水力梯度开始急剧下降,从而造成接触面附近土体的大量流失,当渗漏通道上的细颗粒基本被带走后,在较强的水流冲刷作用下接触面主通道一侧的土体开始流失,使渗漏通道逐渐变宽,随着时间持续越长,通道的宽度越宽。土体的承载力将大大降低,且土体试样最终冲蚀成一弯曲的渗漏通道。随着上游高水压的继续作用,整个接触面土体被淘空形成一扇形破坏面。渗漏通道的形成及接触面大量土体的流失,造成了堤防涵闸土石结合部脱空,给堤防留下了隐患。在荷载作用下土体易造成不均匀沉降,甚至造成涵闸结构破坏,如结构裂缝、止水破坏等,而这种破坏又加剧了堤防涵闸结合部渗透破坏险情。洪水期曾经发生过渗透破坏的堤防涵闸接触面(底板、侧墙、顶板等与堤防接触面),由于所承受水力梯度增加,渗漏通道发展速度较前

一次更快,危害性也更大。当涵闸存在止水破坏、结构裂缝时,在高水位作用下,由于渗径变短,土体的渗透比降变大超过其临界值,接触面也更易发生接触冲刷破坏。

土石结合部接触冲刷破坏试验过程见表2-22。从表中可看出:在接触面存在不密实区缺陷情况下,土石结合部接触冲刷破坏过程经历了一个由慢到快的发展过程,水力比降、接触面土体密实度及土体黏粒含量对接触冲刷破坏均有较大影响。本试验中,水力比降3.5、不密实区压实度0.75时,黏粒含量为4.6%、12.3%和22.6%的土体从水头施加到稳定分别经历了27 min、42 min、80 min,从有清水渗漏到试样破坏分别经历了16 min、20 min、45 min。对于同一种黏粒含量的土体,不密实区压实度一定时,水力比降越大,稳定时间及破坏时间越短,如土体黏粒含量12.3%、密实度0.85时,水力比降2.5、3.5、5、10和20时的稳定时间分别为108 min、67 min、47 min、10 min、4 min,破坏时间分别为57 min、33 min、25 min、18 min、7 min。黏粒含量越小,水力比降越大,不密实区压实度越小,稳定时间及破坏时间越短,如黏粒含量4.6%、不密实区压实度0.75、水力比降20时,由水压施加到稳定仅经历了3 min,从有清水渗漏到试样破坏也仅为2 min。

(二)接触面存在裂隙

接触面存在裂隙情况下,土体试样接触冲刷渗透破坏的过程与接触面存在不密实区的破坏情况不同,宏观现象也更为直观明了。由于接触面裂隙的存在,接触冲刷渗透破坏并没像接触面存在不密实区时对水流产生阻挡,而是水压力直接作用在接触面土体上,加速了接触冲刷渗透破坏的速度。接触面土体在水平向渗透作用下起动、输送并被带出下游出口。由试验可知,在水平渗透力的作用下,裂隙底部位置的土体颗粒不断被渗流带走,沿着裂隙面在土体接触面下部产生相对集中的水流,并形成渗漏通道,土体底部颗粒在水平向渗透力作用下沿层面被带出。

土石结合部接触冲刷破坏试验过程见表2-23。从表中可看出:在接触面裂隙开度、水力比降一定的情况下,土体性质具有一定影响,但随着裂隙开度的增加,这种影响表现并不明显。例如,在裂隙开度0.3 mm、水力比降10时,黏粒含量4.6%、12.3%、22.6%的土体渗透破坏时间分别为16 min、18 min和23 min;在裂隙开度2.7 mm、水力比降2.5时,黏粒含量4.6%、12.3%、22.6%的土体渗透破坏时间分别为15 min、20 min和14 min;在裂隙开度6.0 mm、水力比降2.5时,黏粒含量4.6%、12.3%、22.6%的土体渗透破坏时间分别为10 min、10 min和9 min;在裂隙开度9 mm、水力比降2.5时,黏粒含量4.6%、12.3%、22.6%的土体渗透破坏时间分别为9 min、9 min和8 min。从这一数据也可看出,在接触面裂隙开度大于一定数值后,开度不再具有明显作用,此时,对土体接触冲刷渗透破坏起主要作用的是土体本身的水化崩解能力及崩解后粒团粒径的大小。

五、接触冲刷条件分析

由前述试验情况可知,在堤防涵闸结合部由于不均匀沉降或施工等易造成结合部不密实、裂隙等缺陷,并在上游高水位作用下易发生接触冲刷渗透破坏。虽然目前对接触冲刷这种渗透破坏研究相对较少,但在闸坝的实际工程实践中接触冲刷破坏常是造成渗透破坏的主要原因。接触冲刷的最初定义是渗流沿两种不同土层接触面流动时,把其中细粒层中的细颗粒移入到粗颗粒中去,认为可导致渗流冲刷破坏。在实际工程中顺上粗下细层面间流动的情况也会遇到，如在堤身或堤、闸地基内部，但大量的工程不符合上述条件。当涵闸底板为混凝土结构时，在底板混凝土与地基土层间的渗流破坏既与前述研究的接触冲刷的条件有相似之处，但又不完全相同。

（一）允许冲刷水力比降

土与刚性水工建筑物之间的接触冲刷的抗渗强度最早由布莱提出，其提出的水工建筑物的渗流控制原理，是根据20世纪以前兴建的各类水闸运行经验总结的结果。经实践证明，刚性水工建筑物地基的渗透破坏主要出现在渗流场中的第一条流线上，即建筑物与地基的接触带处。其原因首先是这条流线最短，因而地基承受的水力比降最大；其次由于地基与建筑物之间接触不良，使得地基抗渗强度降低。因此，布莱以地基土与刚性建筑物之间的接触水力比降作为设计和评价建筑物地下轮廓长度的准则。

布莱提出的允许水力比降的概念实质上是渗流接触冲刷的水力比降，目前，在工程界，地基土与刚性建筑物间的允许接触水力比降仍多以工程经验统计值为准。20世纪末期与初期的区别主要是由于施工水平的提高及反滤层在渗流出口的运用，允许渗流抗渗比降比初期有了大幅提高。表2-29是不同时期土与刚性建筑物之间的允许渗流接触冲刷抗渗比降。

表2-29　布莱方法计算渗径长度与允许比降

地基土类型	布莱（1910年）	莱因（1934年）	邱加也夫（1962年）	苏联规范（1976年）
密实黏土	—	0.50	0.52	1.2
壤土	—	—	0.26	0.65
粗砂	0.083	0.20	0.33	0.45
中砂	—	0.17	0.20	0.38
细砂	0.067	0.14	0.16	0.29

另外，由前述研究成果可知，普拉维德、伊斯托美娜等对接触冲刷判别方法及水力条件等也取得了相应的研究成果。我国南京水利科学研究院毛昶熙等通过室内试验和实际工程调查分析，进一步发展和完善了接触冲刷的渗流稳定计算，提出了控制闸基水平段抗接触冲刷渗流破坏的允许比降值和出口段向上方向的允许渗流比降值。这也是目前水闸设计规范编制和一些水闸设计当中采用的主要理论根据。常规土基上水闸渗透压力计算方法常采用《水闸设计规范》（SL 265—2016）中的改进阻力系数法或流网法进行计算；复杂土基上的重要水闸渗透压力应采用数值法计算。对于侧向渗流计算，当岸墙、翼墙墙后土层的渗透系数不大于地基土的渗透系数时，侧向渗透压力可近似地采用相对应部位的水闸闸底正向渗透压力计算值，但应考虑墙前水位变化和墙后地下水补给的影响；当岸墙、翼墙墙后土层的渗透系数大于地基土的渗透系数时，可按闸底有压渗流计算方法进行侧向绕流计算；复杂土质地基上的重要水闸，应采用数值计算法进行计算。《水闸设计规范》（SL 265—2016）中建议的允许接触水力比降见表2-30。

表 2-30　水平段和出口段允许冲刷水力比降值

地基类别	允许渗流比降值	
	水平段	出口段
粉砂	0.05 ~ 0.07	0.25 ~ 0.30
细砂	0.07 ~ 0.10	0.30 ~ 0.35
中砂	0.10 ~ 0.13	0.35 ~ 0.40
粗砂	0.13 ~ 0.17	0.40 ~ 0.45
中砾、细砾	0.17 ~ 0.22	0.45 ~ 0.50
粗砾夹卵石	0.22 ~ 0.28	0.50 ~ 0.55
砂壤土	0.15 ~ 0.25	0.40 ~ 0.50
壤土	0.25 ~ 0.35	0.50 ~ 0.60
软黏土	0.30 ~ 0.40	0.60 ~ 0.70
坚硬黏土	0.40 ~ 0.50	0.70 ~ 0.80
极坚硬黏土	0.50 ~ 0.60	0.80 ~ 0.90

注:当渗流出口处设滤层时,表格中数值可加大 30%。

(二)接触冲刷条件分析

发生接触冲刷有两个基本条件:一是几何条件,一是水力条件。现主要从这两方面初步探讨土体与刚性建筑物之间的接触冲刷问题。

1. 几何条件

一般来讲,接触冲刷的本质是细土层中的细颗粒从粗土层孔隙中流失,当粗土层中的孔隙直径大于细土层中可移动的颗粒粒径时,接触冲刷才具备基本条件,这种基本条件称为几何条件,也就是土层本身所具备的条件,是内因,即粗土层的孔隙粒径大于细土层可移动颗粒的粒径:

$$D_0/d_i > 1.0$$

普拉维德和伊斯托美娜分别以 D_{17} 和 D_{10} 代表粗土层的孔隙直径,分别以 d_3 和 d_{10} 代表细土层中可移动颗粒的粒径,并认为 $D_{10}/d_{10} \leq 10$ 是细土层颗粒没有从粗土层孔隙中流失的基本条件。

然而,土体与刚性建筑物之间的接触冲刷渗透破坏与前述研究的广义上的接触冲刷破坏的条件又不完全相同,实际上是接触冲刷的扩充。分析试验过程得出,由于接触带缺陷的存在,加之刚性建筑物变形协调能力较差,在二者接触不良时,易造成土体抗渗强度降低。因此,土体与刚性建筑物之间发生接触冲刷渗透破坏的内部条件是结合部接触不良,即存在裂隙、不密实等缺陷。由试验情况可知,当裂隙开度大于 2.7 mm 时,土体性质及裂隙开度不再具有明显作用。

在接触带存在不密实区或裂隙情况下,利用 PFC 软件模拟土石结合部接触冲刷前后内部土体颗粒的变化情况,分别如图 2-85 和图 2-86 所示。

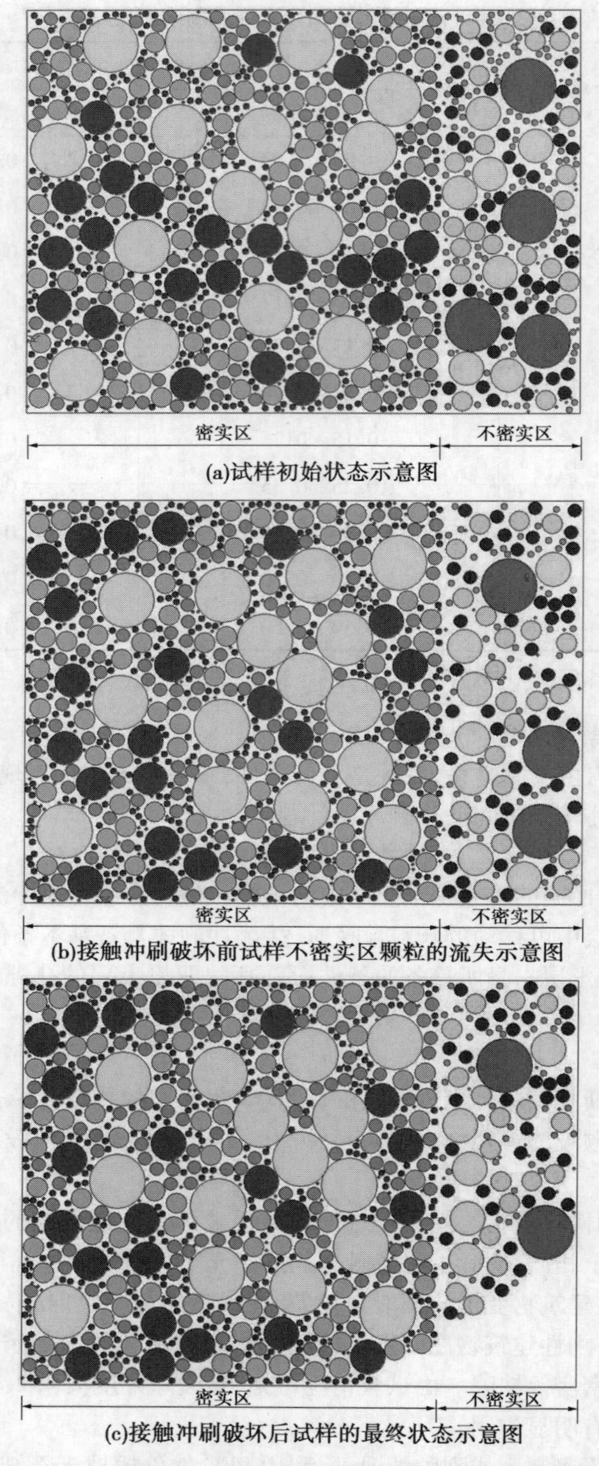

图 2-85　结合部不密实区情况下接触冲刷前后土体颗粒变化示意图

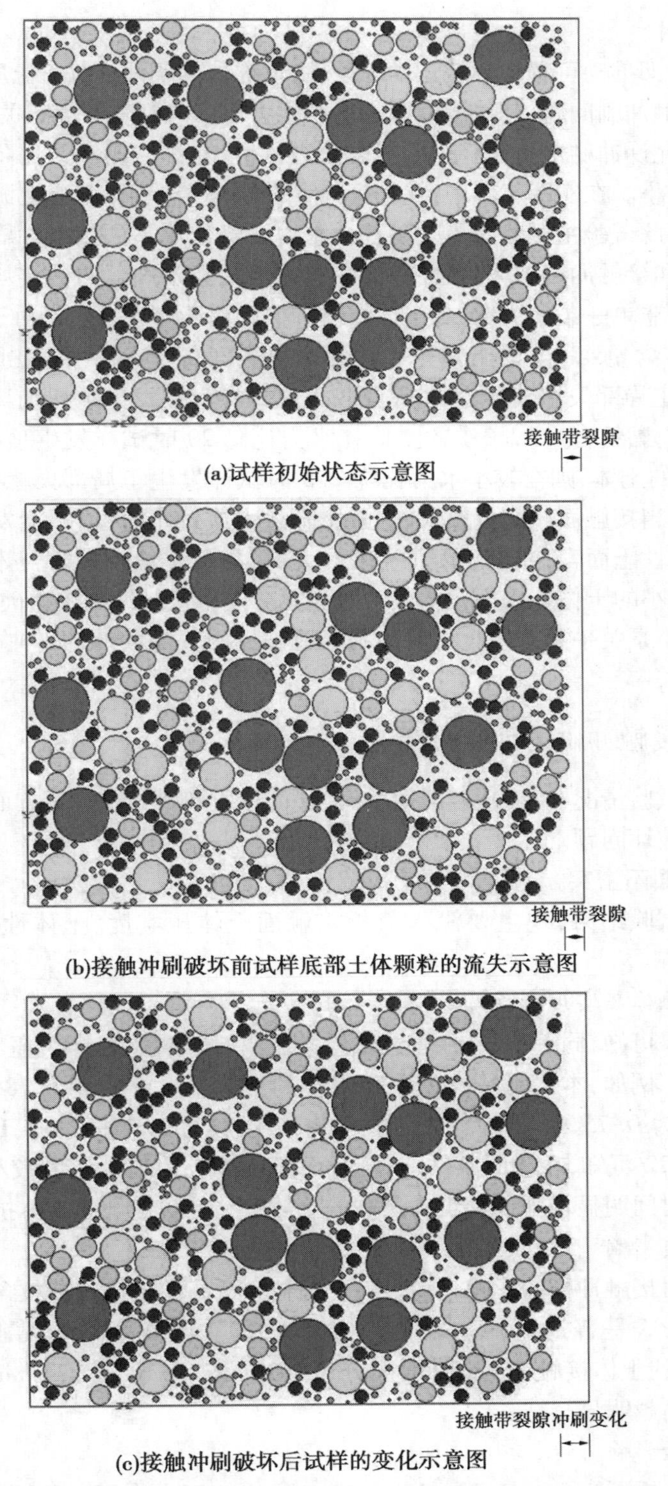

图 2-86　结合部裂隙情况下接触冲刷前后土体颗粒变化示意图

2. 外部条件

水力条件,即推动可移动颗粒运动的条件,也称外部条件。对于土质防渗体与基岩接触带的渗流接触冲刷问题,其接触冲刷的最小水力比降与裂隙开度有关,而目前土体与刚性建筑物之间允许冲刷水力比降采用经验值进行,且允许冲刷水力比降与土体性质密切相关,取值也较小。在实际工程中,在结合部存在缺陷情况下,遭遇上游高水位时较易发生接触冲刷,因此试验主要考虑了上游较大水力比降作用下的接触冲刷渗透破坏。根据本次试验情况和接触冲刷破坏类型来看,并非每类试验条件下的试样均发生了接触冲刷渗透破坏,也并非单一条件决定,与土体性质和接触面压实度有关。对于黏粒含量较小的非黏性土(黏粒含量4.6%的土体),在接触面压实度0.85时,水力比降较小(水力比降2.5)时试样发生局部失稳破坏,水力比降较大时试样直接发生顶托破坏;同样,在接触面压实度0.85时,黏粒含量12.3%的土体在水力比降20时试样发生顶托破坏;而对于黏粒含量22.6%的土体,则在较小水力比降2.5时试样发生了局部失稳破坏。因此,对于无黏性土来讲,当接触面压实度较大、水力比降过大或过小时,均不会发生接触冲刷渗透破坏;而对于黏性土而言,在接触面压实度较大时,黏粒含量较大的土体在水力比降较小时、黏粒含量较小的土体在水力比降较大时亦不会发生接触冲刷渗透破坏。可以看出,接触面压实度大小是关乎是否发生接触冲刷渗透破坏的关键条件,而外在水力条件则与土体性质密切相关。

六、影响接触冲刷的因素分析

根据本次试验情况,主要从接触面状态、土体性质及水力比降等方面探讨土石结合部接触冲刷渗透破坏问题。

(一)接触面不密实

根据本次试验结果,现主要深入分析接触面土体压实度、土体性质及水力比降的影响。

1. 接触面土体压实度影响

由试验结果可知,同一种土,在相同试验条件下,压实系数越大,压实度越高,则抗冲刷的能力越强。例如,本试验黏粒含量12.3%的土体最大干密度1.78 g/cm^3,接触面土体压实度分别为0.75、0.80、0.85时的干密度分别为1.34 g/cm^3、1.42 g/cm^3、1.69 g/cm^3。由表2-22可知,在相同条件下,接触面压实度较大与压实度较小的土体相比,稳定时间及破坏时间明显增加。黏粒含量高的土体较黏粒含量低的土体抗冲刷能力强。

2. 土体性质影响

土体性质对接触冲刷的影响较为显著。黏粒含量高的土体较黏粒含量低的土体接触抗冲刷能力强,这是普遍规律。当水力比降5、压实度0.80时,黏粒含量为4.6%、12.3%、22.6%的土体接触冲刷破坏时间分别为20 min、25 min和74 min,黏粒含量越大,抗冲刷能力提高越明显。

3. 水力比降影响

本试验共分析了0.5 m、0.7 m、1.0 m、2 m和4 m五个作用水压,即水力比降分别为2.5、3.5、5、10和20。显然,水力比降对各土体接触冲刷渗透破坏作用也较为明显。水力比降越大，从试样稳定到破坏持续时间越短，甚至在大水力比降20作用下，试样直接被推出，出现了顶托破坏。

(二)接触面裂隙

1. 接触面裂隙流态的影响

已有研究成果表明：裂隙渗流流态取决于裂隙开度、糙率及水力比降，但接触冲刷还与土体性质和干密度有关，前述试验结果也可表明这一点。在裂隙开度相同的条件下，黏性大的土体抗冲刷能力较强。

2. 裂隙开度的影响

裂隙开度是决定接触冲刷的主要因素之一，相同条件下，裂隙开度越大，抗冲刷能力越弱，但当裂隙开度大于2.7 mm时，不同土体接触冲刷破坏时间接近，土体性质影响并不显著，且裂隙开度也不再有明显的作用。

另外，已有研究成果表明，在出口反滤作用下，水库蓄水后土质防渗体与岩面之间的缝隙如果不出现渗流冲刷将会自行消失，即具有一定的自愈性，原因是土体遇水后有湿化崩解的特性，若防渗体与岩基表面之间有水平向的缝隙，缝面遇水后如果水压力较小，土体将湿化崩解，并在重力的作用下向下塌落，最后缝隙愈合。由于缝隙一般都很小，塌落后在岩面形成一层薄的松软土层，这一松软土层在上部土体重力的作用下将会得到压密，而具有一定的密实度，因而仍具有一定的接触冲刷强度。但由前述分析可知，本试验过程中，考虑的是下游临空情况，由于裂隙的存在，沿接触面均出现了接触冲刷渗透破坏，由表2-23和图2-37～图2-39可知，从上游水力比降施加到渗流破坏持续时间历时较短，且根据土体性质的不同也有所差异，渗水直接是浑水。此外，因直接施加水力比降作用，从表观现象上看并未发现软土层及裂缝愈合情况，且随着冲刷时间的推移，底部土体也未在荷重之下得到压密，而是持续流失。

七、微观结构模式的建立

本试验共考虑了黏粒含量4.6%的无黏性土及黏粒含量分别为12.3%、22.6%的黏性土与刚性建筑物之间的接触冲刷试验，分别从无黏性土和黏性土与刚性建筑物间接触冲刷渗透破坏的微观结构进行探讨。

(一)无黏性土接触冲刷土体起动的微观结构模式

假定土体是大小均匀的，对于无黏性土接触冲刷来讲，接触面附近土体颗粒受到的主要作用力有：土体颗粒的自重、相邻土颗粒对其的作用力、水流对其的作用力，此外，由于刚性介质的存在，实质上是对接触面土体增加了一种外荷载，必将增加土体颗粒的阻力，因此在冲刷时还应考虑刚性接触面对其的摩擦力(接触面存在裂隙情况时，摩擦力不存在)，如图2-87所示。

1. 土体颗粒自重

此处土体颗粒自重指的是有效重力(其方向实际是垂直向里)，即考虑到土体颗粒自身重力及所受的浮力作用，其计算公式如下：

$$G = \alpha_g \frac{\pi d_i^3}{6}(\gamma_g - \gamma_w) \tag{2-12}$$

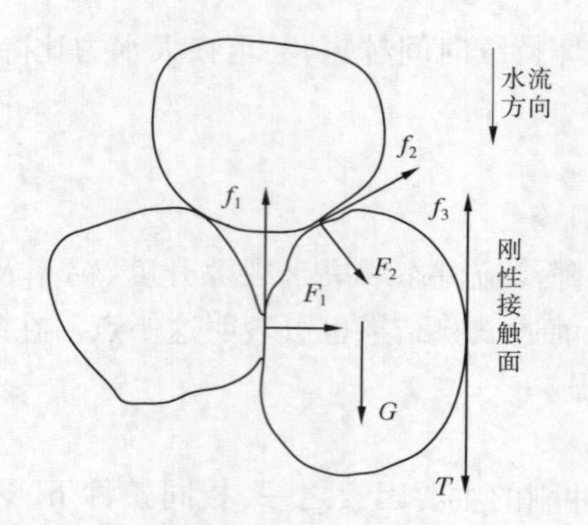

图 2-87　无黏性土可动颗粒受力示意图

式中：G 为土体颗粒自重；α_g 为与体积有关的形状系数；d_i 为颗粒直径；γ_g 为土颗粒容重；γ_w 为水容重。

2. 相邻土颗粒对其的作用力

相邻土体对其作用力主要有土体颗粒固壁间的侧向压力 F 和颗粒间摩擦力 f_1，没有颗粒间的黏聚力。

1）侧向压力

由于颗粒并非真正球形，其他土体颗粒固壁对其的侧向压力亦不一定相等，作用点也不可能在同一条直线上。为简化计算，假设某一土体颗粒受侧面和上部土体颗粒对其侧向作用（如图 2-87 所示），则侧向压力为

$$F_1 = a_{11}\xi\sigma\pi d_i \tag{2-13a}$$

$$F_2 = a_{12}\xi\sigma\pi d_i \tag{2-13b}$$

式中：F_1、F_2 为侧向压力；a_{11}、a_{12} 为与侧压力作用面积有关的修正系数；ξ 为侧压力系数；σ 为垂直应力；γ_w 为水容重。

2）颗粒间摩擦力

摩擦力是颗粒移动的阻力，其大小随着动力的增大而变化，但其最大值则是颗粒间切应力达到土的抗剪强度时土颗粒所受的摩擦力。

$$f_1 = a_{21}\pi d_i^2\tau_f = a_{21}\pi d_i^2\sigma\tan\varphi \tag{2-14a}$$

$$f_2 = a_{22}\pi d_i^2\tau_f = a_{22}\pi d_i^2\sigma\tan\varphi \tag{2-14b}$$

式中：f_1、f_2 为土体颗粒间摩擦力；a_{21}、a_{22} 为与摩擦力有关的形状系数；φ 为内摩擦角。

3. 水流对土体颗粒的作用力

假设该颗粒所处位置渗径长为 L，水流经过时，接触面上土体颗粒所受的切应力为

$$\tau = \frac{\gamma_w J}{2a_3\left(\frac{1-n_1}{D_{sk}}\right)} \tag{2-15}$$

土颗粒所受的切向力为

$$T = a_4\tau\pi d_i^2 = a_4\frac{\gamma_w J\pi d_i^2}{2a_3\left(\frac{1-n_1}{D_{sk}}\right)} \tag{2-16}$$

式中：τ 为土体颗粒切应力；T 为土体颗粒切向力；J 为颗粒所处位置水力比降；a_3 为与颗粒表面积有关的形状系数；a_4 为与水流切应力有关的形状系数；D_{sk} 为土体等值粒径；n_1 为面积孔隙率。

4. 刚性介质对土体颗粒摩擦力

刚性建筑物对土体颗粒摩擦力与颗粒所受的切应力有关，即

$$f_3 = \mu a_5 \tau = \mu a_5 a_4 \frac{\gamma_w J}{2a_3\left(\frac{1 - n_1}{D_{sk}}\right)} \tag{2-17}$$

式中：f_3 为刚性介质对土体颗粒摩擦力；μ 为与刚性介质性质有关的摩擦系数；a_5 为与摩擦力有关的形状系数。

沿水流运动方向，在接触面上，当静止颗粒失去平衡而发生滚动时，根据垂直向力矩平衡原理，即可建立此刻土体颗粒的平衡条件（根据试验条件，试样是竖向制样、横向试验，因此土体颗粒竖向重力不参与其中）：

$$Tb_1 d_i + F_1 b_{F1} d_i + F_2 b_{F2} d_i = f_3 b_3 d_i + f_1 b_{f1} d_i + f_2 b_{f2} d_i \tag{2-18}$$

式中：b_1、b_{F1}、b_{F2}、b_{f1}、b_{f2}、b_3 分别为侧压力、摩擦力、切向力等各力臂有关的修正系数。

由此可知，无黏性土的接触冲刷临界比降与土体性质、抗剪强度以及刚性介质性质等有关。

（二）黏性土接触冲刷土体起动的微观结构模式

具有一定黏粒含量的土体发生接触冲刷的机理与无黏性土有显著区别。由于黏粒之间存在着较为复杂的内力作用，而这些力很难严格确定。但颗粒之间的这种作用力又反映在土体的黏性上，本质上使土体具有了一定的黏性，黏性可以从土的黏聚力中反映出来。从黏性土体的微观结构上可以知道，黏土片之间通过化学键、分子键、静电力、毛细力、静电力等一系列复杂作用力紧密结合在一起，形成粒团，粒团之间通过少量共用黏土片连接在一起，粒团之间的连接力较粒团内部的连接力小，因此黏土粒团相对于黏土颗粒更易起动，而不同粒团之间的连接力又不完全相同，最后是连接较差的粒团先起动。但黏性土接触冲刷时粒团的起动原理与无黏性接触冲刷时土颗粒的起动原理是一致的，都是由于渗透水流的作用力克服了粒团或颗粒之间的作用力，打破了原来的静止状态而开始运动。当接触带不密实或存在裂隙时，土体颗粒间的作用力更易受渗透水流作用的影响，接触带缺陷位置的土体颗粒最先受到静水压力及流速的作用，原来的力学平衡被打破，实际上就成了冲刷问题。随流态的不断变化，土体颗粒的力学状态也随之变化，当冲刷到一定深度时，接触带土体失稳坍塌，并使冲刷面不断扩展。下面对土体可动粒团的主要作用力进行分析。具有一定黏性土体的受力示意图如图 2-88 所示。

黏性土可动粒团主要受粒团的重力、黏土微团之间的作用力、水流对粒团的切向力、刚性介质对粒团的摩擦力等作用。

1. 黏土微团的重力

假定微团直径为 D_i，则微团的重力（其方向实际是垂直向里）可表示为

$$G_s = \alpha'_g \frac{\pi D_i^3}{6}(\gamma_g - \gamma_w) \tag{2-19}$$

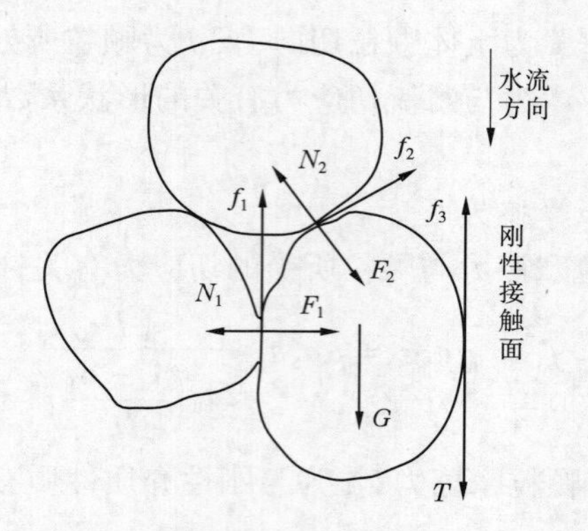

图 2-88　黏性土可动粒团受力示意图

式中：G_s 为土体颗粒自重；α'_g 为与体积有关的形状系数。

2. 黏土微团间的作用力

黏土微团间的作用力包括侧压力、摩擦力和黏聚力，而摩擦力和黏聚力表示在一起就是黏性土的抗剪强度，因此微团之间的作用力分为侧压力和黏聚力两个。

1）侧压力

侧压力可表示为

$$F'_1 = a'_{11}\xi'\sigma\pi d \tag{2-20a}$$

$$F'_2 = a'_{12}\xi'\sigma\pi d \tag{2-20b}$$

式中：F'_1、F'_2 为侧压力；a'_{11}、a'_{12} 为与侧压力作用面积有关的修正系数；ξ' 为侧压力系数。

2）黏聚力

微团间的黏聚力与土体的黏聚力有关，如下：

$$\tau_f = \sigma\tan\varphi + c \tag{2-21a}$$

$$N'_1 = a'_{21}\pi D_i^2\tau_f = a'_{21}\pi D_i^2(\sigma\tan\varphi + c) \tag{2-21b}$$

$$N'_2 = a'_{22}\pi D_i^2\tau_f = a'_{22}\pi D_i^2(\sigma\tan\varphi + c) \tag{2-21c}$$

式中：τ_f 为土体抗剪强度；a'_{21}、a'_{22} 为与黏聚力有关的形状系数；N'_1、N'_2 为黏聚力。

3. 水流对粒团的作用力

假设黏粒团所处位置渗径长为 L，水流经过时，接触面上土体颗粒所受的切应力为

$$\tau' = \frac{\gamma_w J}{2a'_3\left(\dfrac{1-n_1}{D_{sk}}\right)} \tag{2-22}$$

土颗粒所受的切向力为

$$T' = a'_4\tau\pi d^2 = a'_4\frac{\gamma_w J\pi d^2}{2a'_3\left(\dfrac{1-n_1}{D_{sk}}\right)} \tag{2-23}$$

式中：τ' 为粒团切应力；T' 为粒团切向力；J 为粒团所处位置水力比降；a'_3 为与粒团表面积有关的形状系数；a'_4 为与水流切应力有关的形状系数。

4. 刚性介质对粒团的摩擦力

刚性建筑物对粒团摩擦力与粒团所受的切应力有关，即

$$f_3' = \mu a'_5 \tau = \mu a'_5 a'_4 \frac{\gamma_w J}{2a'_3 \left(\frac{1 - n_1}{D_{sk}} \right)} \tag{2-24}$$

式中：f_3'为刚性介质对土体颗粒摩擦力；μ为与刚性介质性质有关的摩擦系数；a'_5为与摩擦力有关的形状系数。

根据接触面上黏土粒团的力矩平衡条件可知：

$$Tb_1 D_i + F_1 b_{F1} D_i + F_2 b_{F2} D_i = f_3 b_3 D_i + f_1 b_{f1} D_i + f_2 b_{f2} D_i + N_1 b_{N1} D_i + N_2 b_{N2} D_i \tag{2-25}$$

式中：b_1、b_{F1}、b_{F2}、b_{f1}、b_{f2}、b_3、b_{N1}、b_{N2}分别为侧压力、摩擦力、切向力等各力臂有关的修正系数。

由此可知，接触冲刷临界比降与黏土粒团粒径、土体孔隙率、等值粒径、抗剪强度等有关。本节仅对土体在接触冲刷破坏前土体起动时的临界状态进行了受力分析，但所列荷载涉及参数较多，还需进一步试验确定。黏性土和无黏性土的接触冲刷机理有所不同，黏性土起动的是粒团，而无黏性土起动的是土颗粒。

第六节　本章小结

在调研黄河下游堤防主要土体特性基础上，根据堤防涵闸土石结合部的特点和较易发生的渗透破坏类型，通过自行设计的接触冲刷试验装置，开展了一系列试验研究，探索了接触冲刷的破坏过程、破坏特征及影响因素等。同时，根据试验结果，对土石结合部接触冲刷渗透破坏的试验机理及冲刷条件等进行了探讨，并初步探索了不同性质土体接触冲刷发生的微观结构模式。

第三章 堤防土石结合部病险指标评价及参数安全阈值

第一节 引 言

江河堤防是我国防洪工程体系的重要组成部分，在长江、黄河等七大江河的中下游地区，堤防是抵御洪水、保障两岸人民生命财产安全的基本设施和最后屏障。根据地方农业生产、经济发展和防洪安全需要，河流沿线在堤坝上修建了许多穿堤涵闸，如分洪闸、排水闸、引渠、自来水厂的取水口等，穿堤涵闸作为河道堤防的组成部分，对防洪排涝、灌溉调节水量、工业城市用水等运行起着重要的作用，很大程度上支撑了当地社会经济的发展。然而穿堤涵闸土石结合部也是防洪的薄弱环节，土石结合部容易发生脱空问题，高水位下易形成渗漏通道，发生渗透破坏险情，且发展速度快，抢护困难，导致溃堤。1998 年杜蒙县马场闸在洪水作用下，马场闸溢流坝与马场堤结合部出现 4 ~5 m 决口，且不断向土堤延伸，并抢险失败。辽宁省辽阳市沙河池排水站建成之初，在上下游水位差达 3.5 m 时，前池右侧挡土墙出现了多处喷射状渗水。许许多多穿堤涵闸在多次大洪水时出现的渗流破坏险情暴露出了设计、施工、运行管理中的一些问题，以至于造成这些穿堤涵闸建筑物土石结合部成为堤防防洪的薄弱环节。

穿堤涵闸土石结合部安全响应机理错综复杂，渗流破坏形成过程也是一个复杂的具有众多不确定性的动态过程，涉及水文、地质、地震、土力学、水沙动力学、结构力学等不同时空尺度的物理过程，还涉及水体、岩土等多种介质的耦合作用，是多因素耦合问题，难以通过单纯的数学解析模型来分析。同时，穿堤涵闸土石结合部多处于多场耦合作用的赋存环境，不确定性致灾因素众多且特性各异，一般应对三种状态即正常、异常、险情，以及三种时态即过去、现在、将来等不同情况下的渗流破坏影响因素进行识别；由于异常和险情状态的渗流破坏致灾因素处于潜在状态，有隐含的因素，因此不太直观，这就需要科学的识别方法来发现问题，全面揭示影响土石结合部渗流破坏的各种因素。同时，影响土石结合部渗流破坏的因素具有时空变化和不确定性特征，很多因素影响作用复杂，难以量化，这一直是进行科学评价的难点，而且各种因素之间具有相关性，需要建立一个能够全面表征堤防土石结合部渗流特性，并且具有典型性、有效性和简洁性特征的指标集，从而构建渗流破坏影响因素指标体系，分析不同致灾因素在时空变化和不确定条件下对堤防土石结合部渗流安全的影响变化规律，以至于探讨多因素、多指标体系对穿堤涵闸土石结合部渗流破坏影响的安全评价技术，对研究土石结合部渗流破坏机理具有十分重要的意义。

本章将围绕穿堤涵闸土石结合部的渗流安全问题，在分析土石结合部渗流破坏影响因素及其成灾机理的基础上，分析各种影响因素的表征指标及其测试方法，探讨土石结合部探测及监测成果在渗流安全分析中的具体应用方法，并综合典型工程监测成果和相关文献研究成果，分析渗流场特征及其不同类型病险情况下土石结合部的渗流破坏规律。采用适应的病险识别方法，深入挖掘穿堤涵闸土石结合部渗流破坏影响因素，建立因素指标集，得到影响因素定性、定量指标的量化方法，构建多因素、多层次的综合评价指标体系，并分析各种安全评价方法的适应性，从而探讨适合的土石结合部渗流安全评价技术。

通过对穿堤涵闸土石结合部渗流破坏影响因素及其安全评价技术的系统探讨，深入分析了影响土石结合部渗流破坏的因素的时空变化、不确定性和各种因素之间具有的相关性特征，以及多因素影响作用的复杂性，建立能够全面表征堤防土石结合部渗流特性，并且具有典型性、有效性和简洁性特征的指标集，从而构建渗流破坏影响因素指标体系，分析不同致灾因素在时空变化和不确定条件下对堤防土石结合部渗流安全的影响变化规律，以至于深入探讨多因素、多层次指标体系对穿堤涵闸土石结合部渗流破坏影响的安全评价技术，对堤防涵闸土石结合部渗流安全运行管理具有十分重要的意义。

第二节　堤防土石结合部结构特征及渗流破坏的主要表现形式

一、黄河下游涵闸基本情况

人民治黄以来，在黄河下游两岸堤防以及蓄滞洪区修建了为数众多的水闸，其主要类型包括引水闸和分洪(泄洪)闸两种。水闸工程与黄河大堤连为一体，构成了黄河下游坚固的防洪屏障，同时为沿黄工农业生产和经济的发展发挥了积极作用。

从 1955 年花园口闸的兴建，到 2007 年桃花峪、东大坝两座水闸建成并投入运行，黄河下游共建成 99 座引黄水闸，设计引水流量共 4 266.7 m^3/s，年均引水量约 100 亿 m^3，设计灌溉面积 5 600 余万亩[1]，有效灌溉面积 4 400 余万亩，当前引黄灌溉和供水范围已达 19 个市 93 个县(市、区)，引黄水闸的兴建在沿黄两岸农业灌溉和城市、生活及工业供水中发挥了巨大的作用。目前，黄河下游共建成分(泄)洪闸 13 座，设计分(泄)洪流量 29 250 m^3/s。

在 99 座引黄涵闸中，河南黄河河务局管辖的有 36 座，山东黄河河务局管辖的有 63 座。按照所属岸别划分，左岸 54 座，右岸 45 座。按照涵闸类型划分，开敞式水闸共有 8 座，其余 91 座全都为涵洞式或箱涵结构。按照闸孔数量来分，其中 1 孔水闸有 16 座，2 ~ 5 孔水闸有 67 座，6 孔及 6 孔以上水闸共有 16 座。按照设计流量划分，流量小于 10 m^3/s 的水闸有 4 座，设计流量介于 10 ~ 40 m^3/s 的有 60 座，流量大于 40 m^3/s 的有 35 座(其中大于 100 m^3/s 的有 12 座)。按照时间划分，始建(改建)于 1980 年前的水闸有 36 座，1980 ~ 2000 年间修建(改建)的水闸有 59 座，2000 年至今修建的水闸共 4 座，其中水闸改建工程自 20 世纪 80 年代开始，截至 2014 年，共有约 40 座进行了改建或扩建，其中部分水闸在原址上重建。

---

[1] 1 亩 = 1/15 hm^2，下同。

除黄河大堤上的引黄水闸外，沁河堤防上还修建有穿堤涵闸31座，设计引(排)水流量83.4 m^3/s；大清河、东平湖堤修建有17座水闸，设计引(排)水流量129 m^3/s，齐河北展及垦利南展上有排灌闸17座，设计引(排)水能力447 m^3/s，此外还有睦里、垦东排水闸，排水能力13 m^3/s。

目前，黄河下游部分水闸发现有闸基和闸两侧渗透变形现象，而其水闸两侧渗透变形是水闸失稳破坏的主要形式之一。例如，山东滨州打渔张引黄闸改建后，不仅多次在闸室上游土石结合部出现大的浪窝险情，而且两侧翼墙在"96·8"洪水和1998年汛期均出现了渗水险情。黄河下游打渔张引黄闸位于山东省滨洲市博兴县，是打渔张灌区和引黄济青(青岛)工程的渠首闸，始建于1956年，1981年在原闸下游44 m处重建新闸。该闸为桩基开敞式闸型，闸总宽71.9 m，6孔，每孔净宽6 m，闸室总宽42 m，长21 m，两端设岸箱(宽8.15 m)和减压载孔(宽6.8 m)，设计洪水位22.7 m，校核洪水位23.7 m，设计流量120 m^3/s。特别是在1996年8月洪水时，打渔张引黄闸出现了较严重的渗水险情，且观测井渗出的水为浑水，可能已产生了管涌。打渔张引黄闸出险的原因可归结为：黏土回填施工质量不好，刺墙与岸箱间产生了不均匀沉陷，使翼墙平台与刺墙间产生了裂缝区，导致沿土石结合部产生渗流，造成浪窝、翼墙产生洇水、渗水、明水等险情的发生。经多次处理后仍出现浪窝和渗水险情，说明局部处理已不能解决根本问题。又如在2003年秋汛时，黄河下游闫谭闸发现闸后渗水，翼墙后面局部被渗水淘空。老谢寨闸下游侧墙也渗水严重，上游翼墙平台沉陷严重，平台栏杆明显倾斜，下游翼墙渗水有土颗粒被带出。其他地区引黄闸修(改)建后大部分未经历高水位运行，虽然未发现明显的两侧渗透变形，但发现部分水闸下游也有渗透变形现象，如刘庄闸、潘庄闸也都曾发生过闸后管涌现象。因此，黄河下游涵闸的渗透破坏也是其一个主要的问题，同时也形成黄河堤防防洪的薄弱环节。

二、结构特征及防渗措施

(一)主要结构形式及特征

水闸是一种既能挡水又能泄水的低水头水工建筑物，通过闸门启闭来控制水位和流量，以满足防洪、灌溉、排涝等水利事业的需要。按闸室结构形式分为开敞式水闸和涵洞式水闸。

(1)开敞式水闸：闸室上面是露天的，没有填土。当引(泄)水流量较大、渠堤不高时，常采用开敞式水闸。这种水闸又分为有胸墙和无胸墙两种。前者用于闸上游水位变幅较大，而下泄流量又有限制的情况；后者用于泄水和挡水时闸前水位相差不大，或有特殊要求的情况，如通航、排冰的水闸。

(2)涵洞式水闸：主要建在渠堤较高，引水流量较小的渠堤之下，它与开敞式水闸的主要区别是闸室后有洞身段。洞顶有填土覆盖，以利于洞身的稳定，同时也作交通之用。两岸连接建筑物较开敞式简单。根据水力条件的不同，涵洞式水闸又可分为有压和无压两种。

水闸由闸室和上、下游连接段三部分组成。闸室是水闸的主体，起挡水和调节水流的作用。它包括底板、闸墩、闸门、胸墙、工作桥和交通桥等。上游连接段的主要作用是引导水流平稳地进入闸室,保护上游河床及河岸免遭冲刷并有防渗作用。一般由上游护底、防冲槽(小闸常以防冲墙代替)、铺盖、上游翼墙及两岸护坡等部分组成。下游连接段通常包括护坦、海漫、下游防冲槽(齿墙)以及下游翼墙与护坡等,它的作用是引导出闸水流均匀扩散,消除水流多余的能量,防止对下游河床和河岸的冲刷。

水闸两端与堤防工程的连接需要设置连接建筑物,它们主要包括上下游翼墙、边墩或岸墙、刺墙和导流墙等,其主要作用是:①挡住两侧填土,维持两岸的稳定;②引导水流平顺进闸,并使出闸水流均匀扩散;③阻止侧向绕渗,防止与其相连的岸坡产生渗透变形;④保护两岸边坡不受过闸水流的冲刷;⑤在软弱地基上设有独立岸墙时,可减少地基沉降对闸身应力的影响,改善闸室受力状况。

水闸闸室与两岸的连接形式主要与地基及闸身高度有关。当地基较好、闸身高度不大时,可用边墩直接与河岸连接。在闸身较高、地基软弱的条件下,可在边墩外侧设置轻型岸墙,边墩只起支承闸门及上部结构的作用,而土压力全由岸墙承担。这种连接形式可以减小边墩和底板的内力,同时可使作用在闸室上的荷载比较均衡,以至于减少不均匀沉降。当地基承载力过低,可采用护坡岸墙的结构形式。两岸连接建筑物从结构观点分析属于挡土墙,常用的结构形式有:重力式、悬臂式、扶壁式、空箱式及连拱空箱式等。

在全国水闸工程中,除黄河下游引黄闸大部分为穿堤涵闸外,长江干堤有穿堤涵闸340余座,上级湖水利管理局直管范围内穿堤涵闸有49座,其中湖西大堤范围内27座、湖东大堤范围内22座;近年来,安徽省怀洪新河工程建设了穿堤涵闸100座,等等,可见穿堤涵闸在全国堤防水闸工程中占有相当的比重。

(二)防渗措施

穿堤涵闸与其他建筑物一样,渗透破坏对其安全影响非常大,因此防渗设计也是相当重要的。首先要弄清涵闸所在位置的河堤情况,检测其堤身是由砂土还是由黏土填筑的;其次分析该土质可能产生渗透现象的机理,判断是流土、管涌、接触冲刷还是接触流土;最后对症下药,针对不同情况做出不同方案。在抗渗设计时,一般要从两个方面来考虑:第一,涵闸堤身和堤基的渗透设计,主要是选用黏性土质,加大土质的密实度、边坡放缓、消除各种隐患等。第二,增加渗流流径、降低渗流出口坡降、降低渗流的破坏能力,一般采用在进口前面河底增加混凝土板,增加进水口两侧挡土墙的长度,所有接缝均做防水处理;在出水口两侧采取防渗措施,如增加防渗铺盖,布置防渗斜墙等措施。

目前,一般涵闸土石结合部的防渗排水措施主要包括:①上游闸室段在闸后边墙两侧应设混凝土刺墙或用塑料薄膜、土工膜做的防渗墙。防渗墙的长度要满足渗流计算防渗长度要求,闸室边墙两侧与填土间设沥青毛毡或土工膜用水泥胶黏剂贴附于边墙侧,呈L形水平铺设于填土之上,有利于与填土的连接;②涵洞段为适应混凝土纵向收缩、变形和由地基的不均匀沉降及由于温度变化而引起的管身纵向变形,闸室与洞身分段浇筑,并设置结构缝。洞身横缝的跨缝止水一般采用橡胶止水带,两侧各埋入混凝土20 cm,横缝止水全断面布置。涵闸洞身内侧横缝采用塑料油膏止水条嵌缝,确保结构的止水效果。为防止沿洞身外壁和填土结合处产生集中渗流,在洞身外围设置截水环,以延长渗径,降低渗流坡降,消除集中渗流的破坏作用;③下游设置排水设施,在三向渗流影响区域内设置排水,一般可采用无纺布包碎石体做排水设施,其布置可为水平、竖直、L形等。不同的涵闸可根据其所在位置的地质条件、本身结构形式等有所不同。

在长江中游干流和支流的河堤上建有众多的穿堤涵闸，穿堤涵闸是河堤的特殊组成部分，用于排除圩内涝水或从江河引水灌溉；建造穿堤涵闸时，由于开挖进、出水口，削弱了堤身，又扰动了弱透水性的覆盖层，因而穿堤涵闸也成为长江堤防工程的薄弱环节，在汛期比一般堤坝更易发生渗透破坏险情。目前，长江穿堤涵闸防渗加固的常用措施主要有以下几种：①在穿堤涵闸后的渠道上建反压闸，并在反压闸与穿堤涵闸之间的沟渠中充水，以平衡外河水位。然而在汛期高水位时，反压闸后也会发生管涌，这就需要在反压闸后的渠道上再依次抢筑1~2道反压坝。借助反压设施来平衡外河水位，这对于防止管涌虽然有一定效果，但不能消除产生管涌的内在因素，治标而不能治本。反压坝属于汛期抢险的一种临时工程措施，为了不妨碍排涝或灌溉，主汛期过后必须拆除反压坝，因此在洪水频率较高的地区，反压工程费用往往比穿堤涵闸的造价还高。②延长水平渗径，也就是在低水头一端接长涵洞，并在涵洞上方覆盖回填土压渗。这种渗流控制措施也是比较有效的，但是在强透水层埋藏较浅的情况下，要求较大的防渗长度，因而涵洞的工程量很大、造价很高，而且汛后涵洞内清淤比较困难。③采用高压喷射灌浆技术建造防渗帷幕来控制砂层渗流。实践证明，在强透水层较薄、埋藏较浅的条件下，高压喷射灌浆帷幕不仅防渗效果好、工程造价低，而且土石方工程量极少，施工进度快。这些防渗措施都在长江穿堤涵闸工程中起到了重要的作用。

三、渗流破坏主要表现形式

穿堤涵闸土石结合部主要为闸基即闸底板与地基的接触部位，以及涵洞两侧边墩、洞身和涵洞顶部与堤身土体直接接触部位。在涵闸工程设计中，闸基都做了严格的防渗设计，尽管如此，在长期渗流作用下，闸底板淘空仍普遍存在，是水闸的一项主要病害；涵洞顶部与堤身土体直接接触部位由于土体自身重力作用，堤身土体与涵洞顶部混凝土结合比较紧密，因此不容易产生渗流破坏；而涵洞两侧与堤身土体直接接触部位，由于回填土体难以压实，同时不均匀沉降等作用，也容易在土体与边墩混凝土之间产生一定开度的裂缝，从而造成渗流的薄弱环节，在渗透水流作用下，容易形成淘空，也容易产生接触冲刷等渗透破坏现象。具体来讲，穿堤涵闸土石结合部的渗流破坏形式主要表现为以下几个方面：

(1)涵闸与土堤的接触面渗漏。

涵闸上游水位升高，在上、下游水位差作用下，土体经受长期的浸泡，由于涵闸与土堤接触面处不密实，故渗透水沿涵闸与堤的接触面处渗漏，特别是有的土堤原设计压实质量标准偏低，经过历次加固后防洪能力虽有提高，但穿堤涵闸未能与土堤同步进行接长，使原设计渗径长度不能满足要求，容易产生渗透，从而造成土壤颗粒流失形成空洞，发生堤身淘空后塌陷，甚至出现翼墙倾斜倒塌的事故。

(2)穿堤涵闸地基渗漏。

对于透水性较大的单层均质砂土地基，常出现由正常渗水到不正常渗水，在下游地基表面出现翻水带砂现象，逐渐形成严重的集中渗漏通道。双层结构地基表层黏土不透水层较薄，常出现下游地基表层被渗流顶穿而发生涌水翻砂现象，而且渗漏量逐渐加大，渗出清水，以后出现浑水，将产生严重的管涌或严重的流土。有的出现在穿堤涵闸上游进口底板、涵洞、消力池底板基础下，严重时则基础被淘空，建筑物出现沉陷断裂。

(3)涵洞式建筑物洞内壁漏水。

涵洞接头伸缩缝也是渗流破坏的薄弱之处，通常在长期水流作用下伸缩缝止水失效而发生漏水，以及涵洞裂缝也会造成洞壁漏水。当涵管内外水压力有差异时，如果涵洞接缝口止水设施老化失效、基础变形引起分缝错动或由于设计施工等原因都会引起漏水（向涵洞内或涵洞外漏水），使建筑物周围的填土受到影响，严重时导致出险。接缝的止水失效，使沿洞壁的纵向与横向渗流连接，洞内外漏水连通，渗流出口处土体湿润或渗水，以致形成漏洞或塌坑。另外，因涵洞内壁伸缩缝止水材料老化脱落，或砌石涵洞沉降变形产生裂缝，使洞内的承压水与洞外壁渗透水相遇，使得土壤颗粒被渗水带出，易造成上、下游堤段大面积塌陷。或因涵闸洞身基础的不均匀沉降，预制管段安装时接头处处理不当，填土质量差等，致使闸底板、洞身断裂漏水。例如，广饶县分洪河下游泄水涵洞，涵洞中部因沉降缝止水材料老化，高速水流将基础土体掏出，使涵洞底板发生沉降破坏，进而侧墙倒塌，洞顶塌陷，涵洞洞身大部分被毁，土堤出现大段落的缺口，涵洞只能拆除重建。

(4)穿堤涵闸背水坡渗水。

堤防上游水位升高后，由于上、下游长期受水位差影响，堤内浸润线以下的土壤呈饱和状态，背水坡脚土壤潮湿变软，颜色变深，随即开始渗水。但土壤颗粒未被带出，潮湿区逐渐扩大，堤身土体变的松软，有的可出现堤坡下坐、脱坡等现象。但随着饱和土体区逐渐扩大、渗漏量的增大，当渗漏出口处没有设置反滤层保护时，渗流会逐渐将土颗粒带走，淘刷成孔穴，渗出的水体浑浊，渗流出口出现塌坑，渗漏通道上下贯通，逐渐发展扩大后，将进一步造成严重的堤身渗漏塌坑。

影响穿堤涵闸渗流破坏的因素很多，不同的穿堤涵闸往往表现出不同的渗流破坏现象，具体需要结合工程实际情况。

四、渗流破坏成灾机理

穿堤涵闸大多修建于沿江（河）滩地上，地基多为单层的透水地基或表层为较浅的黏土粉土层，其下为透水的砂层或砂砾层的双层结构地基。筑堤的土料又很难取到理想的黏壤土，以至于很多土堤成为砂基上的砂堤。穿堤涵闸两端为相对透水的堤防，当河道行洪时，涵闸上游水位突然升高，在上、下游水头差的长期作用下，将发生从上游高水位向下游低水位流动的侧向绕渗，形成三向渗流。特别对于沿水流方向较长而窄的穿堤涵闸，由于两侧和地基透水所形成的向下游集中渗流，会造成局部水头和出口坡降远比沿闸垂直剖面上的二向渗流大，愈靠近下游排水端的上游堤坡附近，渗流就越为集中，不利于下游堤坡的稳定。穿堤涵闸的这种不利工作条件，也同时加重了渗透破坏险情的发生。渗透破坏主要是由于渗流的渗透坡降、渗透流速、渗透压力过大，超过了土体的允许渗透坡降，就会在某处发生土颗粒被带走的现象，逐渐形成集中的渗漏通道或将成块土体被掀起浮动，此种情况经常发生在渗流的出口处。渗透坡降、渗透流速、渗透压力的大小都与建筑物基础的地下轮廓线形式、侧向防渗形式和防渗长度有关；阻力很小的防渗轮廓形式和防渗长度的不足，都会使渗透坡降、渗透流速和渗透压力过大。具有三向渗流的穿堤涵闸，当侧向防渗长度不足或涵洞裂缝漏水，止水失效，而造成基础和侧向防渗长度不足，使渗透坡降加大，以及堤防断面的不足、浸润线的升高，就会造成堤防下游坡有渗流逸出点，因此渗透坡降过大是造成土石结合部渗透破坏的主要因素。同时，水闸与堤防两岸连接处，建筑物回填土多采用机械化施工，大型机械上土、碾压，由于穿堤涵闸土石结合部的特殊的结构形式，使填土与建筑物接触面处很难压实，特别是一些拐角和狭窄处往往土体密实程度不容易达不到要求，而采用人工填土受人为因素影响较大，尤其是翼墙处更难填实，遇水后将产生较大沉降，抗渗强度得不到保证，常常形成松散接触带，以及在后期发生不均匀沉降等又易在土与涵闸两侧混凝土结构之间形成开裂、裂缝，同时在长期渗流作用下又有可能形成局部淘刷空洞，从而造成涵闸与大堤连接处的隐患病害。特别是穿堤涵闸的岸墙、翼墙或边墩等混凝土与堤防土体结合部位形成裂缝后，一旦迎水面水位升高或遇降雨地面渗流进入，沿洞壁、墙或墩等硬性构件与堤土结合的裂缝流动，形成集中渗漏，严重时将形成漏洞，危及堤防安全。

穿堤涵闸土石结合部渗流险情发生的主要原因可以概括为：①建筑物回填土与堤身结合处出现裂缝，形成漏水；②靠近堤身的水闸两侧土体形成不同程度的沉降，水位低的一侧，左、右翼墙及护坡裂缝处有渗水；③靠近水闸两侧的土体产生垂直于闸室横向的裂缝；④堤身与涵闸混凝土接触面之间土体不密实，长期渗流作用下形成淘刷空洞等隐患；⑤涵洞边墙接缝止水破坏，或边墙混凝土本身形成贯穿性裂缝。这些隐患病害常常使穿堤涵闸土石结合部产生不同形式的渗透破坏现象，而渗透水流又促使土石结合部隐患病害的发展变化，因此土石结合部渗流破坏也往往是一个动态的变化过程，但最终都将导致堤防险情的发生。

五、小结

在全国水闸工程中，穿堤涵闸占有相当比重，长江、黄河、淮河等一些区域大部分都是修建的穿堤涵闸，因此穿堤涵闸是一种广泛分布的水闸结构形式，其涵洞边墙两侧与堤防工程的连接，又是一种具有特殊性的土石结合部结构形式，常常形成堤防工程防洪的薄弱环节，往往容易造成危及堤防安全的险情发生。渗流破坏是穿堤涵闸病险中的主要问题之一，本节在深入分析穿堤涵闸土石结合部的结构形式及其渗流破坏发生的初步原因基础上，探讨了渗流破坏发生的主要表现形式及其目前主要采取的防渗措施，对下一步涵闸土石结合部渗流破坏影响因素分析及其表征指标的研究奠定基础。

第三节　渗流破坏影响因素及其表征指标

一、渗流破坏影响因素的识别方法

穿堤涵闸土石结合部渗流破坏影响因素极其复杂，根据涵闸结构、材料、设计指标、所在位置地质条件、水力条件等不同而不同，其渗透破坏影响因素识别应充分考虑三种状态和三种时态，三种状态为正常、异常、险情，三种时态为过去、现在、将来。渗透破坏影响因素识别要结合具体工程，将查找风险事件与查找风险因素相结合，围绕自然、地质、环境、设计施工、水文、水力等方面查找致灾因素。常用因素识别方法可以分为三类:一是经验类比法,基于实际经验,对致灾因素或风险事件进行核对、排查;二是理论分析法,借助理论分析方法或工具,对风险事件发生的可能性、发生部位、发生概率,以及导致风险事件发生的致灾因素的敏感性等进行计算分析,为影响因素识别提供依据;三是试验求证法,对于复杂的或影响重大的风险问题,必要时可采用试验手段进行模型求证,以确定影响因素。在实际应用中,三种识别方法可以相辅相成,综合运用,力求使影响因素的识别准确、高效。

因此,首先需要根据有关文献资料,分析影响穿堤涵闸土石结合部的致灾因素,建立影响因素识别原则,然后收集分析不确定性因素的历史统计资料以及勘测试验资料,推断和验证不确定性因素的随机特性,同时根据水文、隐患、土工、地震、结构和施工因素的不确定性以及运行管理的不确定性等的随机性特征,定性探讨各种影响因素对穿堤涵闸土石结合部渗流破坏失事风险的影响大小,深入挖掘风险因子,构建不确定性风险因子分析网络结构体系。在此基础上,基于模糊数学的综合评价方法,利用模糊数学知识,实现定性与定量相结合,总结各种渗流破坏影响因素的基本特征,建立初步的渗透破坏影响因素识别准则和方法。同时,针对具体工程,对堤防土石结合部检测、探测、监测、观测的实际资料数据进行分析,分析测试仪器和测试方法对数据精度的影响,并重点研究利用数理统计方法,结合实际所使用的仪器及测试方法,建立统计量构造和分析方法的数学模型,评判其方法的可靠性,并提出测试数据的应用处理方法。

影响穿堤涵闸土石结合部渗流破坏的因素错综复杂,无论采用哪种方法进行土石结合部渗流稳定性评价,都必须在研究各种单一影响因素的基础上,找出主要影响因素,以及它们彼此间的内在联系。目前,常用的主因素识别方法主要有相似比拟法、可靠度分析法、层次分析法、基于正交试验的主成分分析法等。由于影响因素的复杂性,不能用单一的、简单的方法进行分析判断。主要采用层次分析法基础上的主成分分析法,分析穿堤涵闸土石结合部的历史状况以及现在的基本条件,根据险情特点,初步建立渗流破坏影响因素集,理论分析主要影响因素及其影响的重要性程度。然后可以利用相似比拟法进一步验证分析,选择与此具有同等或相似影响因素的已经做出评价的结构实体进行对比分析,得出影响土石结合部渗流稳定性的主因素。用此方法进行主因素的识别具有较大的工程实践性,是水利工程中应用最为广泛的主因素识别方法。

二、渗流破坏主要影响因素

从穿堤涵闸出险部位来看其渗流破坏,多数是沿基土或侧向、顶部填土与建筑物接触面产生的,特别是侧向土石结合部填土与建筑物接触部位接触冲刷是最常见病险之一。通过开展穿堤涵闸土石结合部渗流破坏影响因素研究,掌握影响因素的作用原理及其相互影响关系,可以提高土石结合部渗流安全设计与施工技术水平,从设计源头保证土石结合部的安全经济有效运行。另外,土石结合部渗流安全涉及的不仅仅是设计与施工技术方面,正常运行和有效管理也是其安全的重要保证。穿堤涵闸土石结合部渗流安全与各类影响因素有密切关系,进行穿堤涵闸的有效管理,必须了解有哪些因素影响土石结合部的渗流安全,并且掌握这些因素对土石结合部渗流安全的作用机理、影响程度。因此,开展土石结合部渗流破坏影响因素的分析，研究通常有哪些影响因素，如何作用以及其重要性程度，对合理提取不同类型土石结合部渗流影响因素的评价指标，对及时有效地评价土石结合部的渗流安全性态，确保土石结合部渗流安全有重要的理论意义和实际工程的应用价值。研究影响穿堤涵闸土石结合部渗流破坏形成的因素，主要从设计、施工、运行管理以及外界因素等方面进行分析，具体如下。

（一）设计方面因素

从目前水闸的建设情况上看，在设计方面，对水闸侧向防渗的重视程度远远不如闸基防渗。目前水闸侧向防渗的设计主要是根据已建工程的实践经验，当岸墙、翼墙墙后土层的渗透系数小于或等于地基土的渗透系数时，侧向渗透压力近似地采用相对应部位的水闸闸底正向渗透压力计算值；当岸墙、翼墙墙后土层的渗透系数大于地基土的渗透系数时，按闸底有压渗流计算方法进行侧向绕流计算。然而岸墙、翼墙墙后的渗透压力，主要与墙前水位变化情况和墙后土层的渗透性能以及地下水补给等影响有关，这种近似的设计方法并不能满足水闸侧向防渗的要求，对于复杂土质地基上水闸更是如此。因此，设计过程中对于水闸侧向绕渗计算的忽视，使得侧向土体的抗渗稳定性存在很大的隐患。

穿堤涵闸土石结合部回填土料及防渗结构设计也是影响其渗流安全的重要因素之一，选取土料级配不合理，断面布置、防渗体结构采取相应措施不到位，非常容易造成土石结合部的渗流险情。同时，涵洞接头止水设计也是一个比较重要的因素，而且混凝土本身的防渗设计也对土石结合部渗流有所影响。在我国，20 世纪七八十年代以前设计的水闸因那时的人们设计观念不同、设计深度低、尊重科学的意识不高，存在着高水位一侧忽视防水设施或防水设施不健全、低水位一侧忽视排水设施或排水设施不健全等弊端。笼统地讲，设计中忽视了侧向土体的抗渗稳定性问题，往往造成侧向渗流破坏的险情发生。

（二）施工方面因素

水闸的岸墙、翼墙与涵洞竣工后，便进行土体回填工作，回填土体土质均匀以及回填土体碾压密实，是回填工作的两个重要方面，然而很多情况下，由于施工方面的因素，导致水闸两侧土体的回填土土质不均匀，土体孔隙率大，渗透性强，当水闸两岸岸基的侧向渗透坡降大于其允许坡降时，土中的微粒就会悬浮并被渗透水流带走，土中的孔隙率随着细小颗粒的流失而不断增大，导致较大的颗粒也会被带走，这样长期运行下去，久而久之就会形成管涌险情。还有一种情况是，靠近涵闸土石结合部回填土质量不佳，回填土密实度不易达到要求，以至于抗渗强度得不到保证。当前，建筑物回填土多采用机械化施工，由于靠近建筑物，施工机械难以运作，大型机械上土、碾压，使填土与建筑物接触面很难压实，特别是一些拐角和狭窄处，工作面也比较狭窄，导致施工难度很大，回填土体的压实度往往达不到设计要求，两岸土体经过渗透水流浸泡后，土体松软膨胀，当渗透水位下降后，土体沉降固结，密实度增大，墙后土体发生沉降，离水闸越近的地方，由于其回填土比较深，水位下降后，沉降量就越大，从而，在离水闸较远的土体沉降量相对较小，造成不均匀沉降，引起土石结合部拉开、裂缝而发生渗漏。

水闸工程中，止水伸缩缝发生渗漏的原因很多，有设计、施工及材料本身的原因等，但绝大多数是由施工引起的。穿堤涵闸建筑物止水工程遭破坏，在高水位时渗径不够，致使沿洞、管壁渗漏；而一旦止水设备失效，就会使有效渗径得不到保证，进而导致渗径短路，使渗流坡降加大，当超过允许渗流坡降时，造成病险加剧，便会产生渗流破坏。止水伸缩缝施工有严格的施工措施、工艺和施工方法，施工过程中引起渗漏的原因一般有以下几种：①止水片上的水泥渣、油渍等污物没有清除干净就浇筑混凝土，使得止水片与混凝土结合不好而渗漏。②止水片有砂眼、钉孔或接缝不可靠而渗漏。③止水片处混凝土浇筑不密实造成渗漏。④止水片下混凝土浇筑较密实，但由于混凝土的泌水收缩，形成微间隙而渗漏。⑤相邻结构由于出现较大沉降差造成止水片撕裂或止水片锚固松脱引起渗漏。⑥垂直止水预留沥青孔灌填沥青不密实引起渗漏或预制混凝土凹形槽外周与周围现浇混凝土结合不好产生侧向绕渗。因此，涵洞接头止水伸缩缝施工应严格按规范要求的施工措施、工艺和方法进行施工，以避免止水伸缩缝渗漏现象的发生。

在施工时，未严格按设计要求的土料回填施工、未严格控制土料含水率和干密度，以至于产生干密度和抗剪强度低的软弱夹层，以及土体与涵闸混凝土的连接不是很到位，这些都将导致病险的形成。

（三）运行管理方面因素

现代社会中，管理水平的高低很大程度上影响一个系统的正常运行。同样，堤防涵闸安全运行中，随着管理水平的提高，可以发现渗流现象发生的征兆，提前进行调查防治。在管理水平中对各类影响因素包括人员、技术、制度、观测设施、通信、应急等方面都做了全面详细的规定。从事故原因调查分析中可以看到，日常巡查是否到位，发现问题是否及时处理，防渗排水是否到位、是否正常，对穿堤涵闸土石结合部渗流安全稳定具有很重要的影响，管理不到位从而会助长病险的产生。

（四）外界因素

外界因素主要包括遭遇超大洪水、降雨、地震等不可控因素，是许多病险形成的主要诱发因素之一。例如，降雨是一种常见的天气现象，是许多工程失稳事故的主要诱发因素之一，堤防涵闸范围内大量的堤坡失稳塌方就发生在降雨或降雨后。国内外研究认为，降雨入渗以及地下水位的上升使土体含水率增加，黏聚力、内摩擦角及基质吸力降低，从而降低了土体的抗剪强度，产生失稳危机，从而促使造成渗流破坏的发生。

（五）其他因素

其他因素主要包括：①由于堤防及涵闸建筑物各部位的地基承载力不一样，或者地基内有淤泥、松软薄弱带，在建筑物自重作用下，基础将产生较大的不均匀沉降，引起结合部土体不紧密，遇水发生渗漏，从而形成病害险情。②水闸建成后，闸身两侧土体经过几年的冻融循环，造成土体与闸身结合处产生空隙，形成裂缝，上游渗水沿此缝隙自由地流向下游，渗透水流对结合处土体产生冲刷作用，由此造成严重的险情。③时间的推移和环境的变化等其他因素也对渗流破坏的出现有重要影响。如防渗材料（橡胶止水等）随着堤防涵闸运行时间的不断增长会发生老化，而且许多防渗设施也会开始老化，结构发生变化，对防渗会产生一定的影响。表 3-1 为黄河下游柳园口闸除险加固以前所用橡胶止水带的检测结果，表明在经过几十年的运行后，橡胶止水带已经老化，性能指标发生了变化。同时，环境变化特别是水质变化可能对防渗材料产生化学侵蚀。现在防渗材料运用比较多的是黏土，当水质恶化时，其中的某些污染质，尤其是 Ca、Mg、K 和部分有机物等会使黏土中产生絮凝物，从而使黏土的渗透系数急剧增加，增加渗流的危险概率。

表 3-1　黄河下游柳园口伸缩缝橡胶止水带检测成果

样品名称	工程部位	检测指标	设计要求	检测结果	单项判定
橡胶止水带	伸缩缝	硬度(邵尔 A)(度)	60 ±5	80	不合格
		拉伸强度(MPa)	≥15	13	不合格
		扯断伸长率(%)	≥380	300	不合格
		撕裂强度(kN/m)	≥30	59	合格
		压缩永久变形,70 ℃ ×24 h(%)	≤35	64	不合格

综上所述,影响穿堤涵闸土石结合部渗流安全的因素是众多的且关系复杂的,根据其部位可以分为内因和外因两大类,内因主要包括土层结构类型、组成、土体颗粒级配、不均匀系数、细颗粒含量、密实度、渗透系数及建筑物几何尺寸等;外因主要包括水文地质环境、暴雨、洪水、地震等。根据其作用可分为加剧险情发生发展的因素和阻抗险情发生发展的因素。综合来讲,影响土石结合部渗流安全的因素主要可归纳为结构布置、回填土体、防渗排水、接触面特征、水文气象、运行管理以及其他等因素。同时,这些影响因素具有相关性、动态性、时空变异性和不确定性,深入认识理解穿堤涵闸土石结合部渗流破坏影响因素,对分析其渗流安全具有重要的实际意义。

三、主要影响因素的表征指标

(一)结构特征因素

1. 土层结构类型

堤基堤身土层结构会影响到堤防涵闸渗流场的分布。由于沉积条件的不同以及堤身填土的复杂性,堤基会呈现出由多种性质的土体组合形成的互层结构,实际工程中有不少堤防涵闸工程就坐落在这种多层堤基上。在洪水汛期,由于各土层的渗透系数不同,导致发生渗流破坏的过程与机理也不尽相同。一般分为单层结构类、双层结构类、多层结构类,根据土层土体性质、分层厚度等指标来表征。

2. 建筑物外形尺寸

穿堤涵闸建筑物外形尺寸与渗流问题具有密切的关系,建筑物外形尺寸往往也决定了其与堤防工程接触面渗径的长度,能够影响渗流的特征。穿堤涵闸外形尺寸主要用长、宽、高等指标来表征。

(二)回填土体因素的有关表征指标

1. 土的颗粒级配表征指标

土的颗粒级配是指土中各粒组的相对含量,通常用各粒组占土粒总质量(干土质量)的百分数来表示。常用的粒度成分的表示方法是累积曲线法,它是一种图示的方法,通常在半对数纸上绘制,横坐标(按对数比例尺)表示某一粒径、纵坐标表示小于某一粒径的土粒的百分含量,如图 3-1 所示,图中 1、2 代表两组不同的土。

根据图 3-1 可以确定土的有效粒径(d_{10})、平均粒径(d_{50})、限制粒径(d_{60}与 d_{30})和任一粒组的百分含量。用它们确定两个描述土的级配的指标:

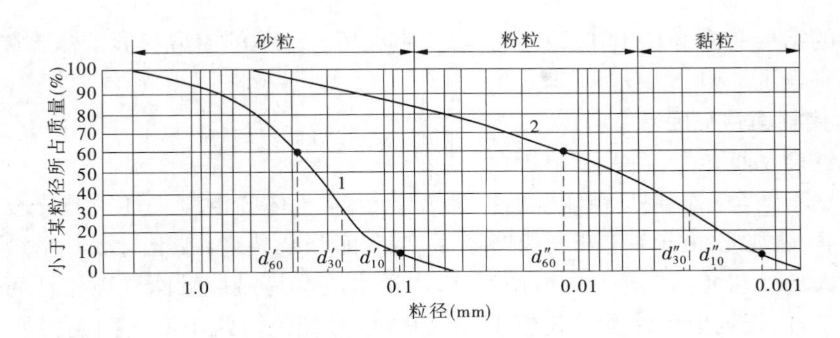

图 3-1　土的颗分累积曲线

不均匀系数

$$C_u = \frac{d_{60}}{d_{10}} \tag{3-1}$$

C_u值越大,土粒越不均匀,累积曲线越平缓;反之,C_u值越小,土粒越均匀,曲线越陡。在工程实际中,通常将 $C_u<5$ 的土视为级配不良的土,而 $C_u>5$ 的土称为级配良好的土。

曲率系数

$$C_c = \frac{d_{30}^2}{d_{60}d_{10}} \tag{3-2}$$

工程中常采用 C_c 值来说明累积曲线的弯曲情况或斜率是否连续,累积曲线斜率很大,表明某一粒组含量过于集中,其他粒组含量相对较少。经验表明,当级配连续时,$C_c=1\sim3$;当 $C_c<1$ 或 $C_c>3$ 时,均表示级配曲线不连续,这种土一般认为是级配不良的土。

2. 土体密实状态表征指标

土体密实状态通常利用压实度来表征,压实度指的是土体压实后的干密度与室内标准击实试验所得最大干密度之比,以百分率表示。压实度是堤防涵闸结合部位土体填筑施工质量控制的关键指标之一,表征现场土体压实后的密度状况,压实度越高,土体抗渗及其强度等性能越好。影响土体压实度的主要因素包括:土料的级配、含水率、每层压实厚度、压实机具、碾压遍数等。

3. 土体渗透性能表征指标

渗透系数是综合反映土体渗透能力的一个指标,其数值的正确确定对土石结合部渗流计算有着非常重要的意义。影响渗透系数大小的因素很多,主要取决于土体颗粒的级配组成、密实程度和水的黏滞性等。不同种类的土,渗透系数值差别很大,要建立计算渗透系数的精确理论公式比较困难,通常可通过试验方法(包括实验室测定法和现场测定法或经验估算法)来确定。渗透系数是一个代表土的渗透性强弱的定量指标,也是渗流计算时必须用到的一个基本参数,因此准确地测定土的渗透系数是一项十分重要的工作。

4. 土体渗透变形特性表征指标

土体渗透变形是指土体在地下水渗透力的作用下,部分颗粒或整体发生移动,引起土体的变形和破坏的作用和现象。它主要表现为鼓胀、浮动、断裂、泉眼、沙浮、土体翻动等现象。渗透水流作用于土体上的力称为渗透水压力或动水压力,只要有渗流存在就存在这种压力,当此力达到一定大小时,土体中的某颗粒就会被渗透水流挟带和搬运,从而引起沿土体的结构变松、强度降低,甚至整体发生破坏。土体的渗透变形指标通常用土体的渗透坡降来表示。

(三)接触面特征因素

1. 裂缝表征指标

堤防土石结合部特别是在侧壁的接触部位,由于土体与混凝土性质差异较大而不能紧密地结合,常常形成有一定开度的缝隙,即结合面开裂裂缝,或土与混凝土结构接触面处产生较大的剪切变形从而形成剪切裂缝,渗透水流容易沿接触面缝隙流动而发生接触冲刷。另外,由于场地条件及填筑施工等因素,接触部位填筑不实、存在孔洞、裂隙等缺陷,以及接触部位黏土中掺入其他杂质的情况难以避免。裂缝通常用裂缝的宽度、深度、长度以及位置进行表征,不同性质的裂缝对渗流破坏也有不同的影响。

2. 淘刷脱空表征指标

穿堤涵闸土石结合部在上下游水位差的作用下,水体将通过地基和两岸向下游渗流。渗流不仅会引起水量损失,同时结合部土体在渗流的作用下,容易产生渗透变形,严重时闸基和两岸的土体会被淘空,形成脱空区,危及水闸及堤防的安全。淘刷脱空通常用脱空区的大小、形状、充填情况等指标进行表征。

3. 混凝土面粗糙度表征指标

土石结合部混凝土面的粗糙程度对接触面特性也有很大的影响,同时会影响结合部的渗流特征,因此混凝土面粗糙度也是一个不容忽视的指标。混凝土是以水泥砂浆为基体、以骨料为加筋材料的复合材料,其表面经人为处理后部分砂浆脱落、骨料外露,加之混凝土在水化过程中出现大量微孔隙及微裂纹,表面形貌十分复杂。对于土体与混凝土之间的黏结问题,混凝土的粗糙度是影响结合性能的一个重要因素。它包含了混凝土面的微观机理和基本信息,是混凝土微观结构以及其他因素的一个综合反映。适当的粗糙度能够有效地提高混凝土的黏结质量,粗糙度过小则作用不大,粗糙度过大则达不到预期的黏结效果。因此,不论在试验研究还是实际工程中,粗糙度的定量描述对混凝土的黏结问题都具有非常重要的意义。

(四)防渗排水设施因素

1. 接缝止水表征指标

一般中小型水闸接缝止水采用止水片或沥青井止水,缝内充填填料。止水片可用紫铜片、镀锌铁片或塑料止水带。紫铜片常用的形状有两种,其中铜片厚度为1.2~1.55 mm,鼻高30~40 mm。U形止水片下料宽度为500 mm,计算宽度为400 mm;V形止水片下料宽度为460 mm,计算宽度为300 mm。紫铜片使用前应进行退火处理,以增加其延伸率,便于加工和焊接;一般用柴火退火,空气自然冷却。退火后其延伸率可从10%提高到41.7%。接头按要求用搭接或折叠咬接双面焊,搭焊长度大于20 mm,止水片安装一般采用两次成型就位法,它可以提高立模、拆模速度,止水片伸缩段易对中;U形鼻子内应填塞沥青膏或油浸麻绳。沥青井缝内2~3 mm的孔隙一般采用沥青油毡沥青杉木板、沥青砂板及塑料泡沫板做填料填充。沥青砂板是将粗砂和小石炒热后浇入热沥青而成的,在一侧混凝土拆模后用钢钉或树脂胶将填料板材固定在其上,再浇另一侧混凝土即可。目前,也有一些新型止水材料和新工艺应用到实际工程中,并有良好的效果,如图3-2所示。

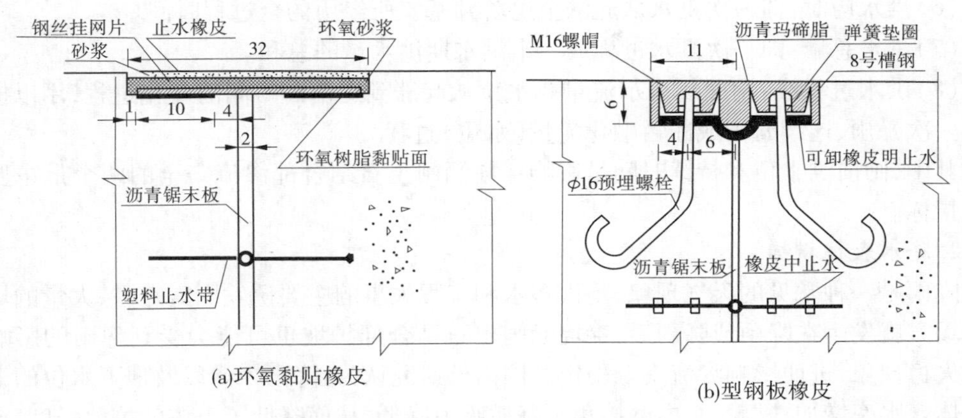

图 3-2　采用新工艺处理的止水示意图　（单位:cm）

穿堤涵闸的涵洞接头处的接缝止水处理是一项非常重要的内容。止水表征指标可以直接利用止水材料的性能指标进行表示。一般止水材料会随着时间及环境等因素的变化而发生性能的改变,直接影响止水效果。

2.反滤护坡表征指标

为了尽快地、安全地将渗水排出,穿堤涵闸下游在渗流出逸面上常铺设反滤层和设置排水沟槽(或减压井)。反滤层质量差或者未按要求铺设反滤层都会最大程度地引起土石结合部的渗流破坏。同时,堤后排水体高度不够,在一定条件下导致堤后出逸点抬高也会引起渗漏问题。反滤护坡通常通过反滤护坡体的结构、材料以及运行状况等来进行表征。

3.铺盖、护坦、排水孔表征指标

水闸排水问题主要集中在消力池的底板排水、闸基防渗排水、翼墙的排水等部位,排水孔的有效与否也常常影响到土石结合部的渗流安全。排水孔通常根据其淤堵情况利用排水孔的有效程度来进行表征。铺盖、护坦也是闸基防渗的重要组成部分,主要根据其完整性来表征。

(五)水文、气象特征因素

1.洪水表征指标

洪水通常是指由暴雨、急骤融冰化雪、风暴潮等自然因素引起的江河湖海水量迅速增加或水位迅猛上涨的水流现象,是影响穿堤涵闸土石结合部渗流安全的直接因素,其通常通过以下指标进行表征。

(1)洪水位:包括洪水过程的水位最高值,即洪峰水位,以及不同重现期的洪水位和多年平均洪水位等。

(2)洪峰流量:即一次洪水流量过程的流量最大值,不同重现期的洪峰流量和多年平均洪峰流量等。

(3)洪峰传播时间:即洪峰从上一个河道断面到下一个断面间经历的时间。

(4)洪水涨落率:即单位时间内洪水位上涨或下落的幅度。

(5)洪峰流量模数:即断面洪峰流量与该断面以上流域面积的比值,单位以$L/(s \cdot km^2)$计。

(6)洪水历时:即一次洪水从起涨至退落到基流所经历的全过程时间。

(7)洪水总量:即一次洪水过程或一个洪水期洪水量的总和。

(8)洪水过程线:用曲线表示流量或水位从起涨到退落随时间的变化过程,用以描述流域一次暴雨、连续暴雨或冰雪融化流量(水位)过程。

其中,闸前洪水位和持续时间是影响穿堤涵闸土石结合部渗流安全的两个最主要的表征指标。

2. 降水表征指标

降雨是一种常见的天气现象,是许多水利工程失事的主要诱发因素之一,大量的堤坡失稳塌方就发生在降雨或降雨后,穿堤涵闸土石结合部护坡也可能会受到降雨的影响而发生失稳现象,进而影响渗流安全稳定。国内外研究认为:降雨入渗以及地下水位的上升使土体含水率增加,黏聚力、内摩擦角及基质吸力降低,从而降低了土体的抗剪强度,产生失稳危机,同时影响到渗流安全。降水表征指标用降水量来表示,是用在不透水的平面上所形成的水层来计量的,单位为毫米。

(六)运行管理因素

1. 人力资源

人力资源是一切工作的基础。保证工程安全,需要大力加强队伍建设,加强业务知识培训,着力提高从业人员素质,建立一支多层次的堤防涵闸工程管理人才队伍,提高管理水平。因此,人力资源方面主要考察在岗人员业务技术素质、结构及人数与职能要求的适应率,反映在岗人员业务技术素质与岗位职能要求是否适应,能够适应的比率,人才结构是否合理,技术人员文化程度结构比例,工程管理技术人员培训计划完善和实施成效情况。

2. 制度保障

建立规范的堤防涵闸工程维修养护项目管理制度,包括合同管理、质量管理、监理管理和验收工作制度,以及人员岗位责任制度。建立并严格执行堤防涵闸工程维修养护项目质量管理体系,即堤防涵闸管理单位负责、监理单位控制、维修养护企业保证。监理单位依据有关规定和监理合同开展监理工作,承担相应的质量责任和安全责任。严格按照规范、规定、监理合同、维修养护合同等处理维修养护工程中出现的问题,规范项目的实施、结算、验收程序,确保维修养护项目的工期、质量和安全,合理利用维修养护资金,使有限的资金发挥更大的社会效益,实现堤防涵闸工程维修养护工作的规范化管理,促进堤防涵闸工程维修养护工作的健康发展。建立人员岗位责任制度,使管理人员各司其职,保证各项工作的落实。制度保证主要考察制度的完备性、执行力以及落实情况,是一项定性表征指标。

3. 工程检查、监测实施情况

堤防涵闸工程社会公益性强,直接关系到社会公共安全和人民群众人身财产安全。建立规范的堤防涵闸工程安全监测工作制度,并严格执行,监控运行期间堤防涵闸土石结合部渗流安全的状况变化和运行情况。在发现不正常现象时及时分析原因,采取措施,防止发生事故,保证工程安全运行和充分发挥工程效益。

安全监测工作包括对堤防涵闸工程实行观测、巡查和检查制度建设。应对观测项目、测次、准确度做出明确规定,监测项目要求齐全、测次周期合理及观测精度满足一定要求;

当遇到大洪水或观测结果出现异常情况时，应增加测次，以便正确及时地进行险情预报；进行自动化观测的同时必须进行适当测次的人工观测，进行自动化与人工观测的对比观测工作，以便在自动化观测发生故障的情况下，保证资料的连续性。定期对观测资料进行分析和整编。巡视检查分为日常巡视检查、年度巡视检查、特殊情况下的巡视检查等。应对检查项目、检查顺序、记录格式、编制报告的要求等做出明确规定。

管理人员主要通过查看工作记录以及技术资料，给出适合性的科学评价，定性分析工程检查、监测实施情况。

4. 维修养护水平

堤防涵闸工程维修养护项目分日常维修养护和专项维修养护，维修养护企业要严格按照合同要求完成维修养护任务，确保维修养护项目的进度和质量，并考察工程设施完好率。工程设施完好率是指堤防涵闸工程中技术性能完好的设施数量占全部设施的百分率，它是工程管理的一项重要指标，它基本上决定了堤防涵闸工程的运行服务能力。

（七）其他因素

1. 水环境因素

水环境是指自然界中水的形成、分布和转化所处空间的环境，是围绕工程空间及可直接或间接影响工程管理和运行的水体。穿堤涵闸土石结合部土体孔隙中的地下水与土颗粒及颗粒间胶结物可以产生一系列的物理、化学作用，特别是土壤盐渍化、海水入侵、海水侵蚀等，土体性质也都在水化学环境下受到不同程度的影响，从而在宏观上表现出变形、强度的变化、体积应变变化等现象。水体与岩土体间复杂的物理化学作用必然引起二者物质成分、性质和状态的变化，水土相互作用不管是短暂迅速的还是长期缓慢的，水化学环境及其变化对土体性质的影响都是显著的。同时，这些影响也会涉及穿堤涵闸土石结合部接触面土体与混凝土性质的变化，从而进一步影响到渗流安全。水质指标大致可分为物理指标和化学指标，其中物理指标包括：嗅味、温度、浑浊度、透明度、颜色等。化学指标包括：①非专一性指标：电导率、pH、硬度、碱度、无机酸度等；②无机物指标：有毒金属、有毒准金属、硝酸盐、亚硝酸盐、磷酸盐等；③非专一性有机物指标：总耗氧量、化学耗氧量、生化耗氧量、总有机碳、高锰酸钾指数、酚类等；④溶解性气体：氧气、二氧化碳等。

2. 地震因素

地震，又称地动、地振动，是地球内部发生的急剧破裂产生的震波，是地球上经常发生的一种自然现象。由地壳运动引起的地球表层的快速振动，地壳快速释放能量过程中造成的振动，期间会产生地震波。穿堤涵闸土石结合部在地震作用下，土体工程特性会发生变化，一些土层存在液化问题，这些都会影响到土石结合部渗流安全。表示地震本身大小的量度指标是地震震级，衡量地震破坏程度的指标是地震烈度。

四、主要表征指标测试及获取方法

（一）结构特征指标的获取

1. 土层结构类型

主要根据地质勘查报告获取土层土体性质、分层厚度等指标，分析土层的结构类型。对重要的穿堤涵闸工程，根据需要，也可补充少量钻孔资料，并开展相应的土工试验，以获取更加全面可靠的资料。

2. 建筑物外形尺寸

主要根据设计资料获取建筑物外形尺寸,同时可根据穿堤涵闸工程实际情况,进行现场测量复核。

(二)回填土体表征指标的测试

1. 土体颗粒级配的试验方法

进行土体颗粒级配分析试验是为了通过试验了解土体中不同粒径的分布情况,以便进行土的分类,或概略判断土的透水性、可塑性、涨缩性等基本工程性质,并且可为施工选料提供依据。工程中,颗粒分析的试验方法一般有两大类:一类是机械筛分法,如筛分析法;一类是物理筛分法,如密度计法和移液管法。筛分析法简易、直观,可以直接测出各不同粒径组的百分含量,适用于粒径 >0.075 mm 的颗粒。密度计法和移液管法依照一定的颗粒沉降原理进行试验,适用于粒径 <0.075 mm 颗粒。粗细兼有的土以筛分析法和密度计法联合使用。土体颗粒分析试验结果以颗粒级配曲线和各粒组百分含量来表示。

2. 压实度的测试方法

测试压实度,需要分别测试现场压实土体的干密度和室内相应土料的最大干密度,通过现场干密度与室内试验最大干密度的比值获得相应土体压实度。

土的密度是指土的单位体积质量,它与土粒的矿物成分、排列松紧以及孔隙中的含水率有关。干密度可以表明土的紧密程度,是控制施工填土质量的一个重要指标。室内密度试验的方法有环刀法,针对一般成形细粒土;对于易变形且开裂破碎、难以切削的土样采用蜡封法。现场密度试验可以采用环刀法或灌砂法等。

土料的最大干密度一般通过室内击实试验获得。通过击实试验,确定在一定的击实功作用下,土的含水率与干密度的相互关系,以了解该土的压实特性,从而确定该土的最大干密度和最优含水率。

3. 渗透系数测试方法

渗透试验主要是测定土体的渗透系数,渗透系数的定义是单位水力坡降的渗透流速,常以 cm/s 为单位。渗透系数 K 是综合反映土体渗透能力的一个指标,通常可通过试验方法(包括实验室测定法和现场测定法或经验估算法)来确定 K 值。

目前,在实验室中测定渗透系数 K 的仪器种类和试验方法有很多,但从试验原理上大体可分为常水头法和变水头法两种。野外现场测定常采用试坑法、单环法和双环法。

4. 渗透变形指标测试和获取方法

渗透变形指标主要获取土体的渗透坡降值,一些实验室自制了渗透变形试验设备。渗透变形测试方法目前不是很统一,得到的试验结果也不一致,因此目前还主要是通过室内土体的其他试验资料,根据不同的经验公式分析,获取不同土体破坏形式下的渗透坡降值。

(三)接触面特征指标测试

1. 裂缝检测技术

裂缝检测的目的是查明穿堤涵闸土石结合部裂缝(缝隙)的分布特征、宽度、深度及开度等的发展情况,为裂缝的分析和后续处理提供依据。

1)裂缝分布特征

裂缝检测应测定土石结合部裂缝的分布位置和裂缝走向,并对需要观测的裂缝统一编号。若裂缝仍在发展,则每次裂缝分布特征描述应标明检测时间,以便分析裂缝变化趋势。

2)裂缝宽度

裂缝宽度沿其长度方向一般是不均匀的,每条裂缝的宽度观测位置至少两处,一处应在裂缝的最宽处,另一处应在裂缝的末端。测量裂缝宽度常用工具是裂缝比对卡和读数显微镜。裂缝比对卡上面有粗细不等并标注有宽度的平行线条,将其覆盖于裂缝上,可比较出裂缝的宽度;读数显微镜是配有刻度和游标的光学透镜,从镜中看到的是放大的裂缝,通过调节游标读出裂缝宽度。若裂缝仍在发展,裂缝宽度值上应标明检测时间,便于分析裂缝变化。

3)裂缝深度

裂缝深度沿其长度方向一般也是不均匀的,检测一般只针对裂缝宽度最大处。裂缝深度检测有凿开法和超声波法。采用凿开法,先用医用针管吸入红墨水,从缝口注入,然后局部凿开裂缝,测定红墨水深入深度即为裂缝深度。该方法由于是局部破损检测,不便于大面积使用,且适用裂缝深度也有一定限制,不适用于深度较大的裂缝。

以上方法仅适用于穿堤涵闸土石结合部表面存在裂缝的情况,而对隐蔽的土石结合部位并不适用,目前通常利用无损检测技术来分析土石结合部的裂缝等病害隐患问题。

2.脱空区、裂缝、软弱夹层的探测技术

目前,国内外对地下空洞和不密实带探测的研究主要以工程钻探和地球物理勘探为主。其中,国外发达国家以地球物理勘探为主,而我国目前以钻探为主、地球物理勘探为辅。对于穿堤涵闸土石结合部存在的脱空区、裂缝、软弱夹层等隐患病害,由于处在堤身内部,事实上很难利用常规方法检测,目前可以利用物探等无损检测技术进行测试。

3.混凝土表面粗糙度测试

对混凝土表面粗糙度的评定方法,目前国内外还没有相应的规范或规程,现有的评定方法主要有灌砂法、硅粉堆落法、触针法和分数维法等,具体试验方法可参考有关文献资料。

(四)防渗排水设施指标测试

1.接缝止水材料测试

穿堤涵闸涵洞接缝止水材料主要通过室内试验来进行测试。止水片可用紫铜片、镀锌铁片、塑料止水带或橡胶止水带。橡胶止水带是目前最常用的止水材料,是以天然橡胶与各种合成橡胶为主要原料,掺加各种助剂及填充料经塑炼、混炼、压制成型。橡胶止水带是利用橡胶的高弹性和压缩变形性的特点,在各种载荷下产生弹性变形,从而起到有效紧固密封,防止建筑构造的漏水、渗水及减震缓冲作用。接缝止水材料测试主要检测项目包括:硬度(邵尔A)、拉伸强度、扯断伸长率、压缩永久变形、撕裂强度、脆性温度、热空气老化硬度变化、臭氧老化、橡胶与金属黏合等。可根据橡胶止水带检验规程进行检测,其他止水材料一般也都有相应的技术检测规程。

2.反滤材料指标测试

常用反滤材料的测试内容和方法主要包括:

(1)以干砌石为主的护坡,可采用开挖取样进行室内试验和现场测量的方法同时进行，室内试验的内容主要包括石材的强度、垫层的颗粒分析等。现场测量主要包括砌石的厚度、垫层的厚度及石料的粒径、铺设情况是否满足规程规范的要求。

(2)以混凝土为主的护坡，可采用现场钻芯取样的方法进行检测，检测的内容主要包括混凝土护坡的厚度、混凝土的强度、混凝土芯样的描述、垫层的厚度及垫层的颗粒分析等。

(3)利用土工布做反滤材料，需要采用干筛法进行有效孔径的测定，同时根据规程测试土工布的其他相关指标。

3. 铺盖、护坦、排水孔指标测试

主要通过观测，结合一般检测技术测试排水孔的淤堵情况，观测铺盖、护坦的完整性情况。

(五)水文、气象特征指标测试及获取

1. 洪水指标测试

主要通过水文站对洪水指标进行测试，主要包括水位和流量观测。水位观测内容有：水位、起伏度、风向风力、流冰等；流量观测内容有：流速、水深、风向风力；流速测量方法有：浮标法、流速仪法及超声波法；流速测量设备有：吊箱、船、重铅鱼等。

2. 降水指标测试

降水观测内容包括降雪和降雨，主要观测仪器为雨量计和雨量筒，雨量计主要观测降水，仪器类型有远传和非远传。在水文研究中，降水过程的观测用自记雨量计，雨量器则主要用于定时分段观测。由雨量站测得的雨量值，只代表某一点或较小范围内的降水情况，称点雨量。在水文学中常利用点雨量推算整个流域或某特定水文区的平均降雨量(又称面雨量)。计算流域平均降水量的方法很多，比较简便的有加权平均法和等值线法等。

常见的雨量器外壳是金属圆筒，分上下两节，上节是一个口径为 20 cm 的盛水漏斗，为防止雨水溅失，保持容器口面积和形状，筒口用坚硬铜质做成内直外斜的刀刃状；下节筒内放一个储水瓶用来收集雨水。测量时，将雨水倒入特制的雨量杯内读出降水量毫米数。降雪季节将储水瓶取出，换上不带漏斗的筒口，雪花可直接收集在雨量筒内，待雪融化后再读数，也可将雪称出重量后根据筒口面积换算成毫米数。

在穿堤涵闸土石结合部渗流安全评价中，水文气象特征指标主要结合当地实际情况，参考有关水文气象部门的资料获取。

(六)运行管理指标的获取

人力资源、制度保障、工程检查和监测实施情况、维修养护水平等主要根据堤防涵闸的相关管理资料进行定性评估，选取合适的指标值。

(七)其他因素指标的获取

1. 水环境因素

主要根据相关规程规范，检测水中侵蚀性离子的浓度，如氯离子、硫离子、二氧化碳等，以便进行侵蚀性判断。

2. 地震因素

地震震级和地震烈度主要根据《中国地震动参数区划图》(GB 18306—2015)和相关设计资料等确定。

（八）有关表征指标的监测技术方法

能够利用监测技术获取的穿堤涵闸土石结合部渗流破坏影响因素表征指标主要包括渗透压力、渗透流量、渗漏状态以及变形状态等指标。

1. 渗透压力监测

一般情况下，在堤防涵闸建筑物的不同分区都应有测压管和渗压计，在大河水位迅速上涨或泄降时，上游的测压管将能探出在高水位时形成的过大的孔隙水压力或闸地板的扬压力，所有的测压管都能显示出分区的效果和校核设计值，在闸体两侧附近的测压管有助于确定裂缝的发展状况。在一定区域内的测管水位的下陷（下降漏斗）表示了流速水头的损失，它意味着有通过堤身涵闸的渗漏。

2. 渗透流量监测

对堤防涵闸建筑物下游渗流逸出的监测，主要是针对出现有的比较严重的问题或将来渗流恶化后会引起的问题来进行的。对于闸趾附近的小片潮湿区，可能只要求进行定期的外部观察。如果渗流量大到可以进行量测时，则应尽量用容器和秒表来估测其流量，并注意渗漏水流中的土颗粒含量。对流出的所有水体均应进行监测，以确定长期的发展趋势。对下游发生的涌砂现象应予以密切注意，用沙袋围住涌砂口，测量其水面的升高值，便能估计出相应的孔隙水压力。

3. 渗漏状态监测

随着水电工程建设的发展与科学技术的进步，渗流监测的方法和手段取得了长足的发展，监测的仪器也日趋完善。从传统的电容、电位、电磁等探测到地质雷达探测、GPS 红外线成像技术探测，以及光纤、光栅实时监测技术，渗流监测技术从简单走向复杂，从粗略走向精确，从点式监测走向线性与立体观测，新方法和新技术的应用使渗流监测更趋于科学化、标准化和智能化。近年来，科技工作者探索了大量的堤坝渗漏通道探测方法，其中有交流、直流电阻率系列方法、弹性波（包括声波和地震波）方法、CT 技术以及探地雷达技术等，采用的仪器有高密度电阻率仪、频率测深仪、探地雷达和地震仪等，既有进口仪器，也有国产仪器。一般来说，堤坝渗漏通道与其周围介质存在物性差异（如导电性差异、波速差异以及介电常数差异等），这是客观事实，也是上述探测方法的物性前提。下面从几个方面进行简单介绍。

1）电阻与天然电位

作为整个渗流研究的一个部分，电阻与天然电位法已被成功地应用于土和岩体中的渗流区域划分。电阻测量，作为渗流研究的一个组成部分，能帮助确定与深度和位置有关的可能高湿度区。将此量测结果与从前的钻孔和地质资料建立起相关关系之后，便可在渗流区布置新的钻孔。自然电场法即 VSP 法，是通过测量地下岩土层由于电动耦合、热效应耦合和化学反应在地表所产生的电场来判断堤防及涵闸土石结合部位的水文地质情况的。天然电位量测用来探测地表电场的负值直流电压的反常现象，已经发现，这一现象能指示渗流的区域。尽管由所得的反常现象可指出渗流的位置，但却确定不了其深度，应用自然电场法可监测闸基集中渗漏和涵闸土石结合部渗漏通道或绕渗破坏等险情。

2）温度场测量

渗漏将引起堤防涵闸的温度场出现局部不规则，若能对该不规则区域的温度偏差量进行现场量测,则对渗漏通道便可以定位并定性判断渗漏速度。堤体内的温度场分布测量可以成为工程运行状态评估的有效手段,特别是对渗漏通道的监测更具有特别重要的意义。最近发展起来的热脉冲分布式光纤温度测量系统可以进行实时堤防渗漏监测,分布式测量技术较之常规点式检测技术具有极高的信息密度,从而利于信息的有效评估,分布式光纤温度测量系统可以精确实施光纤沿程各要点的温度测量,而且光缆适宜在新建工程和已建工程中铺设,但这种方法的成本较高。温度场测量还可以通过彩色摄影、彩色红外线摄影以及航空与地面热红外线摄影等方法获取,其基本原理是,不同的材料(湿的、饱和的与干的)具有不同的吸热率,因此热辐射率也将不同。因为水的比热高于土和混凝土的比热,则已知渗流区中的较热部分,可以推测为渗流出口。该方法被用于大面积,而小面积上则可用手提式热红外仪来量测。热学监测的第二种方法是在土体中或其附近就地安装一排测温仪,测量每日的温度,建立温度的变化与渗流相关关系,作为对该地区进一步研究的基础。用现有的测压管系统或设计的补救性测压管,可绘出垂向的等温线,连同温度的变化一道,与渗流建立相关关系。通过确定堤防水闸分层温度、所有已知的渗源的温度,以及渗流出口的温度,对这些资料加以解释和补充。

3)示踪测量

渗流也可通过对示踪元素,如染料或同位素的物理探测来进行监测,这些元素事前从靠近预计渗径的测压管中,加到渗流出口的上游。所选用的染料应具有良好的吸收率与衰减率,并应满足国家水质控制要求,由测压管、排水及下游逸出点所取的样品,采用高精度的仪器(如测荧光素染料的荧光计)来进行量测。通过记录到达的时间和浓度,就能对渗源及渗径沿线地层的渗透性做出相关的分析判断。环境同位素也可通过取样获得,其样品可利用氧和氟的质谱分析仪和氖的低等计数系统进行量测。

4)渗流声波振动法

渗流时,紊流冲击套管或自套管旁边绕流,或材料变形,由此产生的噪声便是一种声发射。该技术是将一加速度计安放在延伸至钻孔底部的波导管上,然后记录所发生的振动,由此探测出地下的渗流。声发射活动增强,便意味着有渗流通过。河海大学的钱家欢等通过室内试验得出流土过程中与临界坡降、破坏坡降相应时的声发射信号突增,即流土破坏前有声发射信号前兆,因此可以用声发射技术检测土体的渗透变形。

4.变形状态监测

堤防涵闸变形状态监测方法主要包括:固定式测斜仪测试、静力水准测试、分布式光纤变形测试、GPS测试、TDR时域反射测试等。目前,TDR时域反射测试技术较为先进,TDR时域反射测试法可以确定边坡移动的位置、大小和移动方向,还可以选择有线和无线通信方式实现远程数据传输。TDR时域反射测试法是监测岩土边坡和堤坝稳定的一种新型和廉价的方法,TDR时域反射仪与雷达相似,它每200 μs向埋设于边坡内的测试电缆激发一次超速脉冲电压,遇到电缆断裂或变形处,阻抗特性发生变化,脉冲即被反射,反射信号在电缆特性曲线上显示一个脉冲峰尖,对边坡相对位移大小、变形速率及变形位置能立即精确地确定下来。

5.各种监测方法的分析

按照监测方法的性质,将监测方法大体分为点式、整体式和分布式监测三种。其中,电容式传感器、电法探测和光纤光栅温度传感系统监测技术属于点式监测，电磁法探测和弹性波监测技术属于整体式监测，分布式光纤温度传感系统属于分布式监测。传统的点式监测方法具有简单、探测速度快、资料处理较为容易、成本较低的优点，光纤光栅具有精度高、反映迅速、投资较低的优点，但是它们的监测点有限，对坝体渗漏信息反映不全面，经常发生漏检。因此，为了避免这种现象发生，需加大布点密度，这样将导致监测成本和施工复杂性也急剧上升。整体式监测方法理论上虽然可以对坝体的内部结构进行“透视”，具有快捷、准确、分辨率高、图像直观等优点，可以准确找出渗漏位置，但是，一旦地质环境条件、堤体条件稍微复杂，该类方法便有可能失效，难以发挥作用。分布式监测具有分布式测量、施工简单、抗电磁和高压、适于长距离等诸多优点，但是光纤本身属于精细设备，其抗弯折能力较差，所以在水利工程中粗犷施工时易被破坏，这是其主要缺点，也是今后需要改进的地方。采用示踪法中的地下水温度示踪法和同位素示踪法时，需要丰富的经验和对堤体水文地质条件非常了解的情况下，才能做出较准确的判断。而放射性同位素示踪法由于使用了有污染的放射性物质而被停止使用。常规方法简单实用，但缺陷也明显。新方法具有诸多优点，但研究还处于初级阶段，很不成熟，存在不少问题。然而毫无疑问，新方法和新技术为渗流监测提供了新的思路，代表了今后发展的方向，具有广阔的应用前景。

穿堤涵闸土石结合部利用先进监测技术对工程运行状态进行实时监测和控制，同时获取相关的渗流安全评价指标，超前预测到险情及险情变化，把险情消灭在萌芽状态，及早组织抢护险情，为工程的现代化管理和防汛抢险提供科学依据，保证穿堤涵闸的安全运行。

五、小结

通过初步分析土石结合部渗流破坏影响因素的识别方法，进而分门别类综合考虑渗流破坏的各种影响因素，并研究不同影响因素的具体表征指标，以及各种表征指标的测试方法及其工程实际中的综合应用方法。同时，通过穿堤涵闸土石结合部渗流破坏形成的影响机理，可以更有针对性地开展土石结合部渗流的病害除险以及防治措施。首先，施工时合理控制土料颗粒级配以及含水量，提高回填压实质量，使土体防渗系数达到最小；其次，可以通过防渗和排水措施相结合达到对穿堤涵闸土石结合部渗流的有效控制；再次，防渗材料采用渗透系数很小的材料，比如混凝土、沥青、土工膜和黏性土料作为防渗体，而排水体的布置选用透水性能良好的材料，布置在渗透坡降较大的部位，以汇集渗流和释放孔隙压力。

穿堤涵闸土石结合部渗流破坏影响因素表征指标主要通过检测、探测与监测技术来测试获得，而检测、探测及监测技术也是了解和掌握堤防涵闸土石结合部结构性状变化与安全稳定状态的主要手段，如今的堤防涵闸工程检测、探测及监测已经成为一个全新的科学技术领域，它涉及岩土力学、工程结构、地质学、地球物理学、非电量电测学、无损检测、仪器、计算机技术、数值计算、无线电理论、随机理论等，成为一个跨学科的综合性专业。目前，随着科学技术的不断发展，也研发了许许多多新的测试技术，这些测试技术的可靠性需要在工程实践中不断验证和改进。同时这些技术也为堤防涵闸土石结合部渗流安全影响因素指标的获取提供了新的途径。

第四节　渗流场分析及其破坏特征

一、土石结合部渗流计算方法

（一）闸基渗流计算

闸基渗流的主要危害表现为沿闸基的渗流对涵闸建筑物产生向上的压力，减轻涵闸建筑物有效重量，降低闸身抗滑稳定性，沿两侧的渗流对翼墙产生水平推力，影响涵闸建筑物的安全；同时，由于渗透力的作用，可能造成闸基土石结合部土体的渗透变形，而且严重的渗漏将造成大量的水量损失。闸基渗流计算的目的主要是求解渗透压力、渗透坡降及流量，验算闸基土体的抗渗稳定性，为闸基渗流及建筑物抗滑稳定安全评价提供技术依据，也可为堤防涵闸的工程设计提供参考。

闸基渗流计算方法主要包括流网法、改进阻力系数法和直线比例法。规范中推荐采用流网法和改进阻力系数法作为求解土基上闸基渗透压力的基本方法。

1. 流网法

对于堤防涵闸边界条件复杂的渗流场，很难求得精确的渗流理论解，工程上往往利用流网法解决任一点渗流要素。流网的绘制可以通过试验或图解来完成。前者运用于大型涵闸复杂的地下轮廓和土基，后者运用于均质地基，既简便迅速，又有足够的精度。

闸基渗流边界条件的确定方法为：地下轮廓线作为第一条流线，地基中埋深较浅的不透水层表面作为最后一条流线。如果透水层很深，可认为渗流区的下部边界线为半圆弧线，该弧线的圆心位于地下轮廓线水平投影的中心，半径是地下轮廓线水平投影长度的1.5倍。设置有板桩时，半径应为地下轮廓线垂直投影的3倍，与前者比较，取其中较大值。渗流入渗的上游河床是第一条等势线，渗流出口处的反滤层或垫层是最后一条等势线。绘出流网以后，即可进行渗流要素的计算：①渗透压力。按照绘制的流网，在等势线与底板相交的位置，将等势线所表示的水头按比例绘出，就可得到作用于底板的渗透压力分布图；②渗透坡降和渗透流速。在流网中，任一网格两等势线间的水头差除以其间的距离，即为该网格的平均渗透坡降。

2. 改进阻力系数法

改进阻力系数法是在阻力系数法的基础上发展起来的，这两种方法的基本原理非常相似，主要区别是改进阻力系数法的渗流区划分比阻力系数法多，在进出口局部修正方面考虑得更详细些。因此，改进阻力系数法是一种精度较高的近似计算方法。改进阻力系数法是把具有复杂地下轮廓的渗流区域分成若干简单的段，对每个分段应用已知的流体力学精确解，求出各分段的阻力系数，再将各段阻力系数累加求得解答。其计算原理可详见《水闸设计规范》（SL 265—2016）附录C。

3. 直线比例法

对于地下轮廓比较简单，地基又不复杂的中、小型堤防涵闸工程，可考虑采用直线比例法。直线比例法是假定渗流沿涵闸地下轮廓流动时，水头损失沿程按直线变化，求地下轮廓各点的渗透压力。直线比例法有勃莱法和莱因法两种。

1)勃莱法

如图3-3(a)所示,地下轮廓予以展开,按比例绘一直线,在渗流开始点1作一长度为H的垂线,并由垂线顶点用直线和渗流逸出点8相连,即得地下轮廓展开成直线后的渗透压力分布图。任一点的渗透压力h_x,如图3-3(c)所示,可按比例求得:

$$h_x = \frac{H}{L}x \tag{3-3}$$

2)莱因法

根据堤防涵闸工程实际,莱因法认为水流在水平方向流动和垂直方向流动时的消能效果是不一样的,后着为前者的3倍。在防渗长度展开为一直线时,应将水平渗径除以3,再与垂直渗径相加,即得折算后的防渗长度,然后按直线比例法求得各点渗透压力,如图3-3(d)所示。

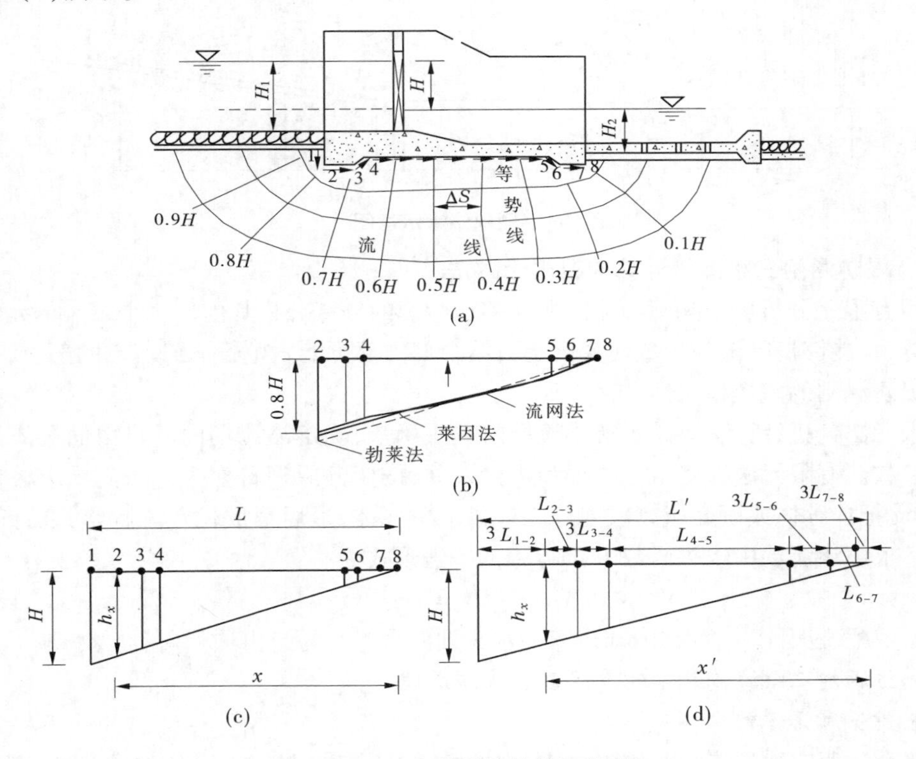

图3-3 闸基渗流计算示意图

(二)涵闸的侧向绕渗

堤防涵闸建成运用后,除闸基渗流外,渗流还从上游高水位绕过翼墙、岸墙和刺墙等流向下游。绕渗对翼墙、岸墙施加水压力,影响其稳定性;在渗流出口处,以及填土与岸、翼墙、涵洞的接触面上可能产生渗透变形,以致会影响闸和堤防的安全。侧向绕渗具有自由水面,属于三维无压渗流。当河岸土质均一,在其下面有水平不透水层时,可将三维问题简化成二维问题,按与闸基有压渗流相似的方法或流网法或改进阻力系数法求解绕渗要素。如果墙后土层的渗透系数小于地基渗透系数,则侧向绕渗压力可以近似地采用相对应部位的闸基扬压力计算值。侧向绕渗示意图见图3-4。

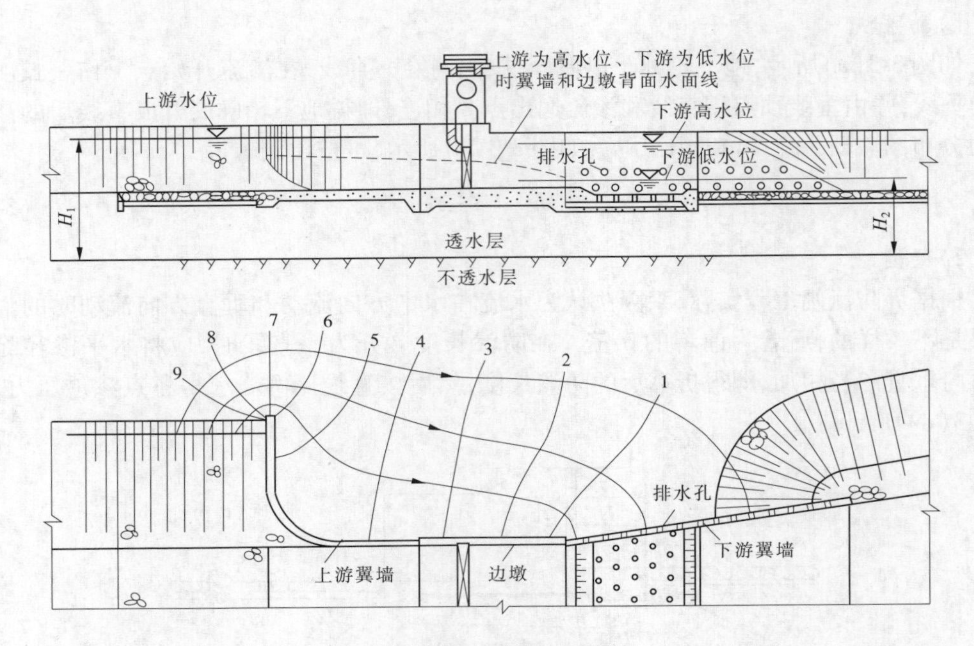

图 3-4　侧向绕渗示意图

(三)堤防涵闸三维渗流计算的有限元方法

利用有限元分析堤防涵闸渗流问题能够从微观的领域分析其内部每个结点单元的水头和渗透力,能够清晰地找出堤防涵闸土石结合部内部可能发生管涌或流土的部位,有效地改善堤防涵闸的渗透稳定性。

有限元法分析计算主要是求解渗流场内水头函数,确定渗流场内的自由面和渗流量等渗流参数。有限元法即将微分方程和边界条件,按变分原理转变为一个泛函求极值的问题,首先把连续体或研究域离散划分成有限个单元体,最后形成代数方程组,在计算机上求解。求解渗流场中水头函数 H 的方程的一般形式为

$$[K]\cdot\{H\} = \{f\} \tag{3-4}$$

式中:$[K]$为渗透矩阵;$\{H\}$为未知待求的水头列向量;$\{f\}$为自由项列向量。

1. 堤防涵闸三维渗流计算的有限元法基本原理

1)三维饱和渗流微分方程

对符合达西定律的三维非稳定渗流,在坐标系与渗透主轴方向一致的情况下,水头函数满足下述方程:

$$\frac{\partial}{\partial x}\left(k_x\frac{\partial H}{\partial x}\right)+\frac{\partial}{\partial y}\left(k_y\frac{\partial H}{\partial y}\right)+\frac{\partial}{\partial z}\left(k_z\frac{\partial H}{\partial z}\right)=S_s\frac{\partial H}{\partial t}\ (t\geqslant 0,在\ \Omega\ 域上) \tag{3-5}$$

对于稳定渗流,式(3-5)中的右端项为零。若土层的渗透性为各向同性,即 $k_x = k_y = k_z$时则变为拉普拉斯方程:

$$\frac{\partial^2 H}{\partial x^2}+\frac{\partial^2 H}{\partial y^2}+\frac{\partial^2 H}{\partial z^2}=0 \tag{3-6}$$

式中:H 为水头函数;k_x、k_y、k_z为以 x、y、z 轴为方向的主渗透系数;S_s为贮水率。

2）自由面的确定

渗流自由面的确定是渗流计算的主要内容，对于稳定渗流来说，该面上任一点水头 H 应等于该点的位置高程，对于非稳定渗流来说，还应满足第二类边界条件的流量补给关系。按下式计算渗流自由面下降时自由面流入饱和区的单宽流量 q：

$$q = \mu \frac{\partial h^*}{\partial t}\cos\theta \tag{3-7}$$

式中：h^* 为自由面上的水头；μ 为自由面变动范围内的土体给水度；θ 为自由面外法向与垂线的夹角。

3）渗流量的计算

采用中断面法，选取单元的中断面 A 为过水断面，则通过一个单元的渗流量为：

$$q_e = -\iint_A \left\{\frac{\partial H}{\partial x},\frac{\partial H}{\partial y},\frac{\partial H}{\partial z}\right\}\cdot [K]\cdot \begin{bmatrix}\cos(n,x)\\ \cos(n,y)\\ \cos(n,z)\end{bmatrix}\mathrm{d}A \tag{3-8}$$

式中：n 为 A 的外法向，通过渗流场中某一截面的渗流量 Q（该截面上由 n 个单元组成的中断面）则由通过这些单元渗流量的代数和组成，即

$$Q = \sum_{e=1}^{n} q_e \tag{3-9}$$

2. 有限元法计算渗流场问题的主要步骤

（1）将概化的偏微分方程的定解问题转化为相应的变分问题。

（2）离散化：将求解域划分为具有一定几何形状的单元，对单元进行编号，选取插值函数，然后对结点进行局部编号以及总体编号，给出结点的总体编号与局部编号之间的关系。

（3）单元分析：在对单元划分的基础上，按照单元分别进行插值，以单元结点水头函数值的插值函数来逼近变分泛函方程中的水头函数，从而得到单元上以结点水头值为未知量的代数方程组，最后导出单元渗透矩阵。

（4）总体渗透矩阵合成：根据单元渗透矩阵来合成总体渗透矩阵，代入定解条件，就得到整个求解域上的总体有限元方程。

（5）求解线性代数方程组以及其他相应物理量，得到最后结果。

（四）堤防涵闸抗渗稳定可靠度分析

堤防涵闸渗流分析计算参数具有不确定性，一般的计算分析方法很难考虑这一问题，常常使分析结果与渗流场实际存在较大偏差。可靠度理论是建立在概率统计分析基础上的，能够充分考虑功能函数中渗流计算参数的随机变异性及其相关性，比一般方法更能反映堤防涵闸工程实际，在对堤防涵闸工程的安全评估方面，具有极其重要的应用价值。涵闸闸基渗透压力的计算方法目前广为使用的是全截面直线分布法和改进阻力系数法，其中全截面直线分布法主要应用于岩基上水闸闸基的渗透压力计算，而改进阻力系数法主要应用于土基上水闸闸基的渗透压力计算。鉴于主要研究穿堤涵闸土石结合部问题，这里重点分析使用改进阻力系数法计算闸基渗透稳定的可靠度计算方法。

1. 闸基渗透稳定极限状态方程

在验算闸基的渗透稳定性时，规范要求水平段和出口段的渗透坡降必须小于容许的

水平段和出口段的渗透坡降$[J]$。若令验算出的水平段和出口段的渗透坡降为J_s,则有

$$J_s = \frac{h_i}{l} \tag{3-10}$$

式中:l为计算段的渗径长度;h_i为计算段的水头损失。

$$h_i = \zeta_i \frac{\Delta H}{\sum_{i=1}^{n} \zeta_i} \tag{3-11}$$

式中:ζ_i为各段水头阻力系数;ΔH为上下游水头差,m。

其中,进、出口段阻力系数为

$$\zeta_0 = 1.5\left(\frac{S}{T}\right)^{\frac{3}{2}} + 0.441 \tag{3-12}$$

式中:S为板桩或齿墙的入土深度,m;T为地基透水层深度,m。

内部垂直段阻力系数为

$$\zeta_y = \frac{2}{\pi}\ln\cot\left[\frac{\pi}{4}\left(1 - \frac{S}{T}\right)\right] \tag{3-13}$$

水平段阻力系数为

$$\zeta_x = \frac{L_x - 0.7(S_1 + S_2)}{T} \tag{3-14}$$

式中:S_1、S_2为进、出口段板桩或齿墙的入土深度,m;L_x为水平段长度,m。

出口段修正系数为

$$\beta = 1.21 - \frac{1}{\left[12\left(\frac{T'}{T}\right) + 2\right]\left(\frac{S'}{T} + 0.059\right)} \tag{3-15}$$

式中:S'为底板埋深与板桩入土深度之和,m;T'为板桩另一侧地基透水层深度,m。

可以建立起相应的极限状态方程:

$$Z = [J]l - h = 0 \tag{3-16}$$

根据上述出口段水头损失修正系数,出口段渗透稳定功能函数可进一步描述为

$$Z_1 = [J_0]S' - \beta\zeta_{出}\frac{\Delta H}{\sum_{i=1}^{n}\zeta_i} = [J_0]S' - \left\{1.21 - \frac{1}{\left[12\left(\frac{T'}{T}\right) + 2\right]\left(\frac{S'}{T} + 0.059\right)}\right\}\zeta_{出}\frac{\Delta H}{\sum_{i=1}^{n}\zeta_i}$$

$$= f(S_1, S_2, S', l_{x1}, l_{x2}, \cdots, l_{xn}, \Delta H, [J_0]) \tag{3-17}$$

同理可得水平段的功能函数:

$$Z_2 = [J_x]l_x - h_x = g(S_1, S_2, S', l_{x1}, l_{x2}, \cdots, l_{xn}, \Delta H, [J_x]) \tag{3-18}$$

式中:S_1、S_2、l_{xi}分别为水平段两端板桩或齿墙的入土深度和第i水平段的长度,ΔH、$[J_x]$、$[J_0]$分别为上下游水头差、水平段和出口段的容许渗透坡降,容许渗透坡降可根据有关文献选用。

当地质资料的数据比较完整时,可将上述式中容许渗透坡降换成临界渗透坡降,则式(3-16)~式(3-18)可改写为

$$Z' = [J]l - h = J_c l - kh = 0 \tag{3-19}$$

$$Z_1' = J_c S' - k\beta\zeta_{出}\frac{\Delta H}{\sum_{i=1}^{n}\zeta_i} = f(S_1, S_2, S', l_{x1}, l_{x2}, \cdots, l_{xn}, \Delta H, J_c, k) \tag{3-20}$$

$$Z_2' = J_c l_x - kh_x = f(S_1, S_2, S', l_{x1}, l_{x2}, \cdots, l_{xn}, \Delta H, J_c, k) \tag{3-21}$$

临界渗透坡降可根据下述方法求出。

(1)流土临界坡降。涵闸下游渗流出口处,当没有滤层或盖重,渗流的方向自下向上时,流土的临界坡降为

$$J_c = (1 - n)\left(\frac{\gamma_s}{\gamma} - 1\right)\left(1 + \frac{1}{2}\xi\tan\varphi\right) + \frac{C}{\gamma} \tag{3-22}$$

式中:γ_s 为土粒重度,kN/m³;γ 为水的重度,10 kN/m³;n 为土体空隙率(%);φ 为内摩擦角;C 为黏聚力,kN/m²;ξ 为侧压力系数,取0.5。

对于砂土,$C=0$,且使 $\tan\varphi=0.6$,$\xi=0.5$,则上式简化为

$$J_c = 1.15(1 - n)\left(\frac{\gamma_s}{\gamma} - 1\right) \tag{3-23}$$

根据太沙基理论,土体在渗透顶托力作用下一经松动,粒间摩擦力不复存在,可略去土体周边摩阻力,则得临界坡降为

$$J_c = (1 - n)\left(\frac{\gamma_s}{\gamma} - 1\right) \tag{3-24}$$

当渗流出口设有反滤层时,临界坡降为

$$J_c = \left[(1 - n)\left(\frac{\gamma_s}{\gamma} - 1\right)t + (1 - n_1)\left(\frac{\gamma_{s1}}{\gamma} - 1\right)t_1 + (1 - n_2)\left(\frac{\gamma_{s2}}{\gamma} - 1\right)t_2\right]/t \tag{3-25}$$

式中:n_1、n_2 分别为排水滤层土料和护坦或海漫的空隙率(混凝土空隙率 $n_2=0$);γ_{s1}、γ_{s2} 分别为排水滤层和海漫的土粒重度(混凝土重度 $\gamma_{s2}=24$ kN/m³);t_1、t_2 为排水滤层和护坦或海漫的厚度。

(2)管涌临界坡降。管涌破坏临界坡降可按下式计算:

$$J_c = \frac{7d_5}{d_f}[4p_f(1 - n)]^2 \tag{3-26}$$

式中:d_f 为闸基土粗细粒分界粒径,$d_f=1.3\sqrt{d_{85}d_{15}}$;$p_f$ 为小于 d_f 的土粒百分含量(%);d_5、d_{15}、d_{85} 为闸基土颗分曲线上小于含量为5%、15%、85%的粒径,mm。

2. 闸基渗透稳定可靠度计算

涵闸闸基渗流破坏主要发生在水平段和出口段,各水平段和出口段构成一个串联系统。令各段的失效概率为 P_{fi},则整个系统的失效概率为

$$P_f = 1 - \prod_{i=1}^{n}(1 - P_{fi}) \tag{3-27}$$

考虑到闸基渗流稳定极限状态方程非线性程度较高,在计算时可以采用蒙特卡罗法。

3. 闸基渗流计算的蒙特卡罗法

蒙特卡罗法又称统计模拟法、随机抽样技术,是一种随机模拟方法,以概率和统计理论方法为基础的一种计算方法,是使用随机数(或更常见的伪随机数)来解决很多计算问

题的方法。将所求解的问题同一定的概率模型相联系,用电子计算机实现统计模拟或抽样,以获得问题的近似解。蒙特卡罗法与其他方法相比具有编程简便、结果精确度高等更多优点,且其计算工作量大的缺点在现今计算机性能大幅提高的情况下已基本得到解决,所以选用了蒙特卡罗法进行闸基渗流可靠度分析的计算。其分析步骤如下:

(1)输入各随机变量统计特征和分布类型;

(2)采用协方差矩阵将相关变量空间转换为不相关变量;

(3)随机产生一组均匀数并生成服从变量分布规律的一组参数;

(4)通过逆变换生成初始变量互不相关的一组参数;

(5)分别代入闸基渗流功能函数,重复 N 次,统计失效次数,并计算失效概率;

(6)检查失效概率的稳定性,必要时增加抽样次数 N,重复计算;

(7)按失效概率计算可靠指标。

(五)穿堤涵闸渗流计算方法的选择

关于堤防中的渗流问题,中国和荷兰两国对堤防渗透破坏模式和管涌机理的分析方法不同,但本质上是一致的。荷兰学者的研究主要集中在作用于结构上的水头与管涌侵蚀长度之间的关系,而中国学者的研究则主要集中于渗透破坏模式和土颗粒组成之间的相互关系。对于水头与渗径关系的确定,Sellmeijer 公式较传统的 Bligh 和 Lane 经验公式具有更好的适用性。在渗透稳定分析中,有限元渗流计算结果应结合渗流坡降与土体抗渗特性之间的关系进行分析。

在以上渗流计算方法中,应针对不同的堤防涵闸土石结合部具体情况分别选用,对于一般的堤防涵闸工程,进行土石结合部渗流计算在满足相关规范要求的前提下,尽量采用简单的计算方法,但对于重要的堤防涵闸工程,特别是对水闸侧向绕渗问题,应选用三维有限元方法。水闸侧向绕渗问题是一个典型的三维渗流问题,以往研究多采用水力学解法,它是在一定假设条件基础上采用的近似求解法,计算简单,但是这种方法对于复杂地质情况的适应性比较差,往往影响结果的精度,鉴于此,其应用受到诸多的限制。因此,为了提高水闸侧向绕渗的计算精度,提出了堤防涵闸的整体三维数值计算方法,虽然这种方法的理论相对复杂,其计算的工作量也比较大,但是其适用于高密度的网格计算,并且不受到垂向的剖分密度的限制,能够刻画出水闸侧向绕渗渗流场的整体特征,计算出渗流场内所有点的渗流要素。

二、基于安全监测的土石结合部渗流分析

(一)土石结合部渗流监测方法

土石结合部渗流监测是对堤防涵闸建筑物及其地基内渗流和侧壁绕渗形成的浸润线、渗透压力(或渗透水头)、渗流量等的监测,其目的是掌握堤防涵闸水工建筑物及其地基和侧壁的渗流情况,分析判断是否正常和可能发生不利影响的程度及原因,为工程养护修理和安全运用提供依据,并可为堤防涵闸工程的勘测、设计、施工和科研提供参考资料。

1. 绕闸渗流监测

堤防涵闸绕渗测点布设一般根据混凝土涵闸与堤防连接的轮廓线,以及地质情况、防渗与排水设施的形式等确定,测点应布设在涵闸与堤防软硬相接的薄弱环节,即布设在翼

墙、岸墙和涵洞的填土侧,以监测异常现象的出现。观测孔孔底应深入到强透水层及深入到筑闸前的地下水位以下,当观测孔布设在破碎岩石内或软基地层时,要埋设测压管,并在进水管段设置过滤层。

侧向绕渗的观测时间和次数应根据涵闸的上、下游水位变化情况确定。

2. 闸基扬压力监测

涵闸闸基向上的扬压力相应地减少了闸体的有效重量,降低了闸体的抗滑能力,扬压力的大小直接关系到涵闸的安全。闸基扬压力测点的数量及位置要根据涵闸的结构形式、闸基轮廓线形状和地质条件等因素确定,并应以能够测出闸底扬压力的分布及变化为原则。测点可布设在闸基地下轮廓线有代表性的转折处,且测压断面不应少于2个,每个断面上的测点不应少于3个。

3. 常用监测仪器

1)测压管

测压管是渗流渗压监测中常用的一种孔隙水压力仪,因其具有构造简单、观测方便、测值可靠及使用耐久等优点,被广泛应用于坝基扬压力、绕坝渗流、土石坝浸润线以及其他特定场合的地下水位监测,同时也被广泛应用到堤防、涵闸等建筑物的渗流观测。测压管按其用途不同构造也不完全相同,可分为金属管和塑料管两种,测压管的构造可分为进水段、导管段和管口段3部分。

2)孔隙水压力计

孔隙水压力计也常称为渗压计,是指用于测量构筑物内部孔隙水压力或渗透压力的传感器,按仪器类型可以分为差动电阻式、振弦式、压阻式仪器及电阻应变片等。孔隙水压力计,应优先选用振弦式仪器,当黏土的饱和度低于95%时,应选用带有细孔陶瓷滤水石的高进气压力孔隙水压力计,并应经充分论证。

4. 监测方法

(1)测压管水位的监测,宜采用电测水位计。有条件的可采用示数水位计、遥测水位计或自记水位计等。

①测压管水位,两次测读误差应不大于2 cm。

②电测水位计的测绳长度标记,应每隔1~3个月用钢尺校正一次。

③测压管的管口高程,在施工期和初蓄期应每隔1~3个月校测一次;在运行期至少应每年校测一次。

(2)振弦式孔隙水压力计的压力监测,应采用频率接收仪。测读操作方法应按产品说明书进行,两次读数误差应不大于1 Hz。测值物理量用测压管水位来表示。

有条件的也可用智能频率计或与计算机相联。

5. 资料分析方法

1)比较法

比较同类效应量监测值的变化规律或发展趋势是否具有一致性和合理性;将监测成果与理论计算或模型试验成果相比较,观察其规律和趋势是否有一致性、合理性,并与工程的某些技术警戒值相比较,以判断工程的工作状态是否异常。

2）作图法

通过绘制各监测物理量的过程线及特征原因量下的效应量过程线，考察效应量随时间的变化规律和趋势；通过绘制各效应量的平面或剖面分布图，以考察效应量随空间的分布情况和特点；通过绘制各效应量与原因量的相关图，以考察效应量的主要影响因素及其相关程度和变化规律。

3）特征值统计法

对各监测物理量历年的最大值和最小值（含出现时间）、变幅、周期、年平均值及年变化率等进行统计、分析，以考察各监测量之间在数量变化方面是否具有一致性、合理性，以及它们的重现性和稳定性等。

4）数学模型法

建立描述效应量与原因量之间的数学模型，确定它们之间的定量关系，以检验或预测工程的效应量是否合理、异常和超限。

（二）黄河下游堤防涵闸土石结合部渗流监测实例

黄河下游共有7座引黄涵闸安装了安全监测系统，包括左岸的红旗闸、柳园闸、大王庙闸和李家岸闸，右岸的杨桥闸、柳园口闸和黑岗口闸，其中黑岗口闸、柳园口闸、大王庙闸和李家岸闸是安全监测系统建设的试点工程。典型涵闸监测具体情况如下。

1.渗流监测仪器布设

1）李家岸闸

李家岸引黄闸主要设有渗透压力、扬压力等监测项目，共埋设10支孔隙水压力计和16支精密扬压力计。所用监测仪器型号分别为振弦式孔隙水压力计GK4500S和精密扬压力计NARI NYZ－10。

李家岸闸现有测压管4排，每排4根，共有16根，分别位于闸室内、上游堤肩、下游堤肩以及涵闸出水口附近，分别标为A11、A12、A13、A14、A21、A22、A23、A24、A31、A32、A33、A34、A41、A42、A43、A44，其中A11、A21、A31、A41位于闸室。每根测压管内布设1支精密扬压力计，共布设16支。

在涵闸两侧距离土石结合部0.2 m处各布设了1排孔隙水压力计，每排4支，共8支，分别位于涵闸进水口处、上游堤肩（距离进水口19.40 m）、下游堤肩（距离进水口28.40 m）及涵闸出水口处（距离进水口79.40 m），分别标为B1、B2、B3、B4、B5、B6、B7、B8。此外，在堤顶轴线位置土石结合部外侧10 m处各设1个测点，监测绕渗，分别标为B9、B10。共新建10根测压管，进行孔隙水压力（渗透压力、绕渗情况）监测。

2）大王庙闸

大王庙引黄闸主要设有渗透压力、扬压力等监测项目，共埋设10支孔隙水压力计和3支精密扬压力计。所用监测仪器型号分别为振弦式孔隙水压力计GK4500S和精密扬压力计NARI NYZ－10。

精密扬压力计分别安装在闸室内、背河坡上以及涵闸出水口附近的3根测压管内。孔隙水压力计分别布设在涵闸两侧距离土石结合部0.2 m（分别距离涵闸进水口1.87 m、30.40 m、61.26 m、86.26 m），以及堤顶轴线上距土石结合部外侧10 m处，共布设10支。

3）柳园口闸

柳园口引黄闸主要设有渗透压力和不均匀沉降2类监测项目，共埋设12支孔隙水压力计和 2 支振弦式倾角计。所用监测仪器型号分别为振弦式孔隙水压力计 GK4500S 和振弦式倾角计 GK6350。

在引水涵洞两侧土石结合部各布设了一排渗压计,每排 4 支,共计 8 支,分别位于闸室附近(距离入水口 8 m 处)、上游堤肩(距离入水口 20 m 处)、下游堤肩(距离入水口 44 m 处)及涵闸出口附近(距离入水口 65 m 处),测其沿程渗压变化;在涵闸两侧大堤各设 2 个测点,共埋设 4 支渗压计,其中 2 支在坝体上游堤肩附近(距离入水口 20 m 处),距涵闸侧墙 10 m(距离入水口 40 m 处);另 2 支在下游堤肩后,距涵闸侧墙 8 m(距离入水口 44 m 处),监测绕渗情况。

在闸室布设 2 支高精度倾角计,以倾角反映闸室的不均匀沉降,其中 1 支观测闸室上下游方向不均匀沉降,另 1 支用来观测闸室左右方向不均匀沉降。

4)黑岗口闸

黑岗口引黄涵闸主要设有渗透和不均匀沉降 2 类监测项目,共埋设 12 支孔隙水压力计和 2 支振弦式倾角计,所用监测仪器型号分别为振弦式孔隙水压力计 GK4500S 和振弦式倾角计 GK6350。

在引水涵洞两侧土石结合部各布设了 1 排渗压计,每排 4 支,共计 8 支,分别位于闸室附近(距离入水口 7 m 处)、上游堤肩(距离入水口 40 m 处)、下游堤肩(距离入水口 60 m 处)及涵闸出口附近(距离入水口 70 m 处),测其沿程渗压变化;在涵闸两侧大堤各设 2 个测点,共埋设 4 支振弦式渗压计,其中 2 支在坝体上游堤肩附近(距离入水口 40 m 处),距涵闸侧墙 10 m(距离入水口 40 m 处);另 2 支在下游堤肩后,距涵闸侧墙 8 m(距离入水口 60 m 处),监测绕渗情况。

2. 监测的初步成果

由于近些年来黄河来水持续偏枯,因而多数涵闸都没有获得完整的监测资料,仅黑岗口闸靠溜较好,在 2006 年取得了一定监测资料,现分析如下:

1)黑岗口闸工程概况

黑岗口闸位于开封市境内,黄河右岸大堤桩号 K77 + 170 处,为 5 孔涵洞式水闸,钢筋混凝土结构。每孔洞口宽 1.8 m、高 2.0 m。该闸设计引水流量 50.0 m^3/s,加大流量 64.0 m^3/s,设计灌溉面积 66.0 万亩。由于河床逐年淤积抬高,洪水位相应升高,闸的渗径不足,闸上堤身单薄,涵洞结构强度偏低,1980 年按 1995 年设计防洪水位加高 3.0 m,对该闸进行了改建;同时,涵洞在下游接长四节共 40 m。改建后,建筑物全长 141.35 m,其中闸室段长 6.85 m,涵洞段长 70.0 m;洞身宽度为 14.7 m,系宽 2.5 m、高 2.0 m 钢筋混凝土箱式涵闸。闸底板高程 76.75 m,闸顶高程 84.00 m,胸墙底高程 78.75 m,机架桥高程 87.50 m,胸墙顶高程 84.00 m。闸前设计水位 80.40 m,闸后设计水位 79.60 m,最高运用水位 83.50 m,防洪水位 86.40 m,校核水位 87.40 m。目前,该闸承担着开封市工业和居民生活用水及郊区农业用水的任务,必要时,该闸可向杞县抗旱补源供水。该闸建成以来,共计引水 102 亿 m^3,为开封市区工农业经济发展和防洪安全做出了较大贡献。

该闸由黄河勘测规划设计研究院有限公司设计,河南省水利厅施工,建成后兼顾黄河下游城市生活和工业用水。该闸纵剖面图及平面布置图如图 3-5 所示,监测布置图如图 3-6 所示。

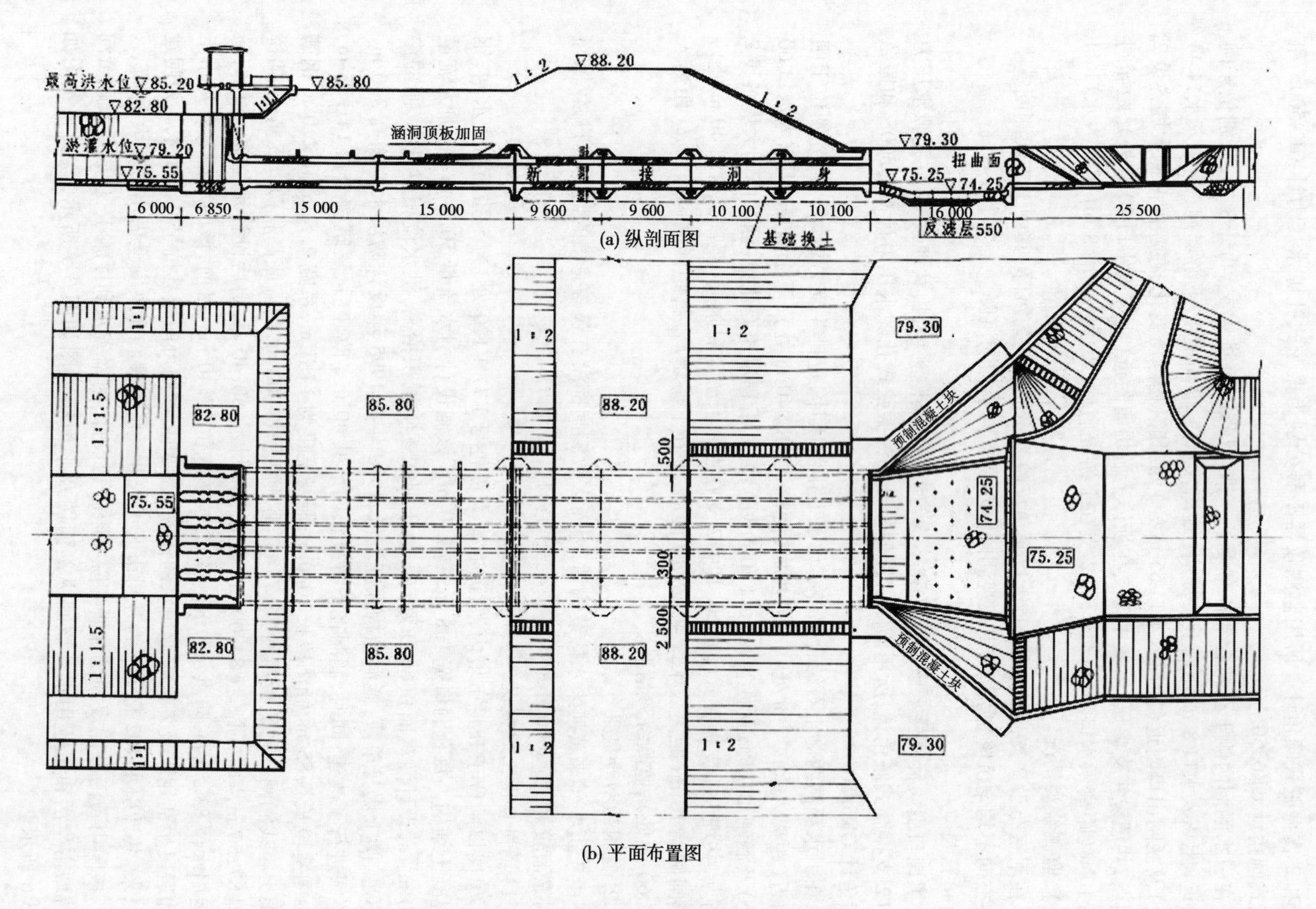

(a) 纵剖面图

(b) 平面布置图

图 3-5　黑岗口引黄闸纵剖面图及平面布置图

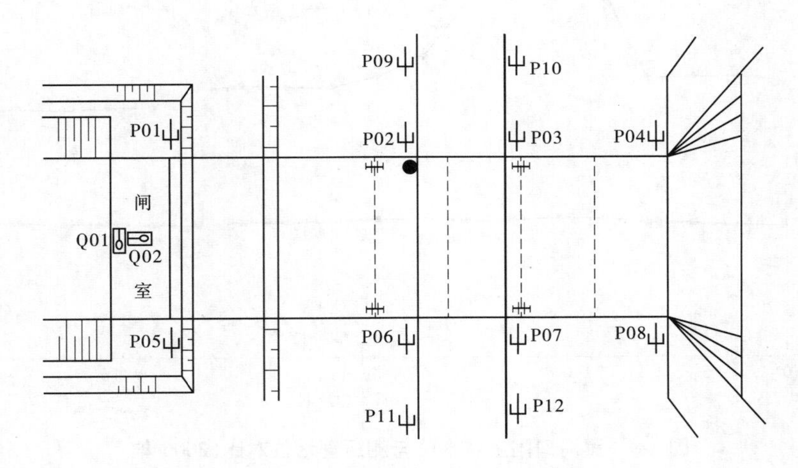

图 3-6　黑岗口闸监测布置图

2）黑岗口闸渗流监测基本成果

黑岗口闸上游水位过程线、上游水位与测压管水位对比如图 3-7、图 3-8 所示。

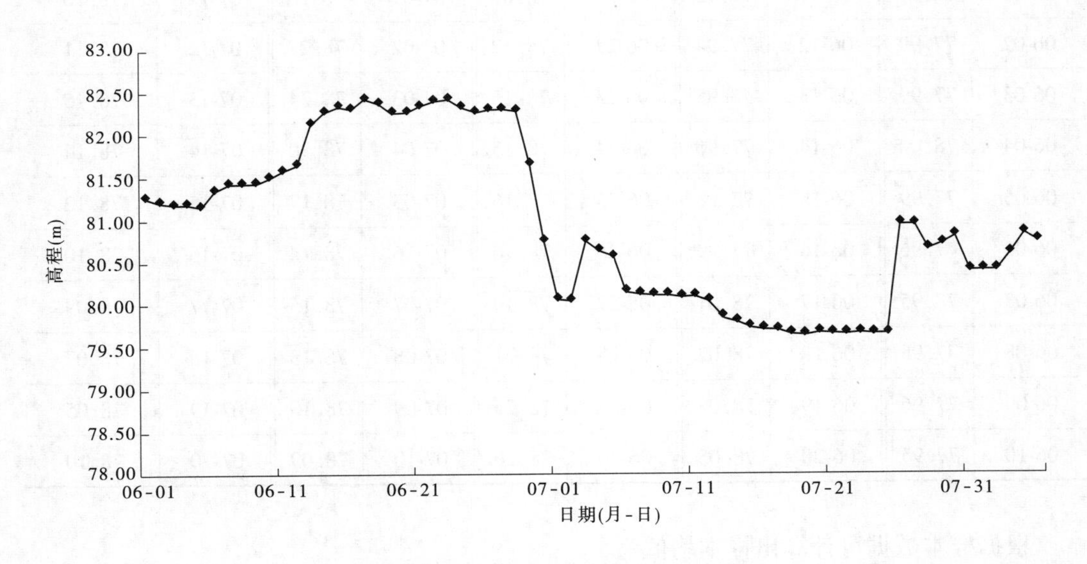

图 3-7　黑岗口闸上游水位过程线（2006 年）

3）黑岗口闸渗流监测预警分析

以黑岗口闸 P02 测点为监控对象，选取 2006 年 6～7 月的监测数据作为样本，采用小概率法计算该测点的渗透压力预警指标。

P02 测点在选取时段的测值见表 3-2，过程线如图 3-9 所示。

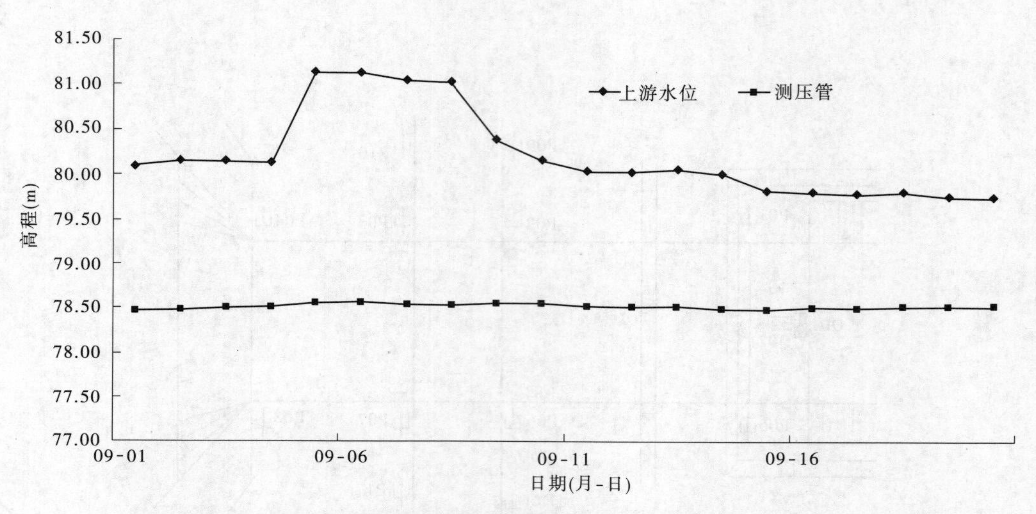

图 3-8　黑岗口闸上游水位与测压管水位对比(2006 年)

表 3-2　2006 年 6～7 月黑岗口闸 P02 点测值

日期(月-日)	测值	日期(月-日)	测值	日期(月-日)	测值	日期(月-日)	测值	日期(月-日)	测值
06-01	77.99	06-11	77.95	06-21	78.07	07-01	78.25	07-11	78.10
06-02	77.99	06-12	77.94	06-22	78.12	07-02	78.27	07-12	78.11
06-03	77.99	06-13	77.95	06-23	78.15	07-03	78.24	07-13	78.15
06-04	78.00	06-14	77.96	06-24	78.15	07-04	78.20	07-14	78.14
06-05	77.99	06-15	77.98	06-25	78.16	07-05	78.17	07-15	78.12
06-06	77.96	06-16	77.99	06-26	78.16	07-06	78.14	07-16	78.10
06-07	77.95	06-17	78.01	06-27	78.19	07-07	78.15	07-17	78.09
06-08	77.95	06-18	78.02	06-28	78.21	07-08	78.13	07-18	78.07
06-09	77.96	06-19	78.03	06-29	78.24	07-09	78.10	07-19	78.05
06-10	77.95	06-20	78.05	06-30	78.26	07-10	78.09	07-20	78.10

根据样本数据可计算出样本均值为

$$\overline{H} = \frac{1}{n}\sum_{i=1}^{n} H_{mi} = 78.08 \text{ m} \tag{3-28}$$

样本标准差为

$$\sigma_H = \sqrt{\frac{1}{n-1}\left(\sum_{i=1}^{n} H_{mi}^2 - n\overline{H}^2\right)} = 0.097 \text{ m} \tag{3-29}$$

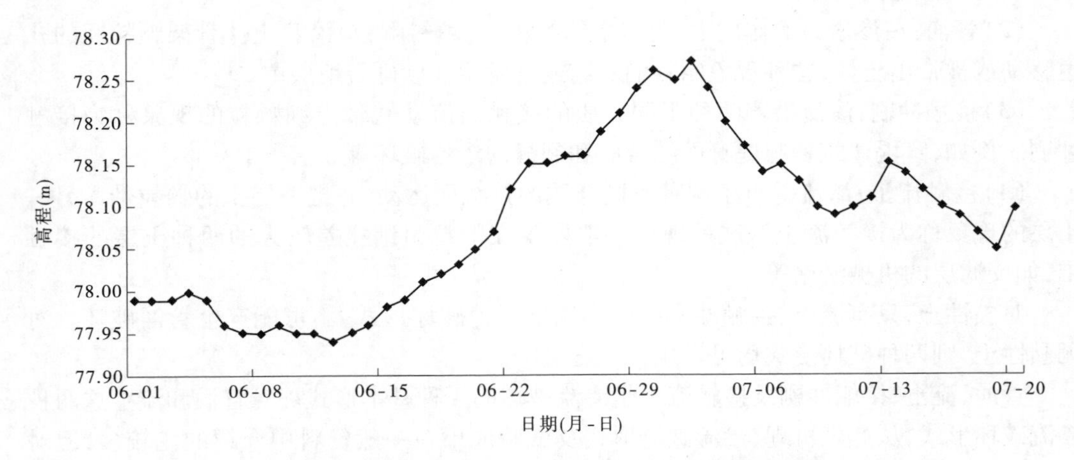

图3-9　2006年6~7月黑岗口闸P02点测值过程线

由此可知分布函数为

$$f(H) = \frac{1}{0.097\sqrt{2\pi}} e^{-\frac{(H-78.08)^2}{2\times 0.0094}} \tag{3-30}$$

当实测值 H 大于预警指标 H_m 时,其概率为

$$P_\alpha = P(H > H_m) = \int_{H_m}^{\infty} \frac{1}{0.097\sqrt{2\pi}} e^{-\frac{(H-78.08)^2}{2\times 0.0094}} dH \tag{3-31}$$

当 α 足够小时,可以认为是小概率事件。若假定 α 取为5%,则由式(3-31)计算得计算时段内预警指标为:$H_{mi}=78.25$ m。

需要指出的是,应用上述方法确定的预警指标为单个测点在一定监测时段内的相对临界值,即可以对该测点已知的监测时段内高于 H_{mi} 的测值进行预警,但当监测序列较短或监测序列中并未出现历史最大测值时,小概率法并不适用。

三、土石结合部渗流破坏类型及其评判标准

(一)土石结合部渗流破坏类型

平原地区水闸多建于土基上,其两侧均为回填土。土是一种由碎散矿物颗粒组成,并具有连续孔隙的多孔介质,水是土的三相组成部分之一。当土中孔隙完全被水饱和时,由于水所处位置的不同,当水闸承受水头作用时,水就从高位向低位流动。水通过土中连续孔隙流动称为渗流,土被水渗流通过的性能称为渗透性。水在土孔隙中渗流,水与土相互作用,必然导致土体中应力状态的改变、变形和强度特性的变化,造成渗透变形或渗透破坏。

渗透破坏也称渗透变形。由于渗流条件和土体条件的不同,渗透破坏的机理、发展过程及后果也不一样。从渗透破坏发生的机理角度,可以将渗透破坏分为四种类型:

(1)流土:在渗透力作用下,土体中的颗粒群同时起动而流失的现象称为流土。这种破坏形式在黏性土和无黏性土中均可以发生。黏性土发生流土破坏的外观表现是:土体隆起、鼓胀、浮动、断裂等。无黏性土发生流土破坏的外观表现是:泉眼(群)、砂沸、土体

翻滚最终被渗透托起等。

(2)管涌:在渗透力的作用下,土体中的细颗粒(填料颗粒)沿着土体骨架颗粒间的孔道移动或被带出土体,这种现象叫管涌。它通常发生在砂砾石地层中。

(3)接触冲刷:渗流沿着两种不同介质的接触面流动并带走细颗粒的现象称为接触冲刷。例如,穿堤建筑物与堤身的结合面和裂缝的渗透破坏等。

(4)接触流土:渗流垂直于两种不同介质的接触面运动,并把一层土的颗粒带入另一土层的现象称为接触流土。这种现象一般发生在颗粒粗细相差较大的两种土层的接触带,如反滤层的机械淤堵等。

对黏性土,只有流土、接触冲刷或接触流土三种破坏形式,不可能产生管涌破坏。对无黏性土,则四种破坏形式均可发生。

管涌、流土、接触冲刷及接触流土是渗流破坏的4种基本形式。对管涌和流土这两种渗流破坏形式,从产生机理、渗流破坏形式及试验成果在一般资料中介绍的比较多,但对接触冲刷这种渗流破坏相对研究得比较少。而在闸坝的实际工程实践中接触冲刷破坏常是造成渗流破坏的主要原因,特别是在堤防涵闸工程中最主要的破坏形式应该是接触冲刷渗流破坏情况,是闸堤基础渗流控制的重要环节,因此对接触冲刷渗流破坏及其渗流控制的研究有着特殊意义。

(二)土石结合部渗流破坏评判标准

土的抗渗强度表明了土体抵抗渗透破坏的能力,包括渗透临界坡降和允许坡降。允许坡降 $J_{允许}$ 由临界坡降 $J_{破坏}$ 除以安全系数得到。土的抗渗强度取决于土的性质和渗透破坏形式两个方面。下面分别针对各种渗流破坏形式进行分析。

1. 流土

流土首先发生于渗流出口,不可能在土体内部直接发生。当渗流自下向上运动时,一旦渗透力克服了重力的作用,则土体就会产生流土破坏,此时土体的临界比降可以通过原状土室内试验求得,也可以由下式近似确定:

$$J_{破坏} = (\rho_s/\rho_w - 1)(1 - n) \tag{3-32}$$

式中:ρ_s 为土颗粒的密度;ρ_w 为水的密度;n 为土体的孔隙率。

由式(3-32)求得的 $J_{破坏}$ 偏小,大约小于试验值的15%~25%,这主要是因为在该式中没有考虑土的抗剪强度的影响(包括内摩擦角和黏聚力两个方面),因此也是偏于安全的。根据有关文献资料,表3-3给出了无黏性土不发生流土破坏的允许坡降经验值,细砂取小值,较粗的砂土取大值。

2. 管涌

管涌可能发生在渗流出口,也可能发生在土体内部。由于颗粒移动中的堵塞作用,可能会有管涌中断现象发生,有的是暂时性中断,而后继续发生,有的是永久性中断,即发生了自愈情况。还有一种情况是由于土体中细颗粒填料较少,它的带出不影响土体骨架颗粒的稳定,当细颗粒被带完后,只出清水,不出浑水,管涌终止。

由于计算管涌临界坡降的公式目前还不成熟,因此管涌临界坡降一般通过室内试验测定。根据经验,对水流向上的垂直管涌,允许坡降一般为0.1~0.25,水平管涌的允许坡降为垂直管涌的允许坡降乘以摩擦系数 $\tan\varphi$。根据有关文献资料,表3-3给出了无黏性土不发生管涌破坏的允许坡降的经验值。

表 3-3　无黏性土抗渗坡降及允许坡降

<table>
<tr><th rowspan="3">抗渗坡降</th><th colspan="5">渗透变形形式</th></tr>
<tr><th colspan="2">流土型</th><th rowspan="2">过渡型</th><th colspan="2">管涌型</th></tr>
<tr><th>$C_u \leqslant 5$</th><th>$C_u > 5$</th><th>级配连续</th><th>级配不连续</th></tr>
<tr><td>$J_{破坏}$</td><td>0.8～1.0</td><td>1.0～1.5</td><td>0.4～0.8</td><td>0.2～0.4</td><td>0.1～0.3</td></tr>
<tr><td>$J_{允许}$</td><td>0.4～0.5</td><td>0.5～0.8</td><td>0.25～0.4</td><td>0.15～0.25</td><td>0.10～0.2</td></tr>
</table>

3. 接触冲刷

接触冲刷发生在堤防涵闸土石结合部，但其颗粒仍旧是从渗流出口处被带出。接触冲刷不断发展会形成渗漏水通道，从而引起堤防溃决。其临界坡降可以通过室内试验或按伊斯托明娜的试验结果获得。同时，在土层与刚性建筑物接触界面上发生接触冲刷时，对比一些试验资料和建闸的经验将非管涌土的允许渗透坡降值列入表 3-4（资料摘自《水闸设计规范》（SL 265—2016））供参考。表中渗透坡降的允许值是由临界坡降除以 1.5 的安全系数得到的，但没有考虑渗流出口处的保护。如果渗流出口有反滤保护，则表中的数据可以适当提高 30%～50%。

表 3-4　各种土基上水闸设计的允许渗流坡降

<table>
<tr><th rowspan="2">地基土质类别</th><th colspan="2">允许渗流坡降</th><th rowspan="2">地基土质类别</th><th colspan="2">允许渗流坡降</th></tr>
<tr><th>水平段 J_x</th><th>出口 J_o</th><th>水平段 J_x</th><th>出口 J_o</th></tr>
<tr><td>粉砂</td><td>0.05～0.07</td><td>0.25～0.30</td><td>砂壤土</td><td>0.15～0.25</td><td>0.40～0.50</td></tr>
<tr><td>细砂</td><td>0.07～0.10</td><td>0.30～0.35</td><td>壤土</td><td>0.25～0.35</td><td>0.50～0.60</td></tr>
<tr><td>中砂</td><td>0.10～0.13</td><td>0.35～0.40</td><td>软黏土</td><td>0.30～0.40</td><td>0.60～0.70</td></tr>
<tr><td>粗砂</td><td>0.13～0.17</td><td>0.40～0.45</td><td>较坚实黏土</td><td>0.40～0.50</td><td>0.70～0.80</td></tr>
<tr><td>中细砾</td><td>0.17～0.22</td><td>0.45～0.50</td><td>极坚实黏土</td><td>0.50～0.60</td><td>0.80～0.90</td></tr>
<tr><td>粗砾夹卵石</td><td>0.22～0.28</td><td>0.50～0.55</td><td></td><td></td><td></td></tr>
</table>

4. 接触流土

接触流土的抗渗临界坡降应通过室内试验获得。

5. 土石结合部渗流监测评判准则

若堤防的临水侧和背水侧存在水头差，堤防土石结合部就有渗流产生。随着汛期水位的升高，堤身内的浸润线逐步形成并不断抬高，土石结合部的渗透坡降也逐渐增大。当渗流产生的实际渗透坡降大于土的临界渗透坡降时，土体将产生渗透破坏。堤防涵闸的内在隐患会加速渗透破坏的发生和发展。

堤防涵闸土石结合部安全监测参数阈值的设定与监测对象的变形性质及所采用的监测方法有关，监测安全阈值设定取决于如下几个因素：①安全监测的测量中误差。一般按观测仪器、观测方法所确定的中误差的 2～3 倍设定。②变形趋势线的形状。③潜在滑动、破坏的模式。堤防涵闸的不同结构形式，不同潜在渗流破坏的模式，其安全监测阈值存在很大差异。一般情况下,如果实测的渗流参数值小于设计指标值,则认为测值正常。若大于指标值,则测值判为疑点,应进行成因分析。

(三)黄河下游典型土的实测坡降及允许坡降

黄河下游出现的渗透变形情况,按其形态特征归纳为几种类型:

(1)泉涌,俗称管涌、泡泉或地泉,形似喷泉,管口呈漏斗状,出水口直径多为 3 ~ 10 cm,最大 50 cm,孔口喷水,有时翻砂,砂粒在孔口翻动。

(2)砂沸,又称砂涌,出水口直径多小于 2 cm,常成群出现,冒水翻砂的小群孔所堆积的小砂环,外形似蜂巢、蚁窝。

(3)鼓包,俗称牛皮包,又称鼓泡,常发生在表层土与草皮联结较好的地区。

(4)冒水裂缝,渗流顶破较硬的黏性土而翻水冒砂。

(5)翻泥,流塑状的淤泥被渗流顶托翻起形成稀泥堆的现象。

研究这几种渗透变形的形态后发现,它们基本上属于流土或过渡型。黄河水利科学研究院等单位曾收集了一些堤坝、闸出现流土时的抗渗比降,见表 3-5。

表 3-5　黄河下游典型土的实测坡降及允许坡降

类别	地点	实测坡降	允许坡降		渗透变形形式
			安全系数为 2	安全系数为 1.5	
壤土	东平湖南大桥东	0.8 ~ 0.9	0.4 ~ 0.45	0.5 ~ 0.6	泉涌
	熊村	1.2	0.6	0.8	泉涌
	杨城坝	0.6 ~ 1.2	0.3 ~ 0.6	0.4 ~ 0.8	泉涌及裂缝
	吴家曼	0.88	0.44	0.59	泉涌
	白马泉	0.62 ~ 1.03	0.31 ~ 0.52	0.41 ~ 0.68	泉涌、砂沸、翻泥
砂壤土	东平湖南大桥西	0.8 ~ 1.04	0.4 ~ 0.52	0.5 ~ 0.67	泉涌
	杨城坝	0.7 ~ 1.0	0.35 ~ 0.5	0.47 ~ 0.67	泉涌
	黄河秦厂闸基	0.73 ~ 0.75	0.37 ~ 0.38	0.49 ~ 0.5	泉涌
粉砂	东平湖韩村	0.49 ~ 0.68	0.25 ~ 0.34	0.33 ~ 0.47	泉涌、砂沸
	东平湖索桃园	0.5 ~ 0.6	0.25 ~ 0.3	0.33 ~ 0.4	砂沸

四、土石结合部渗流破坏险情的判别方法

正确判别堤防土石结合部渗流险情,才能进行科学、有效的抢护,取得抢险成功。在防汛抢险中,对于险情处理所采取的措施,应科学准确,恰如其分。险情重大,如果没有给予充分的重视,就可能贻误抢险时机,造成险情恶化。反之,如果对轻微险情投入了大量的人力、物力,待到发生较大或严重险情时,就可能人困马乏,料物短缺,也会酿成严重的后果。因此,有必要对土石结合部渗流险情进行科学评估,区别险情的轻重缓急,以便采取适当有效的措施进行抢护。

(1)根据探测技术获取的隐患类型,利用数值模拟技术,充分考虑隐患的影响,并利

用上节土体渗流破坏评判标准,从理论上分析不同工况条件下险情发生变化的可能性。

(2)充分利用穿堤涵闸建筑物处设置的安全监测设备,并在汛期加强观测,结合土石结合部监测技术中对监测资料的分析方法,及时分析堤身、堤基渗透压力的变化,即可以分析判定土石结合部是否有接触冲刷险情发生。

(3)查看建筑物背水侧渠道内水位的变化,也可做一些水位标志进行观测,帮助判别是否产生接触冲刷。

(4)查看堤背水侧渠道水是否浑浊,并判定浑水是从何处流进的,仔细检查各接触带出口处是否有浑水流出。

(5)接触带位于水上部分,在结合缝处(如八字墙与土体结合缝)有水渗出,说明墙体与土体间产生了接触冲刷,应及早进行处理。

(6)建筑物轮廓线周边与土体结合部位处于水下,可能在水面产生冒泡或浑水,应仔细观察,必要时可进行人工探摸。

以上方法根据穿堤涵闸工程实际情况,综合利用并分析判断,以便做出符合工程实际的科学的评估。然而,反过来讲,对于险情因素的判别,即是什么样的影响因素导致了这样的险情发生,特别是对于潜在险情因素的判定是一项极其复杂的工作。

五、基于不同病险影响的土石结合部渗流破坏特征

(一)主要病险类型

堤防涵闸工程在运行过程中由于设计不周、施工质量差、工程老化、维修养护不及时及水情变化等,极易形成的土石结合部病害主要有四个基本类型,即开裂(裂缝)、不密实、接触冲刷脱空以及洞身破裂等。同时,对于穿堤涵闸建筑物,涵洞接缝止水老化破坏也是常见病害之一,对土石结合部的渗流安全也具有重要影响。

(二)不同病险影响因素的渗流破坏分析

穿堤涵闸土石结合部主要险情为由渗透破坏引起的接触冲刷及管涌、漏洞,在高水位下,河水在势能的作用下,常常沿着土石结合部等薄弱地带产生渗漏,进而形成渗漏通道,造成险情发生。从涵闸出险部位来分,其渗透破坏多数是沿基土或侧向、顶部填土与建筑物接触面产生的。接触冲刷常开始发生在填土与建筑物接触部位。先是接触部位颗粒从渗流出口被带出,进而形成渗漏通道,引起堤防溃决。

按照设计要求施工的堤防涵闸,土体能够承受一定程度的作用水头;当实际渗透坡降大于允许坡降时就会发生接触冲刷破坏;土体在渗流作用下的剥蚀、冲刷、流土和管涌,都是先开始于渗流出口,继而向内部发展,直达上游进口,最后形成渗漏通道。管涌发生后,水力梯度最大的地层中大量的细颗粒被带出,被带走流土地层的渗透系数逐渐增大,形成主渗漏带,渗透系数的增加又引起涌水量的增加,造成管涌口水头的上升,但主渗漏带地层中的不均匀系数增大,主渗漏带上的临界水力梯度减小。分析靠近管涌临界面的渗流情况,管涌开始时,紧靠临界面附近地层中细颗粒的移动速度很低,当管涌发生后,管涌口水头逐渐上升,临界面附近地层中的水力梯度开始下降,从而造成临界面附近的水力梯度已经达不到产生管涌所必需的临界水力梯度。颗粒移动的临界面开始向里收缩,该过程一直持续到某一平衡状态为止,管涌临界面呈收缩趋势,最终收缩到中间一条渗透系数很

大的带状区域，当主渗漏通道上的细颗粒基本被带走后，在较强的水流冲刷作用下主通道两侧的细颗粒进入主通道，使主通道逐渐变宽，管涌持续的时间越长，通道的宽度越宽。在透水层中不均匀系数逐渐增大，地层中的细颗粒被淘空而近似形成一个拱，它的承载力将大大降低。管涌发生后在地层中留下了被管涌水流淘空的集中渗漏通道，给堤防留下了隐患，在洪水期曾经发生过管涌的地层更容易发生管涌，这是因为这些透水层的管涌临界水力梯度比通道以外的要小很多，产生管涌的河水位越来越低，管涌发展的速度比前一次更快，它的危害性也更大。

结合具体病害，主要的渗流破坏情况如下。

1. 洞身破裂

洞身大部分为普通混凝土圆管，有一部分是浆砌石箱涵。涵身长期受有压水流的冲刷，砂浆老化脱落，粗骨料裸露，有的甚至可以用手轻易剥离，涵身强度大为降低。由于涵闸多数分布在河渠的左右岸，在上部填土及车辆荷载的反复作用下，必将导致涵身破裂，渗径缩短，渗透压力增大，最终形成管涌或接触冲刷。

2. 涵管接头裂开

现有涵闸多为普通钢筋混凝土平头圆管，节长 1 m，接头数量多，其接口仅用普通水泥砂浆简单封接，而涵管基座为浆砌块石刚性基础。管身上填土高度大且分布不均匀，加之有载重等级不同的汽车通过，因此涵管必然会因为不均匀受力而产生不均匀沉降。由于涵身及基础一般均未设置沉降逢，不均匀沉降必然会引起涵管接头处裂开，渗径缩短，再加上有压涵闸由于真空所产生的负压作用会淘空接头处的填土，渗漏通道的形成已不可避免。

3. 涵身渗漏

涵身渗漏是指渗漏沿涵身外侧土壤流动时带走其中的细小颗粒，最终在土壤与涵身的接触面处形成渗漏管道。据统计，发生接触冲刷的主要原因是涵管周围的回填土没有夯实；其次是土质因素，个别地段的砂壤土容易发生渗漏。

4. 翼墙绕渗

翼墙绕渗通常表现为渗漏从上游翼墙渗入，经堤体土壤绕到下游挡土墙或翼墙端部流出。渗漏严重时会带走上游翼墙后大量土体，导致上游翼墙后堤体坍塌，上游护坡损坏，日久必将危及大堤安全。这种情况多发生在砂壤土地段的涵闸或回填土没有夯实时。

5. 铺盖、护坦及闸底板破坏

铺盖、护坦及闸底板破坏造成涵闸渗径缩短，从而发生闸基渗漏。

六、小结

堤防涵闸建成运行后，除闸基有渗流外，渗水还从上游经水闸两岸流向下游，这就是侧向绕渗。由于侧向绕渗水流逐渐向下游集中，还会使下游局部渗流坡降增大，对地基土以及两侧岸坡的稳定性也很不利。绕渗对岸墙、翼墙施加水压力，影响其稳定性；在渗流出口处，以及填土与岸、翼墙的接触面上有可能产生渗透变形。同时，穿堤涵闸土石结合部主要险情为由渗透破坏引起的接触冲刷、管涌、漏洞，在高水位下，河水在势能的作用下，常常沿着土石结合部等薄弱地带产生渗漏，进而形成渗漏通道。这种渗漏初期对堤防的破坏或许是渐进式的,但渗透破坏达到一定程度就会加速发展,尤其对于土石结合部接触冲刷的发展更为迅速,严重影响堤防安全。因此,堤防涵闸的防渗体系是一个统一的整体,土石结合部包括基础防渗及侧向防渗两个方面,在进行水闸侧向防渗设计时,应该与闸基防渗相配合,共同遵循“高防低排”的原则,形成一个完整有效的防渗体系。在高水位一侧的防渗设计,可考虑侧向在垂直于岸墙或边墙的方向增设横向防渗措施,延长侧向渗径,降低渗透坡降,在低水位的一侧,可在非防渗范围内的翼墙或护坡后设置反滤层,以起到使渗水尽快排出而又不带走土体颗粒的作用。这样不仅可以防止渗透变形,而且使作用在翼墙上的侧向水压力和扬压力降低。为了避免因施工质量导致的渗透变形,在土体回填过程中应该做到:侧向回填土尽量采用抗渗性较强的不含杂物的黏性均质土,土体含水率要适中,施工之前应做好相关检测,若土质达不到要求,则针对具体情况采取弥补措施。施工过程中,应做到回填一层土立即进行夯实,回填土的压实度不得小于土样的试验值。对于施工困难部位,应做到施工质量重点检查,如岸墙或边墙结合处、回填土与原状土等,如果发现问题,应该及时处理,以免留下事故隐患,造成不必要的损失。

第五节　渗流安全评价指标体系的构建

一、引言

穿堤涵闸土石结合部渗流安全评价指标体系的建立是进行预测或评价研究的前提和基础,它是将抽象的研究对象按照其本质属性和特征的某一方面的标识分解成为具有行为化、可操作化的结构,并对指标体系中每一构成指标赋予相应权重的过程。科学的评估工作都需要建立一个合理的评估标准,在评估工作中,对于简单问题,可能只要单个变量就能度量,称为单指标问题;而对于复杂问题,往往需要多个变量来进行度量,甚至需要层次性结构的变量体系来进行度量,称为多指标问题。影响穿堤涵闸土石结合部渗流安全的因素众多且极其复杂,其渗流安全评价属于多指标多层次的一个复杂系统的综合评价问题,其评价过程中包含着许多不确定性、随机性和模糊性,因此选择适合的穿堤涵闸土石结合部渗流安全评价指标体系是综合评价的基础,没有一套科学、可行、可信的指标体系就无法客观地开展土石结合部渗流安全评估工作。评价指标体系是指由表征评价对象各方面特性及其相互联系的多个指标所构成的具有内在结构的有机整体。

目前,对指标体系的构建与评估的研究还没有统一的方法和理论,许多指标的选取都与评价目标和研究背景密切相关,相关方法移植性不强。通常指标体系建立的方法有两类:专家主观评定和比较判定法及数据统计分析法。第一类方法适用于资料有限、主要依据专家经验知识来确定指标的被评价对象;第二类方法适用于具有定量评价指标的被评价对象。但由于指标的设计者往往片面追求指标的全面性,致使评价指标过多,一方面会引起判断上的错觉和混乱,另一方面也使其他指标权重减小,造成评价失真。同时,由于决策问题复杂,涉及因素众多,加上所需资料缺乏,评价问题在建立复杂系统综合评价指标体系时,主观性较强,这就导致建立的指标体系不一定能够全面、客观和系统地反映评价目标。一个合理的指标体系首先应该具备完整性,即对所描述或研究的评价对象达到全面覆盖；其次应是有效的，即所选各项指标均能在所描述对象的某一方面达到最佳效果，而且相互之间的冗余度达到最低，不存在冲突指标；最后各项指标还必须是可评价，最好是可量化的，这样就保证了整个指标体系在实际使用过程中的可行性。因此，完整性、有效性和可行性是构建合理指标体系的基本要求。另外，指标体系从构建之初到最后投入使用应该是一个不断修改、完善的动态过程，因此从时间划分上来看，应将其分为多个阶段，每一阶段都应以上一阶段为基础，而且土石结合部渗流安全评价指标体系针对不同的堤防涵闸工程也会有所不同和侧重，建立的综合评价指标体系应该符合工程实际。建立科学合理的安全评价指标体系是穿堤涵闸土石结合部渗流安全评价的一项基础性工作。

二、评价指标体系构建目的、原则

（一）评价指标体系构建目的

为了实现穿堤涵闸土石结合部渗流安全评价的定量化，首先须根据土石结合部的渗流安全性等特点对其相关表征指标进行定量和定性的描述，然后依据这种定性和定量的指标组合，构建穿堤涵闸土石结合部渗流安全的综合评价指标体系。安全评价指标的筛选和体系的构造过程本身也是对系统安全状况和安全认定理论的再认识过程。在对土石结合部渗流安全影响因素及其相互关系系统分析基础上，通过建立系统的安全评价指标体系，依靠科学的结构，将分散的因素指标排列组合成系统，反映土石结合部渗流安全问题的实质，确保评价结果的客观性、科学性，为堤防涵闸运行管理人员提供以指标为基础的渗流安全评估标准。

（二）评价指标体系构建原则

穿堤涵闸土石结合部渗流安全影响因素多，影响因素之间关系复杂，可以看作一个复杂系统。在工程运行过程中，系统各个因素之间既有相互作用，本身又是动态的变化，某些时刻、某些因素的改变可能导致整个土石结合部系统发生由安全到危险的变化。对于这样复杂的系统，目前还不可能用少数几个指标来描述系统的状态和变化，需要用多指标、多层次组成一个有机的整体，通过建立指标体系来描述土石结合部的渗流安全状况。因此，构建综合评价指标体系不仅要借鉴相关领域的研究成果，而且必须遵循科学性、典型性、独立性、定性和定量结合、可操作实用性、可靠性等原则，即渗流安全性评价指标体系要全方位、多角度地反映穿堤涵闸土石结合部的渗流安全状况，同时要遵守科学内涵，具有实用性等特点。具体来讲，建立土石结合部渗流安全性评价指标体系应遵循的具体原则如下：

（1）全面性和代表性原则。由于堤防涵闸土石结合部渗流破坏影响因素的复杂性，指标体系应从设计施工、运行管理以及形成条件等方面分别设置相应指标，以全面反映土石结合部渗流安全的特性。同时，选取的因素指标也应该具有代表性，选取时应从反映土石结合部渗流破坏影响因素的各个方面着眼，要选取足以表征影响因素的代表性指标，以便能客观反映影响因素的主要作用。

（2）科学性原则。指标体系应建立在公认的科学理论基础上，客观全面地反映被评价土石结合部的本质特征与内涵，综合反映影响渗流安全性的各种主要因素，并且能够较好地度量渗流安全性的程度。

(3)典型性原则。指标的选取应具有典型意义,是描述具体涵闸工程土石结合部渗流安全性某一方面的关键性指标,可以起到以点带面的作用,从而减少指标数量,简化数学模型和便于运算。

(4)独立性原则。指标的内涵与其他指标的相关性应尽可能小,使指标的变化不致彼此影响和牵制。

(5)定量和定性结合的原则。指标体系的设计满足定量和定性结合的原则,指标的选取可以是定量的也可以是定性的,在这基础上,进一步对指标进行量化处理,使指标具有较好的可度量性,有利于准确、科学、合理的评价。

(6)可操作实用性原则。评价指标的确立,需要具有实用性和可操作性,以便准确快速地获取实际堤防涵闸工程的具体指标。

(7)可靠性原则。评价指标的建立是土石结合部渗流安全评价的前提,要取得合理准确的评价结果,指标的选择必须可靠。

三、评价指标体系的初步构建

影响穿堤涵闸土石结合部渗流安全的因素很多,既有内因也有外因,既有自然因素也有人为因素。针对土石结合部隐患成因和失事机理,深入研究各主要因素对土石结合部渗流安全的影响,是确定合理可行的土石结合部渗流安全评价指标体系的基础。一般来说,内因包括土层结构类型、组成、土体颗粒级配、不均匀系数、密实度、渗透系数和隐患特征及建筑物几何尺寸等;外因包括水文地质环境、暴雨、洪水、地震等。根据其作用又可分为加剧险情发生发展的因素和阻抗险情发生发展的因素。

堤防涵闸土石结合部渗流破坏主要影响因素指标包括:

(1)结构特征因素指标:①土层结构类型指标;②建筑物外形尺寸指标。

(2)土体物理力学特性因素指标:①颗粒级配表征指标;②密实程度表征指标;③渗透性表征指标;④渗透变形表征指标。

(3)接触面特征因素指标:①裂缝表征指标;②脱空区表征指标;③混凝土面粗糙度表征指标。

(4)防渗排水设施因素指标:①接缝止水表征指标;②反滤护坡表征指标;③铺盖、护坦、排水孔表征指标。

(5)水文、气象特征因素指标:①洪水表征指标;②降水表征指标。

(6)运行管理因素指标:①人力资源指标;②制度保障指标;③工程检查、监测实施情况指标;④维修养护水平指标。

(7)其他因素指标:①水环境指标;②地震指标。

这七个方面的影响因素指标又可分为两大类:定量评价指标和定性评价指标。定量评价指标是可以准确数量定义、精确衡量并能设定评价目标的评定指标。在定量评价指标体系中,各指标的评价基准值是衡量该项指标是否符合工程基本要求的评价基准。定量评价指标分为绝对量指标和相对量指标两种。定性评价指标是指无法直接通过数据计算分析评价内容,需对评价对象进行客观描述和分析来反映评价结果的指标。定性评价指标反映的被评价的对象往往是笼统的、涵盖多方面内容的，而评价者是凭着对被评价者情况的总体感觉给出一个印象分。定性评价指标全面但人为因素较多；定量评价指标客观且人为因素较少，数据来源稳定。这七个方面为评价因素一级组成项目，在各组成项目属下再分解为若干二级评价指标。二级评价指标合计有20项。

堤防涵闸土石结合部渗流安全评价指标体系的基本框架见表3-6。

表3-6　渗流安全评价指标体系基本框架

一级评价指标		二级评价指标		指标类别
序号	影响因素指标	序号	表征指标	
1	结构特征因素指标	①	土层结构类型指标	定性
		②	建筑物外形尺寸指标	定量
2	土体物理力学特性因素指标	①	颗粒级配表征指标	定量
		②	密实程度表征指标	定量
		③	渗透性表征指标	定量
		④	渗透变形表征指标	定量
3	接触面特征因素指标	①	裂缝表征指标	定量
		②	脱空区表征指标	定量
		③	混凝土面粗糙度表征指标	定量
4	防渗排水设施因素指标	①	接缝止水表征指标	定量
		②	反滤护坡表征指标	定性
		③	铺盖、护坦、排水孔表征指标	定性
5	水文、气象特征因素指标	①	洪水表征指标	定量
		②	降水表征指标	定量
6	运行管理因素指标	①	人力资源指标	定性
		②	制度保障指标	定性
		③	工程检查、监测实施情况指标	定性
		④	维修养护水平指标	定性
7	其他因素指标	①	水环境指标	定量
		②	地震指标	定量

四、评价指标的筛选

（一）筛选方法选取

科学的评价指标体系是综合评价的重要前提，只有科学的评价指标体系才有可能得出科学的综合评价结论，在构造综合评价体系框架时，初选的评价指标可以尽可能的全面。在指标体系优化的时候则需要考虑指标体系的全面性、科学性、层次性、可操作性、目的性等。当指标太多时,就会有很多重复指标,相互干扰,这就需要正确的、科学的方法筛选指标。指标筛选是对初始指标的精选,是后续指标权重确定及多属性评价决策的前提和基础。同样,在研究穿堤涵闸土石结合部渗流安全评价问题中,初建的指标体系虽然达到了指标体系构建的全面性原则,但指标之间的相互独立性较差,存在指标内涵相互重叠的现象;初建的指标体系也可能存在指标数值基本相同,对评估结论影响很小的现象。因此,需要在初建指标体系的基础上根据实际的土石结合部现状进行筛选,进一步通过对初选评价指标的代表性、关联度、敏感性等方面的考察,从中筛选出最有代表性的指标,作为赋权和评价的依据。国内学者对综合评价中筛选指标提出了自己的方法,主要集中在统计和数学方法上。针对穿堤涵闸工程实际,主要联合采用基于专家经验的筛选法和主成分分析法,首先利用专家经验筛选法对于评价体系中测试试验数据较少和偏于定性描述的指标进行筛选,而对于测试试验数据丰富和可靠的定量指标主要采用主成分分析方法筛选,最终形成适合具体堤防涵闸工程实际的综合评价指标体系。

(二)专家经验筛选法

专家经验筛选法是以专家为索取未来信息的对象,组织各领域的专家运用专业方面的知识和经验,通过直观的归纳,对预测对象过去和现在的状况、发展变化过程进行综合分析与研究,找出预测对象变化、发展规律,从而对预测对象未来的发展趋势及状况做出判断。专家经验筛选法的种类主要有个人判断法、专家会议法、头脑风暴法和德尔菲法。个人判断法主要依靠个别专家对预测对象未来发展趋势及状况做出专家个人的判断。专家会议法是指依靠一些专家,对预测对象的未来发展趋势及状况做出判断而进行的一种集体研讨形式。头脑风暴法是通过专家间的相互交流,引起“思维共振”,产生组合效应,形成宏观智能结构,进行创造性思维。德尔菲法是根据有专门知识的人的直接经验,对研究的问题进行判断、预测的一种方法,也称专家调查法。它是美国兰德公司于 1964 年首先用于预测领域的。

对于穿堤涵闸土石结合部渗流安全评价而言,筛选指标利用专家经验筛选法简单易行,比较客观,所邀请的专家在专业理论上造诣较深、实践经验丰富,而且由于有专业、安全、评价、逻辑方面的专家参加,将专家的意见运用逻辑推理的方法进行综合、归纳,这样所得出的结论一般是比较全面、正确的。特别是专家质疑通过正反两方面的讨论,问题更深入、更全面和透彻,所形成的结论性意见更科学、合理。尽管如此,在实际工作中,依靠专家的知识和经验进行判断筛选指标带有主观性,客观性不足,同类型的工程甚至是同一工程,不同的专家可能会评出截然不同的指标筛选结果,因此并不是所有的指标筛选都适用本方法,对于有条件的指标尽量采用客观性方法。

(三)主成分分析法

主成分分析法是一种降维的方法,便于分析问题,在诸多领域中都有广泛的应用。主成分分析法是通过原始变量的线性组合,把多个原始指标减少为有代表意义的少数几个指标,以使原始指标能更集中、更典型地表明研究对象特征的一种统计方法。它是一种数学变换的方法,把给定的一组相关变量通过线性变换转成另一组不相关的变量,这些新的变量按照方差依次递减的顺序排列。在穿堤涵闸土石结合部渗流安全实证问题研究中,为了全面、系统地分析问题,必须考虑众多影响因素指标变量。这些涉及的因素指标,在多元统计分析中也称为变量。因为每个变量都在不同程度上反映了所研究问题的某些信息,并且指标之间彼此有一定的相关性,因此所得的统计数据反映的信息在一定程度上有重叠。在用统计方法研究多变量问题时,变量太多会增加计算量和分析问题的复杂性,人们希望在进行定量分析的过程中涉及的变量较少,而得到的信息量较多。主成分分析法正是适应这一要求产生的,是解决这类问题的理想工具。因为评估所涉及的众多变量之间既然有一定的相关性,就必然存在着起支配作用的因素。根据这一点,通过对原始变量相关矩阵内部结构的关系研究,找出影响评定结果某一要素的几个综合指标,使综合指标为原来变量的线性拟合。这样,综合指标不仅保留了原始变量的主要信息,且彼此间不相关,又比原始变量具有某些更优越的性质,就使在研究复杂的穿堤涵闸土石结合部渗流安全评估问题时,容易抓住主要矛盾。主成分分析法能从错综复杂的穿堤涵闸土石结合部渗流安全评估要素的众多指标中,找出一些主要成分,以便有效地利用大量统计数据,进行渗流安全评估分析。主成分分析法具体步骤如下。

1. 建立观察值矩阵

某一系统状态最初由 p 个特征指标来表征,这 p 个特征指标称为原特征指标,通过对它们的观察了解系统的特性。它的每一组观察值表示为 p 维空间中的一个向量 $\boldsymbol{x}_i$,即

$$\boldsymbol{x}_i = (x_{i1}, x_{i2}, \cdots, x_{ip})$$

这个 p 维空间称为原指标空间。对它进行了 n 次观察,所得矩阵构成 $n \times p$ 观察值矩阵 $\boldsymbol{X}$。

$$\boldsymbol{X} = \begin{bmatrix} x_{11} & x_{12} & \cdots & x_{1p} \\ x_{21} & x_{22} & \cdots & x_{2p} \\ \vdots & \vdots & & \vdots \\ x_{n1} & x_{n1} & \cdots & x_{np} \end{bmatrix} \tag{3-33}$$

式中:n 为样本个数;p 为指标个数。

2. 标准化处理

为使指标之间具有可比性,应对观察值进行标准化处理。对原始观察数据计算求出它们的标准化观察矩阵为 $\boldsymbol{Y}$。

$$\boldsymbol{Y} = \begin{bmatrix} y_{11} & y_{12} & \cdots & y_{1p} \\ y_{21} & y_{22} & \cdots & y_{2p} \\ \vdots & \vdots & & \vdots \\ y_{n1} & y_{n1} & \cdots & y_{np} \end{bmatrix} \tag{3-34}$$

其中 y_{ij} 的计算方法为

对正指标有:$y_{ij} = \dfrac{(x_{ij} - \bar{x}_j)}{s_j^2}$

对逆指标有:$y_{ij} = \dfrac{(\bar{x}_j - x_{ij})}{s_j^2}$

其中:$\bar{x}_j = \dfrac{1}{n}\sum_{i=1}^{n} x_{ij}, s_j^2 = \dfrac{1}{n-1}\sum_{i=1}^{n}(x_{ij} - \bar{x}_j)^2$。

3. 计算相关系数矩阵

为研究标准化观察值矩阵中各指标的相互关系，需求出它们的相关系数矩阵 $\boldsymbol{R}$。

$$\boldsymbol{R} = \begin{bmatrix} r_{11} & r_{12} & \cdots & r_{1p} \\ r_{21} & r_{22} & \cdots & r_{2p} \\ \vdots & \vdots & & \vdots \\ r_{n1} & r_{n1} & \cdots & r_{np} \end{bmatrix} \tag{3-35}$$

r_{ij}的计算公式为

$$r_{ij} = \frac{1}{n-1}\sum_{i=1}^{n}(y_{ji}y_{ij}),(i,j=1,2,\cdots,p)$$

4. 求特征值和特征向量

根据特征方程$|\boldsymbol{R}-\lambda\boldsymbol{E}|=0$计算特征值$\lambda_k(k=1,2,\cdots,p)$，并列出$\lambda_k$的特征向量$\boldsymbol{L}_k(k=1,2,\cdots,p)$。将特征值依大小顺序排列：$\lambda_1>\lambda_2>\cdots>\lambda_p$，其相应的特征向量记为$L_1,L_2,\cdots,L_p$。第$k$个主成分的方差贡献率为$\beta_k=\lambda_k\left(\sum_{j=1}^{p}\lambda_j\right)^{-1}$，前$k$个主成分的累计贡献率为$\sum_{j=1}^{p}\lambda_j\left(\sum_{j=1}^{p}\lambda_j\right)^{-1}$。

5. 选择主成分

选择m个主成分，实际中通常所取主成分的累计贡献率达到85%以上，即

$$\sum_{j=1}^{k}\lambda_j\left(\sum_{j=1}^{m}\lambda_j\right)^{-1} \geqslant 85\% \tag{3-36}$$

按照以上指标筛选步骤，并利用相关SPSS软件，通过样本数据对定量定性分析选定的指标体系进行主成分分析，对初步构建的原始指标进行重组、综合，产生主成分功能指标。

五、评价指标相对权重值及其重要性程度的确定

穿堤涵闸土石结合部渗流安全评价指标体系是一个具有多因素、多层次、多侧面的有机整体，其各因素之间存在着相互联系、相互制约的复杂关系。为了全面、系统地反映研究对象的这种特征，就需要利用一系列相互联系的指标，按照一定层次和原则构成某种结构。此外，一个指标体系也并不是若干单个指标的简单组合，而是有机的系统，它不仅可以比单个指标反映的问题更多更全面，而且可以深入地分析说明对研究对象影响的重要程度。因此，指标体系不仅具有一定的构成要素以及相应的结构层次，还具有反映指标间关系的量或指标对研究对象影响重要程度的量。

为了较为符合实际地表达出各指标在总的目标中的优劣，必须对评价因素指标重要性进行赋权，即对各指标的整个系统中的影响程度进行评价，区分其贡献大小。权值的确定方法很多，常见的有：专家估测法、频数统计分析法、指标值法、层次分析法、因子分析法、主观权重法、客观权重法、层次分析法等。上述权值确定方法，有的富有浓厚的主观色彩，使评价结果失真；有的则工作量大，评价周期长。从中选择思路简明、系统性强、需要数据信息较少且容易掌握的方法，层次分析法具有这样的分析优势。

层次分析法是系统分析的数学工具之一，它把人的思维过程层次化、数量化，并用数学分析为分析、决策、预测或控制提供定量的依据。这是一种定性和定量分析相结合的目标决策分析法。在对象涉及大量相互关联、相互制约的复杂因素的情况下，各因素对问题的分析有着不同的重要性，这决定了它们对目标重要性的序列，对综合评价指标体系十分重要。它将复杂的研究系统分成几个层次，使在比原来系统整体大为简化的层次通过逐层分析，最终得出总目标的实现程度。其最大优点是可以将决策者的经验判断量化，对目标结构复杂且缺乏必要的数据情况下更为实用，已成为处理难以完全用定量方法来分析实际问题的一种有效工具。

层次分析法基本原理为：首先，将包含在问题中的所有因素按其地位或作用划分并排列成一系列有序层次；其次，确认并标明各层次因素之间的联系，从而建立起一个层次结构；再次，根据对具体问题的分析，构造判断矩阵，并利用数学方法求出反映每一层次诸因素对于上一层次某因素的相对重要性的数值；最后，以排序方法求出最底层因素（评估对象）对于最高层因素（总目标）的排序向量，得到问题的解答。

该方法首先需要确定各个指标之间的重要性，两两指标相比较求得相应的重要性判断矩阵$[u_{ij}]_{k\times k}$。两两指标相比的判断值$f_{uj(ui)}$、$f_{ui(uj)}$的确定方法见表3-7，其中$f_{uj(ui)}$表示第i指标与第j指标相比较的重要程度，$f_{ui(uj)}$则相反，$f_{ui(uj)} = f_{uj(ui)}{}^{-1}$。

表3-7 指标重要程度的判断值

u_{ij}	1	3	5	7	9	2、4、6、8
$f_{uj(ui)}$	同等重要	稍微重要	明显重要	强烈重要	绝对重要	重要程度介于各等级之间

通过两两因素指标的比较，可得到判断矩阵：

$$B = \begin{vmatrix} b_{11} & \cdots & b_{1n} \\ \vdots & & \vdots \\ b_{n1} & \cdots & b_{nn} \end{vmatrix} \tag{3-37}$$

然后，确定各指标的重要程度系数a_i。根据判断矩阵B，用乘幂法计算它的最大特征值λ_{max}，其最大特征值λ_{max}所对应的特征向量即为所要确定的重要程度系数a_i，记为：$A = (a_1, a_2, \cdots, a_n)$。

最后检验判断矩阵$\boldsymbol{B}$的相容性（也称一致性）。

$$C(\boldsymbol{B}) = (\lambda_{max} - n)\cdot(n-1)^{-1} \tag{3-38}$$

$C(\boldsymbol{B})$为矩阵不相容度，若$C(\boldsymbol{B}) < 0.1$，认为矩阵相容性好（通过一致性检验），否则重新调整原始判断矩阵。

六、评价因素指标属性值的量化分析

（一）指标量化分析方法

在确定了堤防涵闸土石结合部渗流破坏的影响因素指标后，需要解决这些影响因素指标的量化问题，方便以后进行土石结合部渗流安全的综合评价。上述土石结合部渗流安全影响因素指标以不同的形式存在，根据其性质可分为两类：一类是定量指标，可根据统计资料查出或者计算出指标值;另外一类是定性指标,这类指标较难量化,在评价中如何克服主观因素是一大难题。定量指标可以通过一定的数学处理方法,比如线性方法、指数方法把现有数据进行无量纲化处理,得到一个处于一定范围内,可以比较的数据。而为实现定性指标的定量化,通常是结合具体技术参数等情况,多人对同一指标进行分别量化,然后进行数据处理,得到一个标准化的定量数据,使各评价指标之间具有可比性。基于上述思想,下面探讨评价因素指标属性值的量化方法。

1. 定量指标的无量纲化处理

对于定量指标,由于指标的单位及量度不同而加大评价统一性困难程度,因此需要利用一定的量化方法,消除指标之间由于单位及量度产生的不可比性,将实际测值转化为0~1之间的指标评价值,即无量纲化处理,使指标间具有可比性。一般来说,安全评价定量影响因素指标可以分为正向指标、逆向指标、中性指标三类。其中正向指标是指指标的取值越大越优;逆向指标是指指标的取值越小越优;中性指标是指指标的取值在一定区间范围内最优,取值太大或者太小都不好。在堤防涵闸土石结合部渗流安全评价指标体系中会同时包含上述若干类型,因此需要将这些指标做类型无量纲化处理。

指标之间无量纲化是通过数学变换来消除指标量纲影响的方法,是多指标综合评价中必不可少的一个步骤。从本质上讲,指标的无量纲化过程也是求隶属度的过程。由于指标隶属度的无量纲化方法多种多样,因此有必要根据各个指标本身的性质确定其隶属度函数的公式。为简单起见,可以选择直线型无量纲化方法解决指标的可综合性问题。正向指标利用式(3-29)处理,逆向指标利用式(3-40)处理,中性指标利用式(3-41)处理。

$$Y=\begin{cases}1 & x \geqslant x_{\max} \\ \dfrac{x-x_{\min}}{x_{\max}-x_{\min}} & x_{\min} \leqslant x \leqslant x_{\max} \\ 0 & x \leqslant x_{\min}\end{cases} \tag{3-39}$$

$$Y=\begin{cases}1 & x \geqslant x_{\min} \\ \dfrac{x_{\max}-x}{x_{\max}-x_{\min}} & x_{\min} \leqslant x \leqslant x_{\max} \\ 0 & x \geqslant x_{\max}\end{cases} \tag{3-40}$$

$$Y=\begin{cases}1-\dfrac{a-x}{\max(a-x_{\min},x_{\max}-b)} \\ 1 \\ 1-\dfrac{x-b}{\max(a-x_{\min},x_{\max}-b)}\end{cases} \tag{3-41}$$

其中,$[a,b]$为指标 x 的最佳稳定区域。

同时,要计算指标的评价值,除需要确定指标的实际值外,还必须确定指标的优劣上下限,亦即各指标的最大值 $x_{\max}$ 和最小值 $x_{\min}$,根据对堤防涵闸工程实际情况,拟定土石结合部渗流安全评价指标体系中指标的最大值、最小值,得到各指标的上下限后,便可以利用上述公式计算指标的评价值。

2. 定性指标的量化处理

定性变量往往是模糊的,具有亦此亦彼性。由于一些概念外延的模糊性,很难用精确的数学值或数学式来表达。过去人们主要靠主观判断或传统的非此即彼经典数学进行评价决策,缺乏科学性,有时很不符合现象的实况。目前,比较常用的定性指标量化方法有专家评分法、正态分布法、二元比较法等。专家评分法以其操作简单、适用性强等特点,广泛应用于工程界定性指标的量化处理,它首先根据评价对象的具体要求制订出区间评价标准,聘请若干代表性专家凭借自己的经验按此评价标准给出此项指标的评价分值,然后对其进行综合分析。但是专家在对定性指标进行评分时由于心理、经验等因素的影响,不同的专家给出的评分可能导致差异较大,为了减小专家评判中的误差,并尽可能多地综合各位专家的意见,具体可采用以下方法。

(1)加法评价分析。将各专家对指标评价分值加法求和,按总分来表示指标分值结果。此法用于聘请的各位专家水平相当的情况。

$$W = \sum_{i=1}^{n} W_i \tag{3-42}$$

式中:W 为评价指标总分值;W_i 为第 i 个专家评分值;n 为专家个数。

(2)加权评价分析。根据职称、专业方向等对各位专家给予不同的权重,然后依据各位专家的给分值予以加权分析,得出指标最终分值。

$$W = \sum_{i=1}^{n} A_i W_i \tag{3-43}$$

式中:W 为评价指标总分值;W_i 为第 i 个专家评分值;n 为专家个数;A_i 为第 i 个专家的权重值,且 $\sum_{i=1}^{n} A_i = 1, 0 < A_i \leqslant 1$。

根据专家评分法将定性指标量化后,再将其规范化一致性处理,使其在[0,1]范围内。

(二)渗流破坏影响因素主要指标的量化处理

1. 结构特征因素

1)土层结构类型指标

根据地质资料由专家评分法确定。

2)建筑物外形尺寸指标

外形尺寸指标越大,对土体的抗渗来说越好,因此把外形尺寸指标设计值作为最大值 $x_{\max}$,当实测外形尺寸指标值大于等于设计值,则量化值为1,否则,为实测外形尺寸指标值与设计值的比值。

2. 土体物理力学特性因素

1)颗粒级配表征指标

作为堤身一部分的土石结合部所填筑土体,其颗粒级配要求符合设计要求,并且根据《堤防工程设计规范》(GB 50286—2013)标准要求:均质土堤的土料宜选用黏粒含量为10%~35%的黏性土。这里主要根据设计标准的级配要求,对土体的颗粒级配黏粒含量指标进行量化,由于规范要求的黏粒含量指标给定的是一个范围,所以根据式(3-41)进行规范化处理。

2）液塑性表征指标

填筑土体的液塑性应符合设计标准，根据《堤防工程设计规范》（GB 50286—2013）标准要求：均质土堤的土料宜选用塑性指数为 7～20 的黏性土。这里主要根据设计标准的液塑性要求，对土体的塑性指数指标进行量化，由于规范要求的塑性指数指标给定的是一个范围，所以根据式（3-41）进行规范化处理。

3）密实程度表征指标

压实度大小影响土体的密实度及渗透性，对堤防涵闸的渗透破坏有很大的影响。在量化分析时，可取压实度实测值与设计压实度之比进行量化分析。

4）渗透性表征指标

渗透系数的大小反映土体的渗透性，渗透系数越大，土的防渗性能越差，因此可用渗透系数的设计值与实测值之比进行量化分析。

5）渗透变形表征指标

允许坡降值越大，土体的抗渗强度越好，因此把允许坡降值作为最大值 x_{max}，当实测土体的渗透坡降值大于等于允许坡降值，则量化值为 1，否则，为实测土体的渗透坡降值与允许坡降值的比值。

3. 接触面特征因素

1）裂缝表征指标

裂缝（缝隙）是引起穿堤涵闸土石结合部渗流破坏的主要因素之一。采用尺子丈量、坑探或用物探方法（如电法等）勘测，对土石结合部裂缝的长度、宽度、深度、条数、范围、位置等进行详细测定，按以下评级标准确定其影响等级。

（1）A 级，量化值为[0.85,1.0]，没有裂缝，或仅有一些冻融、干缩龟裂，裂缝口较窄，深度较浅，对渗流安全不构成影响。

（2）B 级，量化值为[0.60,0.85)，不均匀沉降产生的纵、横、斜向或不规则裂缝，规模较小，对渗流安全影响甚微。

（3）C 级，量化值为[0.35,0.60)，有一定规模的纵、横、斜、水平裂缝，以及规模较小的接触面张开裂缝，对渗流安全构成一定威胁。

（4）D 级，量化值为[0,0.35)，所有渗透变形产生的裂缝，规模较大的接触面张开裂缝，较大的纵缝和水平缝，尤其已经有渗流出逸的裂缝，对渗流安全构成严重威胁。

2）脱空区表征指标

根据物探资料，对土石结合部淘刷空洞的位置、大小、连通状况等性质进行分析，按以下评级标准确定其影响等级。

（1）A 级，量化值为[0.85,1.0]，没有淘刷脱空区，或仅有微小空洞，对渗流安全不构成影响。

（2）B 级，量化值为[0.60,0.85)，存在一些不规则淘刷脱空区，但规模较小，对渗流安全影响甚微。

（3）C 级，量化值为[0.35,0.60)，有一定规模的淘刷脱空区，形成了一定的渗漏，但脱空区发展较稳定，对渗流安全构成一定威胁。

（4）D 级，量化值为[0,0.35)，形成了具有连通性的规模较大的淘刷脱空区，且随着渗漏,淘刷脱空区仍在不断发展恶化,对渗流安全构成严重威胁。

3)混凝土面粗糙度表征指标

根据现场观测及相关测试资料由专家评分法确定。

4.防渗排水设施因素

1)接缝止水表征指标

主要根据接缝止水处渗漏现状,并考虑止水材料当前老化情况进行评定,具体如下:

(1)A级,量化值为[0.85,1.0],接缝处渗流随闸前水位的上升而增加,但达到正常设计水位后不久即有不变或减少的趋势。接缝处渗水量小且比较稳定,没有集中渗流。

(2)B级,量化值为[0.60,0.85),接缝处渗水量稳定不变或者渗水量比较小但测压管水位异常,没有产生渗透变形。

(3)C级,量化值为[0.35,0.60),接缝处渗水量随闸前水位的变化而急剧变化,水位增高渗流量变大,或渗水突然变浑,渗漏带开始出现渗透变形。

(4)D级,量化值为[0,0.35),接缝处渗水量大且由于渗水作用而渗透变形迅速发展,形成渗漏通道,危及堤防涵闸安全。

2)反滤护坡表征指标

从堤防涵闸运行情况来看,护坡完好度和护坡材料完好度一般应大于90%,且损坏部位非集中分布,否则将影响堤防涵闸的安全运行,可按以下评级标准确定其影响等级。

(1)A级,量化值为[0.85,1.0],原设计完善,砌筑质量好,护坡垫层完好。

(2)B级,量化值为[0.60,0.85),满足设计要求,但局部有松动翻起现象。

(3)C级,量化值为[0.35,0.60),设计不完善,砌筑质量差,块石偏小,护坡垫层流失较严重,表面有较严重的翻起、松动、塌陷、架空等现象。

(4)D级,量化值为[0,0.35),设计不合理,无垫层或垫层冲刷流失严重,块石质量差,表面有大面积的翻起、塌陷、块石架空等现象。

3)铺盖、护坦、排水孔表征指标

根据现场铺盖、护坦的损坏情况及排水孔淤堵状况,考虑其对渗流安全的具体影响,根据专家评分具体确定。

5.水文、气象特征因素

1)洪水表征指标

众所周知,洪水对堤防涵闸的渗流安全影响非常大,特别是持续高水位,对穿堤涵闸的渗流安全非常不利。在堤防涵闸运行管理过程中,有正常引水位、校核水位、设计洪水位等控制水位值。参考有关专家意见,在堤防涵闸水位安全定量设计过程中,可以选择校核水位为其最大值,正常引水位为其最小值,利用式(3-40)对水位进行量化处理。

2)降水表征指标

根据降水资料由专家评分法综合确定。

6.运行管理因素

1)人力资源指标

依据是否有专人负责、技术人员是否持证上岗、人员职责是否明确等方面,进行专家评分。

2)制度保障指标

堤防涵闸管理单位应建立健全并不断完善各项管理规章制度,对制度的执行情况定期或不定期进行检查,建立绩效考核制度。制定适用的技术管理规范、规程和各项操作制度,并按规范要求进行检查、观测、养护和维修,确保工程安全和完整,各项管理行为要有章可循、有据可依,按照规范和标准操作。依据上述情况,进行专家评分。

3)工程检查、监测实施情况指标

具体要求为,制定详细的堤防工程检查与观测制度,并随时根据上级要求结合单位实际修订完善;固定用于观测监视堤防的时间、人员、仪器;观测资料整编成册;根据观测提出分析成果报告,提出利于工程安全运行的建议;观测设施完好率达90%以上。依据上述情况,进行专家评分。

4)维修养护水平指标

依据"经常养护,随时维修,养重于修、修重于抢"的原则,定期进行堤防工程及其附属工程的全面维修与养护,把工程养护工作落到实处。依据上述情况,进行专家评分。

7.其他因素

1)水环境指标

针对穿堤涵闸所在的水环境,以及对水环境的要求,检测相应指标,并以设计要求为依据,进行指标的处理。

2)地震指标

主要针对堤防涵闸土体特性,采用不同的方法进行地震液化计算,然后量化成0~1之间的无量纲值。

七、小结

为了实现堤防涵闸土石结合部渗流安全评价的定量化,首先须根据土石结合部的影响因素表征指标的特点对它们进行定量和定性的描述,建立因素指标集,然后依据这种定性和定量的指标组合,构建穿堤涵闸土石结合部渗流安全的多因素多指标综合评价体系。然而危及穿堤涵闸土石结合部渗流安全的因素错综复杂,既有内因又有外因,因此土石结合部渗流安全综合评价指标结构体系必须依据不同的影响因素设计不同的评价指标,并进一步分析指标筛选方法及其不同因素指标影响重要性的分析方法,同时依据不同的影响和破坏因素,具体研究各因素指标的定量化方法,为堤防涵闸土石结合部渗流安全评价奠定基础。

第六节 渗流安全评价方法

一、安全评价方法的选取

安全评价是对研究对象进行综合的分析的评价方法,其优越性是使人们对整个系统或局部的安全状况有一个整体的认识,使人们能区分轻重缓急,并有针对性的采取相应的措施。安全评价方法是进行定性、定量安全评价的工具,其内容十分丰富,安全评价目的和对象的不同,安全评价的内容和指标也不同。目前,安全评价方法很多,但由于各种方法的出发点不同,解决问题的思路不同,适应对象不同,又各有其优缺点,使得每一种评价方法都有各自的使用范围和条件,如果使用了不适用的安全评价方法,不仅浪费工作时间,影响评价工作正常开展,而且可能导致评价结果严重失真,使安全评价失败,所以在安全评价中必须首先了解各种评价方法的特点及它们的适用范围,根据安全评价对象和要实现的安全评价目标,选择适用的安全评价方法。常用的安全评价方法有按评价结果的量化程度分类法、按评价的推理过程分类法、按针对的系统性质分类法、按安全评价要达到的目的分类法等。按照安全评价结果的量化程度,安全评价方法可分为定性安全评价法和定量安全评价法。定性安全评价法主要是根据经验和直观判断能力对工程系统的状况进行定性的分析,安全评价的结果是一些定性的指标,如是否达到了某项安全指标、事故类别和导致事故发生的因素等。定量安全评价法是运用基于大量的试验结果和广泛的事故资料统计分析获得的指标或规律,对工程系统状况进行定量的计算,安全评价的结果是一些定量的指标,如事故发生的概率、事故的破坏范围、定量的危险性、事故导致因素的事故关联度或重要度等。

建立安全评价方法时,既要坚持科学性的原则,也要照顾到可操作性,要简便实用,以方便广大工程设计与施工人员。各行业都有自己相对通用的安全评价方法,评价方法也由当初定性评价到定量评价,再到今天的综合评价,经历了一个由简单到复杂、由粗放到精确的发展过程。同时,随着科学的迅速发展,不同知识领域出现相互融合和交叉的趋势,安全评价方法也是如此,目前,综合评价的方法有很多,如模糊评价法、功效系数法、因子分析法、势分析法、层次分析法等。每种方法都有各自的特点,有些方法对确定权重问题难以正确解决,如模糊评价法;有些方法则计算较繁,如因子分析法,且要求样本数较大,一般大于变量个数。这里给出突变评价法,避免了这些问题,突变评价法又称突变模糊隶属函数法,它是把受多个控制变量影响的复杂系统看成是一个矛盾体系,把系统的各控制变量看成是内部矛盾的诸方面,系统的状态是它们斗争统一的结果,根据它们对状态变量作用的不同,可把它们分为矛盾的主、次方面。其步骤是首先对系统的总目标进行多层次矛盾分解,然后利用归一公式对系统各层矛盾进行逐层综合量化运算,最后得出一个总的参数,即系统状态的总的隶属函数,从而对系统进行评价或判别。此法没有对指标采用权重,但它考虑了各评价指标的相对重要性,从而减少了主观性又不失科学性和合理性,所以评价的结果客观,而且准确、计算简便,它不要求样本数大于变量数,其应用范围广泛,值得研究。顾冲时等利用突变模型分析大坝和岩基的稳定状况;龙辉等针对降雨触发滑坡,运用突变理论分析其失稳的力学机理;何金平和李珍照运用突变理论进行大坝安全综合分析与评判;赵志峰、徐卫亚针对评价因素权重确定中的困难,把突变理论运用到边坡的综合评价中,利用突变理论在多准则评价决策中的优点,避免人为确定权重的主观性。有关文献也将突变评价法评价结果与改进层次分析法的评价结果进行比较,得出了突变评价法评价结果是可靠的结论。

在日本、荷兰、澳大利亚等发达国家,堤防工程安全评价体系比较完善,在我国还刚刚起步,没有形成比较完整的理论体系,但也有一些研究成果,并且由黄河水利科学研究院主持编制的《堤防安全评价导则》也将由水利部发布。实际上,堤防工程是一个高度复杂的非线性系统,可以尝试采用复杂性科学理论中的非线性理论,如突变理论、信息熵理论和模糊数学等方法进行综合评价。然而,针对堤防涵闸土石结合部渗流安全评价方面的研究很少涉及,力求从不同方面、不同层次等多方面、多层次考察堤防涵闸土石结合部渗流安全程度,为形成比较完整的堤防涵闸渗流安全评价体系奠定基础,综合分析各种安全评价方法,可以尝试基于突变理论的土石结合部渗流安全综合评价技术研究。穿堤涵闸土石结合部渗流作为一个具体的系统,具有复杂、影响因素众多的特点,而多因素概念模糊不确定,各种因素指标也具有时空变异性和不连续性,其动态变化受各种因素的共同作用,因而很难用公式进行准确的定量描述,利用突变理论开展穿堤涵闸土石结合部渗流安全评价研究具有实际应用价值。

二、突变评价基本原理及准则

(一)突变理论简介

突变理论是法国数学家创立的一门研究非连续变化和突变质变现象的新兴数学学科,被誉为微积分以后数学上的一次革命。突变理论能够直接处理不连续性而不联系任何特殊的内在机理,特别适用于内部作用尚未确知系统的研究。虽然突变理论的证明涉及数学基础较深,但应用模型相对简单,因此运用领域广阔。十多年来已在许多领域取得了大量的应用性成果,也适用于多目标评价问题的研究,多目标评价即对多个对象指标的选优排序,而这多种对象指标表现出不同的质态,因而可用突变数学模型进行对对象的多种目标准则排序选优。突变理论是用形象的数学模型来描述连续性行动突然中断导致质变的过程,这一理论与混沌理论相关,尽管它们是两个完全独立的理论,但现在突变理论被普遍视作混沌理论的一部分。尽管突变理论是一门数学理论,它的核心思想却有助于人们理解系统变化和系统中断。如果系统处于休止状态,它就会趋于获得一种理想的稳定状态,或者说至少处在某种定义的状态范围内。如果系统受到外界变化力量作用,系统起初将试图通过反作用来吸收外界压力。如果可能的话,系统随之将恢复原先的理想状态。如果变化力量过于强大,而不可能被完全吸收,则突变就会发生,系统随之进入另一种新的稳定状态,或另一种状态范围。在这一过程中,系统不可能通过连续性的方式回到原来的稳定状态。

突变理论研究的是从一种稳定组态跃迁到另一种稳定组态的现象和规律。它指出自然界或人类社会中任何一种运动状态,都有稳定态和非稳定态之分。在微小的偶然扰动因素作用下,仍然能够保持原来状态的是稳定态;而一旦受到微扰就迅速离开原来状态的则是非稳定态,稳定态与非稳定态相互交错。非线性系统从某一个稳定态到另一个稳定态的转化,是以突变形式发生的。突变理论作为研究系统序演化的有力数学工具,能较好地解说和预测自然界和社会上的突然现象,在数学、物理学、化学、生物学、工程技术、社会科学等方面有着广阔的应用前景。

(二)突变评价基本原理

突变评价法是将系统势函数中的控制变量和状态变量看成矛盾的两个方面,而各控制变量之间又相互作用构成矛盾,系统所处状态既是状态变量和控制变量矛盾的统一,也是诸控制变量之间矛盾的统一。利用突变理论对系统或目标进行评价或判断,首先必须对被评价目标逐层次进行主次矛盾的分解,将每层各因素按先主后次排列成树状目标层次结构。因为上层指标一般比较综合和抽象,难以量化,对其进行层次分解是为了根据底层可以量化的指标逐层向上归纳,最后得到最上层指标的量化值。

将突变理论引入穿堤涵闸土石结合部渗流安全评价中,首先,根据突变评价原理和堤防涵闸土石结合部渗流安全机理构建安全评价指标体系,以此为基础,采用因素指标量化处理方法获得各底层评价指标的评价值,并根据各指标的性质分别按"越大越优"或"越小越优"的原则采用隶属度函数法将各指标的原始数值转换为 0 ~ 1 的突变级数;然后,利用突变评价的各归一公式由底层逐层向上进行归一化计算;最后,得到最高层评价指标,即堤防涵闸土石结合部渗流安全的总的隶属函数,据此可对穿堤涵闸土石结合部渗流安全进行评价。

(三)初等突变模型及突变评价准则

1. 初等突变模型

初等突变理论主要研究势函数,并根据势函数对临界点进行分类,进而研究各类临界点附近非连续变化状态的特征,从而归纳出若干初等突变模型。通过对系统势函数分类临界点附近的状态变化特征的研究,归纳出 7 种初等突变模型,以此为基础探索自然和社会中的突变现象。势函数中的变量有两类:一类是状态变量,它表示系统的行为状态;另一类是控制变量,可把它作为影响行为状态的诸因素。7 种基本突变模型包括:折叠形突变、尖点形突变、燕尾形突变、蝴蝶形突变、双曲形脐点突变、椭圆形脐点突变、抛物线形脐点突变。

2. 突变评价准则

利用突变理论进行综合分析与评价时,视实际问题的性质不同,可采用 3 种不同评价准则:

(1)非互补准则。当各控制变量对状态变量的作用不可替代,即不可相互弥补时,按"大中取小"原则选取状态变量 X 值。

(2)互补准则。当各控制变量对状态变量的作用可以相互替代,即可以相互弥补其不足时,取各控制变量计算得的状态变量的平均值作为 X 的计算结果。

(3)过阈值互补准则。当各控制变量要求过一定阈值(风险可接受水平)后才能相互弥补其不足时,按过阈值后取平均值的原则选取 X 值。

三、基于突变理论的土石结合部渗流安全评价方法

(一)建立评价指标体系

构造评价指标体系即按系统的内在作用机理,将系统分解为由若干评价指标组成的多层系统。根据穿堤涵闸土石结合部渗流安全评价指标体系的建立原则,结合工程实际,分别从结构特征、土体物理力学特性、防渗排水设施、接触面特征、水文气象特征、运行管理以及其他影响土石结合部渗流破坏的因素等方面,建立综合评价指标体系。

(二)底层基础指标评价值确定

堤防涵闸土石结合部渗流安全性评价指标中包括定量指标和定性指标,对于定性指标,其指标值具有模糊性和非定量化特点,很难用精确的数学值来表示,专家打分法以其简捷、快速、实用性强等特点,在工程界许多定性问题的处理中得到广泛的应用,因此对于

土石结合部渗流安全评价中的定性指标也将主要采用专家打分法等进行评定。

（三）基础指标的突变级数转换

基础指标的突变级数转换即根据转换公式，产生一种多维的关于复杂抽象目标在[0,1]之间取值的越大越优型的突变模糊隶属度值。在堤防涵闸土石结合部渗流安全评价指标体系中，有正向指标（越大越优）、逆向指标（越小越优）和中性指标（处于某一范围内最优），将根据前述中有关公式转换为0～1的突变级数。

（四）归一化计算

归一运算即利用归一公式进行综合量化递归运算，求出系统的总突变隶属度值。采用突变级数法，对系统评价目标进行多层次分解，通过分解形式的分歧点集推导出不同突变系统的相应归一化公式，利用突变评价的各归一公式由底层逐层向上进行归一化计算，可得到最高层评价指标。对于3种常见突变模型，其势函数及归一化公式见表3-8，表中x为状态变量；a、b、c、d为控制变量，且4个控制变量的重要程度为$a>b>c>d$。

表3-8　3种突变模型的势函数与归一化公式

模型类别	势函数	归一化公式
尖点形突变模型	$f(x)=x^4+ax^2+bx$	$x_a=a^{\frac{1}{2}},x_b=b^{\frac{1}{3}}$
燕尾形突变模型	$f(x)=x^5+ax^3+bx^2+cx$	$x_a=a^{\frac{1}{2}},x_b=b^{\frac{1}{3}},x_c=c^{\frac{1}{4}}$
蝴蝶形突变模型	$f(x)=x^6+ax^4+bx^3+cx^2+dx$	$x_a=a^{\frac{1}{2}},x_b=b^{\frac{1}{3}},x_c=c^{\frac{1}{4}},x_d=d^{\frac{1}{5}}$

（五）堤防涵闸土石结合部渗流安全等级划分

堤防涵闸土石结合部渗流安全评价等级是其安全评价的基础，如要对其安全状况进行分析，则必须有明确的等级划分标准。因此，安全等级的划分是堤防涵闸土石结合部渗流评价的基本工作，只有在评价等级确定的基础上，才能进行准确评价。但是，现阶段，我国对于堤防工程的评价标准不全面，缺乏系统研究，对堤防工程安全等级划分还没有统一的标准，堤防涵闸土石结合部渗流安全等级划分没有堤防方面的标准可以借鉴，故参照大坝安全评价标准，结合堤防土石结合部特点，将其渗流安全等级划分为安全性高、安全性较高、安全性一般和不安全四个等级。各等级对应的安全性综合评价值按如下方法确定：当各底层指标评价值为1时，综合评价值$A=1$，表示堤防土石结合部渗流安全；当各底层指标评价值为0时，综合评价值$A=0$，表示堤防土石结合部渗流不安全或已发生渗流破坏；中间各等级对应的值，$A=0\sim0.77$为堤防土石结合部渗流不安全，$A=0.77\sim0.89$为堤防土石结合部渗流安全性一般，$A=0.89\sim0.95$为堤防土石结合部渗流安全性较高，$A=0.95\sim1$为堤防土石结合部渗流安全性高。

（六）结果分析

根据计算得到的最高层评价指标值，结合安全等级划分进行结果评定。在实际工程中，因洪水水位、洪水历时及土质、隐患等指标都是动态变化的，因此堤防涵闸土石结合部渗流安全性态也是一个动态指标。堤防涵闸管理部门应根据实测资料及工程变化情况对堤防土石结合部渗流安全进行动态评价，为安全管理提供决策依据。

四、小结

突变评价法是最近几年发展起来的一种新的综合评价方法，为研究其可靠性，有关文献用其对同一对象的计算结果与改进层次分析法进行了比较，结果是一致的，所以认为该方法是可靠的。但该方法的评价结果与各指标的重要性排序有关，与评价准则的选取有关，因此在利用该方法进行评价时，应认真研究系统的内在作用机理，准确分析各指标。本节在对堤防涵闸土石结合部渗流安全影响因素分析的基础上，开展了堤防土石结合部渗流安全评价方法研究。针对堤防土石结合部渗流安全等级评价问题，将突变理论引入堤防涵闸土石结合部渗流安全评价中，根据突变评价原理，建立堤防涵闸土石结合部渗流安全综合评价指标体系，并参照大坝安全评价标准，结合堤防土石结合部特点，建立了堤防土石结合部渗流安全等级划分标准，为堤防涵闸工程安全管理提供科学依据。

第七节　渗流安全评价实例

一、赵口引黄穿堤涵闸工程概况

赵口闸位于中牟县境内，黄河南大堤桩号 K42 + 675 处，始建于 1970 年，为黄河下游引黄 I 级水工建筑物。1970 年水利电力部批准兴建赵口引黄淤灌工程，旨在探索黄河下游放淤改土经验，并被中央列为放淤试点工程，设计放淤改土面积 75 万亩，为此于 1970 年 4 月动工修建了赵口闸，当年 10 月建成，1972 年开始放淤改土。累计放淤改土 16 万亩，灌区面貌发生了根本变化。主要工程量及投资：土方 11.24 万 m^3，石方 0.574 万 m^3，混凝土 0.505 万 m^3，总投资 234 万元。该闸为 16 孔箱涵式水闸，共分三联，边联各 5 孔，中联 6 孔，每孔宽 3.0 m、高 2.5 m，设钢木平板闸门、15 t 手摇电动两用螺杆启闭机。该闸基土主要为重壤土并有粉质砂壤土夹层，由开封地区水利局设计、施工，赵口闸管理处管理运用。设计引水流量 210 m^3/s，可加大到 240 m^3/s，设计灌溉面积 230 万亩。

由于黄河河床逐年淤积，洪水位相应升高，闸的渗径不足，闸上堤身单薄，涵洞结构强度偏低，遂于 1981 年 10 月进行改建。改建主要内容为：旧洞加固补强，按原涵洞断面自旧洞出口向下游接长洞身 30.57 m；闸门更换为钢筋混凝土平板闸门，启闭机更换为 30 t 手摇电动两用螺杆启闭机；重建工作桥、交通便桥和启闭机房。改建主要工程量及投资：土方 8.09 万 m^3，石方 0.475 万 m^3，混凝土 0.388 万 m^3，总投资 279.27 万元。

改建工程由河南黄河河务局规划设计室设计，河南黄河河务局施工总队施工。设计流量 210 m^3/s，设计灌溉引水位 86.8 m；设计防洪水位 92.5 m，校核防洪水位 93.5 m。改建后建筑物总长 144.1 m，其中闸室和洞身段共长 68.57 m，闸身宽度为 55.0 m。西边分出 3 孔入三刘寨灌溉区，供中牟的万滩、大孟两乡灌溉用水；东边 1 孔供中牟的东漳、狼城岗两乡用水；中 12 孔供开封灌溉放淤改土用水。

该闸承担着中牟、开封、通许、杞县、尉氏两市五县区 230 多万亩农田灌溉任务，必要时，该闸可覆盖到周口、许昌的部分县、市区用水，为该区的经济发展和防洪安全都做出了巨大贡献。

赵口闸于2012年再次进行了除险加固,除险加固主要内容为:①拆除重建上游铺盖;②拆除重建机架桥、启闭机房,更换便桥盖板;③修补更换裂缝、止水;④更换闸门;⑤更换维修闸门槽金属埋件;⑥更换启闭设备和电气控制系统;⑦重新恢复测压系统;⑧重建管理房。对本次除险加固前的赵口闸闸基土石结合部渗流安全状况进行了综合评价。

赵口闸纵剖面图及平面布置图如图3-10所示。

二、安全评价相关因素基本情况

(一)工程地质条件

赵口闸闸址地质属于第四系河流冲积层。勘探资料表明,闸址处地基层次复杂,大的土层可划分为四层。第一层即与基础接触层为重粉质砂壤土,层底标高80.0~75.0 m;第二层为重粉质壤土层,层底标高77.0~73.0 m;第三层为较细的黏土,层底标高72.0~68.5 m;第四层为细砂及中砂层,细砂层层底标高69.0~65.0 m,中砂层层底标高在62.0 m以下(此层未打穿)。各层物理力学指标见表3-9。总体看来,地基比较松软,其中现在的闸身部位是1970年以前的老大堤部分,它已经过长期预压,有相当程度的固结,较坚硬,相比之下闸下游部分比较软弱。

查阅以往赵口闸的设计资料,该闸的地基承载力约为120 kPa。在工程改建时,为了提高地基承载力,新洞基础采用换土处理。

(二)闸室段情况

1. 闸墩

外观质量检测以目测为主,配合必要的量具进行,检测内容包括13孔(第1孔~第3孔已封堵)闸墩的外观缺陷。闸墩与洞身段第一节的伸缩缝处局部沥青杉板脱落,未脱落沥青杉板也已老化,部分钢板弯曲变形、固定螺丝脱落,金属埋件锈蚀严重。存在这种现象的闸墩共12个,分别为:孔6右墙、孔6左墙、孔7左墙、孔9右墙、孔9左墙、孔10左墙、孔11左墙、孔12左墙、孔13左墙、孔14左墙、孔15左墙、左边墩。其余闸墩外观质量良好。

2. 闸底板

外观质量检测以目测为主,配合必要的量具进行,对于闸底板的裂缝,采用骑缝取芯的方法来检测裂缝的宽度和深度,检测内容包括13孔(第1孔~第3孔已封堵)闸底板的外观缺陷,闸底板的平整度。检测结果如下所述:

(1)闸底板与洞身段第一节的伸缩缝处局部沥青杉板脱落,未脱落沥青杉板也已老化,部分钢板弯曲变形、固定螺丝脱落,金属埋件锈蚀严重。

存在这种现象的闸底板共9个,分别为:孔5底板、孔7底板、孔9底板、孔10底板、孔12底板、孔13底板、孔14底板、孔15底板、孔16底板。

(2)孔10底板位于闸首段的底板有一垂直于水流方向的裂缝,该裂缝离闸首端部7 100 mm,缝长3 000 mm,最大缝宽0.30 mm,最大缝深270 mm。

(3)孔12底板位于闸首段的底板有一垂直于水流方向的裂缝,该裂缝离闸首端部7 700 mm,缝长3 000 mm,最大缝宽0.10 mm,最大缝深160 mm。

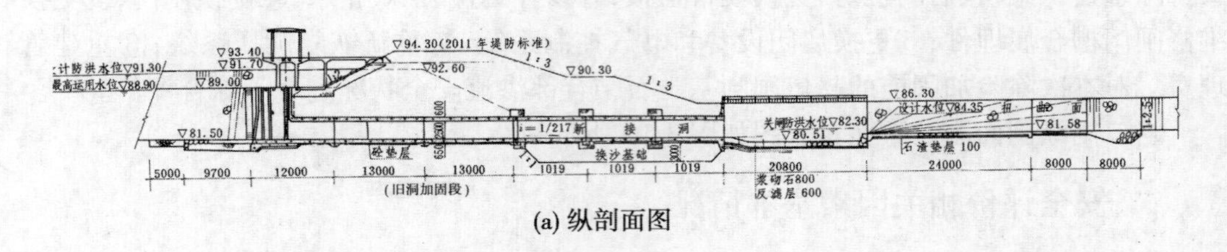

(a) 纵剖面图

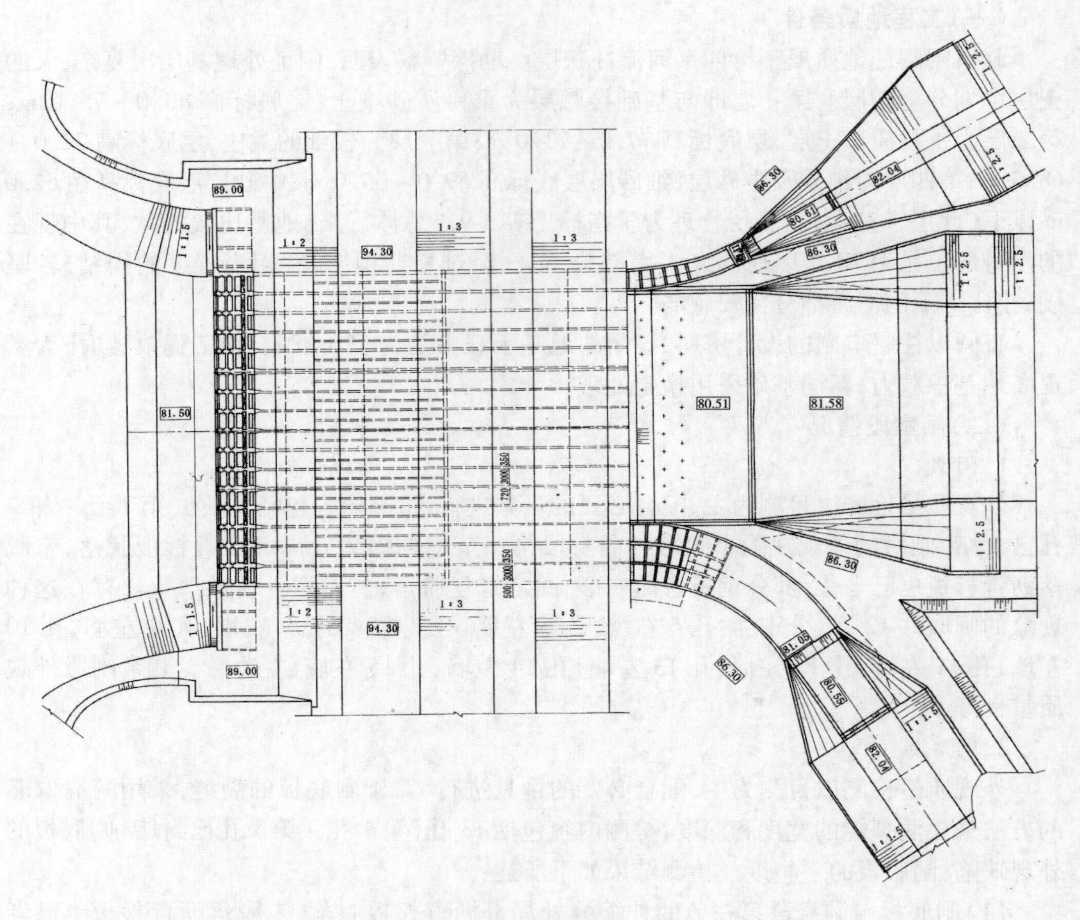

(b) 平面布置图

图 3-10　赵口闸纵剖面图及平面布置图

(4)孔 13 底板位于闸首段的底板有一垂直于水流方向的裂缝,该裂缝离闸首端部 7 000 mm,缝长 3 000 mm,最大缝宽 0.25 mm,最大缝深 240 mm。

3. 顶板

与洞身段连接处沥青杉板均有不同的龟裂、老化。

表 3-9　地基土各层物理力学指标

土层		一	二	三	四
土的名称		重粉质砂壤土	重粉质壤土	黏土	细砂及中砂
土层标高		80.0 ~ 75.0 m	77.0 ~ 73.0 m	72.0 ~ 68.5 m	69.0 m 以下
含水率(%)		29	26.1	40.7	—
干密度(g/cm^3)		1.485	1.585	1.315	—
饱和快剪指标	C_{uu}(kPa)	20.0	10.0	28.0	—
	f_{uu}(°)	32.2°	31°	9.1°	—
固结快剪指标	C_{cu}(kPa)	2.0	5.0	10.0	—
	F_{cu}(°)	34.6°	31.7°	16.7°	—
比重		2.7	2.72	2.74	—
液限(%)		36	35	42	—
塑限(%)		23	20	23.2	—
塑限指数		13	14.5	18.8	—
渗透系数(cm/s)		3.04×10^{-5}	4.67×10^{-6}	3.97×10^{-7}	—
压缩系数(cm^2/kg)		0.02	0.02	0.081	—

(三)洞身段情况

1. 侧墙

外观质量检测以目测为主,配合必要的量具进行,检测内容包括 13 孔(第 1 孔 ~ 第 3 孔已封堵)闸墩的外观缺陷。侧墙间伸缩缝处局部沥青杉板脱落,未脱落沥青杉板也已老化;部分钢板弯曲变形、固定螺丝脱落;金属埋件锈蚀严重。共有 12 面侧墙存在这种现象,分别为:孔 5 右墙、孔 6 右墙、孔 6 左墙、孔 7 左墙、孔 9 右墙、孔 9 左墙、孔 10 左墙、孔 11 左墙、孔 12 左墙、孔 13 左墙、孔 15 左墙、左边墙。其余侧墙外观质量良好。

2. 洞身段底板

外观质量检测以目测为主,配合必要的量具进行。检测内容包括 13 孔(第 1 孔 ~ 第 3 孔已封堵)洞身段底板的外观缺陷。各节间的伸缩缝处局部沥青杉板脱落,未脱落沥青杉板也已老化,部分钢板弯曲变形、固定螺丝脱落,金属埋件锈蚀严重。存在这种现象的洞身段底板共 10 个,分别为:孔 5 底板、孔 6 底板、孔 7 底板、孔 9 底板、孔 10 底板、孔 12 底板、孔 13 底板、孔 14 底板、孔 15 底板、孔 16 底板。

3. 洞身段顶板

外观检测发现各段接头处沥青杉板龟裂、老化;各孔第三节顶板(紧邻第二节的部分)表层混凝土脱落,脱落面积为 1 900 mm × 3 000 mm ~ 2 000 mm × 3 000 mm(长 × 宽)。

（四）上游连接段情况

1. 上游护坡

上游护坡为浆砌石结构，上游两岸护坡外观质量良好，没有发现裂缝、块石风化和块石脱落处，砌块间砂浆饱满，未发现砂浆脱落现象。

2. 上游铺盖

赵口闸上游采用的是混凝土铺盖，在孔 6 和孔 11 的正前方各有一条沉降缝，沉降缝中止水失效、冒水严重。从沉降缝中钻取的芯样看，上游铺盖混凝土密实性较差。缝中的沥青也已老化变质。

（五）下游连接段情况

1. 下游护坡

下游护坡为浆砌石结构，下游右岸护坡外观质量良好，没有发现裂缝、块石风化和块石脱落处；孔 16 出口处浆砌石翼墙存在多处渗漏的现象。

2. 消力池、海漫

消力池为浆砌石结构，出口段为斜坡段，坡度为 1∶4，长 20 800 mm，浆砌石厚度为 800 mm，前段（长 10 000 mm）下设反滤层，后段（长 10 800 mm）下设砂石垫层。海漫为浆砌石结构，浆砌石厚度 500 mm，下设砂石垫层。

右岸 3 孔目前已封堵，左岸第 16 孔出口段外观良好，第 4 孔 ~15 孔消力池和消力坎上发现大量裂缝，且冒水严重。海漫外观质量良好，未发现冲刷、块石脱落等现象。

（六）观测设施情况

赵口闸沉降观测设施良好，沉降观测点无脱落、损坏现象。现场检测内容主要针对测压管的有效性进行检测。从测压管检测结果来看，赵口闸现有的 24 个（早期共有 42 个测压孔）测压管中，灵敏度较好的即能继续进行使用的有 17 个，灵敏度较差的有 4 个。通过观测不难发现，赵口闸 42 个测压管，现能继续使用的仅有 40.5%，使得前期的投入没有发挥作用。

（七）技术管理情况

1. 技术管理制度执行情况

赵口闸管理处对技术管理工作非常重视，对闸管人员定期进行业务培训，闸管人员的业务素质不断提高，工程技术管理工作逐年提高。为了更好地做好技术管理工作，根据本单位的实际，依照上级的有关规定先后制定了资料整编制度，操作运行登记制度，安全操作制度和启闭机检修、操作规程，闸门检修、操作规程等，闸管人员按照各项规章制度认真做好各项技术管理工作。对工程的各部位都精心管理，每一名职工根据自己的责任分工，自觉做好各自的日常管理工作，不论是涵闸工程管理检查观测、维修养护，还是水文测报都能按要求完成。实行周检查、月总结、季评比的方法检查各项制度的执行情况，并制定有奖惩制度。

2. 控制运用情况

赵口闸改建后已运用了 20 多年，目前该闸存有一系列内部隐患。赵口闸自改建投入使用以来，于 1994 年进行涵闸鉴定时清淤一次，该闸在检查时发现问题不少，闸室有不均匀沉降产生，当时经修复后至今未进行清淤检查。涵闸工程内部现状及存在的问题不能及时掌握，从而使得工程在运用中所产生的问题不能及时修复，造成工程带病运行，严重影响了工程的使用。另外，该闸止水脱落，漏水严重。赵口闸止水橡皮为改建时设置，受水流冲刷以及涵闸启闭磨损，目前存在严重的漏水现象，不但浪费黄河水资源，更为严重的是为汛期涵闸工程险情的检查设置了障碍。

三、建立评价指标体系

根据赵口闸的基本情况，结合前面分析的穿堤涵闸土石结合部渗流破坏的一般影响因素，针对赵口闸工程实际，建立评价指标体系。由于所获取资料的局限性，仅就赵口闸闸底板与闸基土石结合部的渗流安全问题，采用所研究的安全评价方法进行讨论。

根据资料分析，将赵口闸闸基土石结合部渗流影响因素分为内部因素与外部因素。内部因素主要包括土体物理化学特性、接触面特征、防渗排水设施状况等，而土体特性因素又包括颗粒级配、密实程度、渗透性等指标，接触面特征包括裂缝、脱空情况等指标，防渗排水设施状况主要包括接缝止水、反滤护坡、铺盖、护坦、排水孔等指标；外部因素包括洪水特性、运行管理等，洪水特性包括洪水位、洪水历时等指标，运行管理包括维修养护水平、检查、监测实施、制度保障等指标。由于其他因素如外形尺寸、土层结构等对本工程影响不大，因此未考虑，同时地震、水环境等因素并不适合本工程，也并未考虑。赵口闸闸基土石结合部渗流安全评价指标体系如表3-10所示。

表3-10　赵口闸闸基渗流安全评价指标体系

评价对象	一级指标	二级指标	三级指标	
			指标类型	指标评价值
赵口闸闸基土石结合部渗流安全A	内部因素B1	土体物理化学特性C1	颗粒级配D1	0.71
			密实程度D2	0.78
			渗透系数D3	0.65
		防渗排水设施C2	铺盖、护坦、排水孔D4	0.15
			接缝止水D5	0.33
			反滤护坡D6	0.51
		接触面特征C3	裂缝D7	0.33
			脱空区D8	0.80
	外部因素B2	洪水特性C4	洪水位D9	0.91
			洪水历时D10	0.92
		运行管理C5	维修养护水平D11	0.75
			检查、监测实施D12	0.55
			制度保障D13	0.83

四、底层基础指标评价值确定

通过计算(对于定量指标)和专家评价(对于定性指标),并按上述有关公式转换后各基础指标的突变级数值见表3-10。

五、归一化计算

(1)对于C1:D1、D2、D3三个控制变量构成燕尾形突变模型,由归一公式得$X_{D1}=(0.71)^{1/2}=0.84$,$X_{D2}=(0.78)^{1/3}=0.92$,$X_{D3}=(0.65)^{1/4}=0.90$。因D1、D2、D3为互补型,依据互补准则,采用“取平均”,所以C1=0.89。

对于C2:D4、D5、D6三个控制变量构成燕尾形突变模型,由归一公式得$X_{D4}=(0.15)^{1/2}=0.39$,$X_{D5}=(0.33)^{1/3}=0.69$,$X_{D6}=(0.51)^{1/4}=0.85$。因D4、D5、D6为非互补型,依据非互补准则,采用“大中取小”,所以C2=0.39。

对于C3:D7、D8二个控制变量构成尖点形突变模型,由归一公式得$X_{D7}=(0.33)^{1/2}=0.57$,$X_{D8}=(0.80)^{1/3}=0.93$。D7、D8为非互补型,依据非互补准则,采用“大中取小”,所以C3=0.57。

对于C4:D9、D10二个控制变量构成尖点形突变模型,由归一公式得$X_{D9}=(0.91)^{1/2}=0.95$,$X_{D10}=(0.92)^{1/3}=0.97$。D9、D10为非互补型,依据非互补准则,采用“大中取小”,所以C4=0.95。

对于C5:D11、D12、D13三个控制变量构成燕尾形突变模型,由归一公式得$X_{D11}=(0.75)^{1/2}=0.87$,$X_{D12}=(0.55)^{1/3}=0.82$,$X_{D13}=(0.83)^{1/4}=0.95$。因D1、D2、D3为互补型,依据互补准则,采用“取平均”,所以C5=0.88。

(2)对于B1:C1、C2、C3三个控制变量构成燕尾形突变模型,由归一公式得$X_{C1}=(0.89)^{1/2}=0.94$,$X_{C2}=(0.39)^{1/3}=0.73$,$X_{C3}=(0.57)^{1/4}=0.87$。因C1、C2、C3为非互补型,依据非互补准则,采用“大中取小”,所以B1=0.73。

对于B2:C4、C5二个控制变量构成尖点形突变模型,由归一公式得$X_{C4}=(0.95)^{1/2}=0.97$,$X_{C5}=(0.88)^{1/3}=0.96$。因C4、C5为互补型,依据互补准则,采用“取平均”,所以B2=0.97。

(3)最后,对B1、B2采用尖点形突变模型进行归一计算后,依据非互补原则,采用“大中取小”,所以$A=0.85$。

六、安全评价成果分析

根据堤防涵闸土石结合部渗流安全等级划分,赵口闸闸基土石结合部渗流安全性处于一般安全状态。同时,由于水文、材料性质等影响因素存在不确定性和随机性,赵口闸还存在失事风险,管理部门应加强运行观测,建立健全堤防涵闸工程安全评价及预警系统,根据实测资料及工程变化情况对赵口闸渗流安全进行实时动态评价,为工程安全管理提供决策依据。

第八节　本章小结

本章主要围绕穿堤涵闸土石结合部的渗流安全问题,在分析土石结合部渗流破坏影响因素及其成灾机理的基础上,分析各种影响因素的表征指标及其测试方法,探讨土石结合部探测监测成果在渗流安全分析中的具体应用方法,并综合典型工程监测成果和相关文献研究成果,分析渗流场特征及其不同类型病险情况下土石结合部的渗流破坏规律。

第四章　堤防土石结合部病险监测预警系统

第一节　引　言

通过对土石结合部监测资料分析，结合水情、工情实际，判断堤防土石结合部可能出现的突发事件和事件性质。重点针对堤防与水闸等水工建筑物的土石结合部，系统集成目标变量预测模型、安全阈值确定方法、土石结合部险情预警模型等多种预测预警方法，总结出土石结合部监测预警系统。

第二节　数据降噪方法与病险目标信号分离模型

病险监测数据序列是一种随时间变化的信号，在周围环境、人为操作以及其他不确定因素的影响下，采集到的监测数据序列通常表现出一种小幅的随机波动，这是真实信号被一些噪声信号污染的结果，噪声的存在往往会影响监测资料分析与病险诊断、预警等的精度和可靠性，所以建立监测数据降噪方法，有效降低监测数据序列的噪声水平是一项非常重要的工作。另外，光纤监测数据是包括渗流在内多种因素综合影响的呈现，为实现渗流辨识，需将由渗流引起的温度响应进行合理的分离和提取。为此，需要引进总体经验模态分解(Ensemble EMD，EEMD)算法，将改进的 EEMD 阈值降噪法用于病险监测数据序列的降噪处理；根据光纤温度数据的组成特点，构建光纤温度监测数据处理的盲源分离模型，综合应用独立成分分析法和主成分分析法，开展渗流源温度响应过程提取技术。

一、土石结合部病险监测数据降噪方法

经验模态分解(Empirical mode decomposition，EMD)算法是针对非线性、非平稳时间序列的 Hilbert 谱分析而提出的一种信号处理方法。EMD 算法按照信号极值特征尺度将信号进行层层筛分，获得一系列频率从高到低的固有模态函数(Intrinsic mode function，IMF)和一个余量，可通过对 IMF 分量处理后重构信号的方法实现滤波降噪。该方法不必像小波分析那样事先选定基函数，具有自适应性，适合于非平稳信号的处理，但在含间歇性成分的信号分解过程中会产生模态混叠问题。针对该问题，Wu 和 Huang 在 2009 年提出总体经验模态分解(Ensemble EMD，EEMD)算法，EEMD 算法继承了 EMD 算法的优点，并且利用高斯白噪声具有频率均匀分布的统计特性，通过向原始信号中添加白噪声，成功解决了由间歇性信号导致的模态混叠问题。

(一)EEMD 算法基本原理和实现过程

1.EMD 算法

EMD 算法认为非线性、非平稳信号是由若干固有模态函数(IMF)组成的。每一个

IMF 需满足以下两个条件:在整个信号上,极值点数目和过零点数目相差不大于 1;在任一点处,由局部极大值和局部极小值定义的上下包络的均值为零,即上下包络关于时间轴对称。EMD 算法按照信号极值特征尺度将非平稳信号进行层层筛分,可获得一系列频率从高到低的 IMF 分量和一个余量。信号 $x(t)$ 的 EMD 分解步骤如下:

(1)找出信号 $x(t)$ 中的局部极大值和局部极小值,然后用三次样条曲线分别对局部极大值和局部极小值进行拟合,得到 $x(t)$ 的上下包络。

(2)求出上下包络的平均值 $m_1(t)$,将 $x(t)$ 减去平均值 $m_1(t)$ 得到一个去掉低频的差值信号 $h_1(t) = x(t) - m_1(t)$ 。

(3)如果 $h_1(t)$ 满足 IMF 条件,则 $h_1(t)$ 即为信号 $x(t)$ 的第一个 IMF 分量,否则进行第二次筛分,即对 h_1 继续进行(1)、(2)步的处理,得 $h_{11}(t)=h_1(t)-m_{11}(t)$;筛分过程重复 j 次,直到 $h_{1j}(t)=h_{1(j-1)}(t)-m_{1j}(t)$满足 IMF 条件,并将 $h_{1j}(t)$作为信号 $x(t)$的第一个 IMF 分量,即 $c_1(t)=h_{1j}(t)$。

(4)令 $r_1(t) = x(t) - c_1(t)$,将 $c_1(t)$ 从 $x(t)$ 中分离出来,得到一个去掉高频分量的剩余信号 $r_1(t)$ 。

对 $r_1(t)$重复以上筛分过程,得信号 $x(t)$ 的第二个 IMF 分量 $c_2(t)$ 和剩余信号 $r_2(t)$;如此进行重复筛分,直到满足分解终止条件,可以自适应地将信号 $x(t)$ 分解为从高频到低频的 n 个 IMF 分量 $c_1(t)$ 、$c_2(t)$ 、…、$c_n(t)$ 和余量 $r_n(t)$ 之和,即

$$x(t) = \sum_{i=1}^{n} c_i(t) + r_n(t) \tag{4-1}$$

在上述分解过程中,基于信号极值特征尺度,信号 $x(t)$ 中频率最高的成分首先被分解出来,即第一个 IMF 分量 $c_1(t)$;随着筛分过程的进行, $x(t)$ 中的各频率成分按频率从高到低被依次分解出来;最后的余量 $r_n(t)$ 则为信号的趋势分量,代表了信号 $x(t)$ 的平均趋势。由此可见,EMD 算法具有良好的滤波特性,分解过程可以解释为以信号极值特征尺度为度量的滤波过程。另外,该算法依据信号本身的信息对信号进行分解,分解过程不需要固定的基函数,避免了小波分析选择小波基的困难,是一种自适应的分析方法,非常适于非线性、非平稳信号的处理。

2.EEMD 算法的基本原理和信号分解步骤

虽然 EMD 算法能够在很广的领域应用于非线性、非平稳性序列的信号解析,但当信号中存在着间歇性成分即由间歇性信号和连续的基础信号叠加而成时,将直接导致 EMD 产生不期望的模态混叠。所谓模态混叠,是指不能通过 EMD 有效地分离出不同的 IMF 分量,即会出现有的 IMF 分量包含了尺度差异较大的信号,或是一个相似尺度的信号出现在不同的 IMF 分量中。这是由于间歇性成分的存在使得信号中没有足够的极值点或极值点分布间隔不均匀,据此生成的上下包络为间歇性信号包络与基础信号包络的混叠,以致包络均值严重扭曲,进而筛分出的 IMF 分量产生模态混叠现象,使得分解出的 IMF 分量的物理意义不明。

EEMD 算法是针对 EMD 的模态混叠问题而提出的改善方法,是一种噪声辅助数据分析方法(Noised-Assisted Data Analysis,NADA)。其基本原理是:利用白噪声频率均匀分布的统计特性,给目标信号加入有限幅值的白噪声,附加的白噪声均匀地分布在整个不同

尺度成分组成的时频空间，信号的不同尺度成分将自动地映射到由白噪声建立的参照尺度上去，使信号的间歇性成分具有连续性，从而有效避免了模态混叠。当然，对此附加了白噪声的信号进行 EMD 分解得到的 IMF 分量也是混入了附加的白噪声的。再利用噪声的零均值特性，对信号进行多次附加噪声的 EMD 分解，再取平均，附加的噪声将被互相抵消而达到消除，得到真实的 IMF 分量。

EEMD 分解的流程如图 4-1 所示，其基本步骤如下：

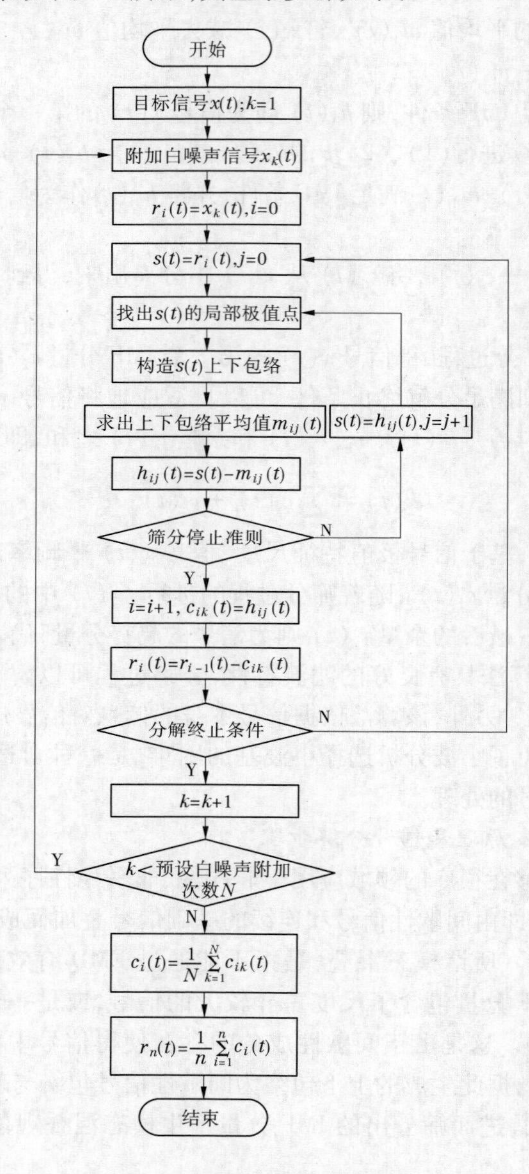

图 4-1 EEMD 分解流程

(1)设置白噪声的附加次数 N 和幅值 ε 。

(2)给目标信号 $x(t)$ 加入随机高斯白噪声序列 $\omega_k(t)$ ，得到含噪信号 $x_k(t)$ ，即

$$x_k(t) = x(t) + \varepsilon \cdot \omega_k(t) \quad (k = 1,2,\cdots,N) \tag{4-2}$$

(3)对附加了白噪声的信号 $x_k(t)$ 进行 EMD 分解,得到 n 个 IMF 分量 $c_{ik}(t)(i = 1, 2,\cdots,n)$,$c_{ik}(t)$ 表示第 k 次加入白噪声序列后 EMD 分解得到的第 i 个 IMF 分量。

(4)将得到的各 IMF 分量进行总体平均,最终 EEMD 分解的结果为

$$c_i(t) = \frac{1}{N}\sum_{k=1}^{N} c_{ik}(t) \quad (i = 1,2,\cdots,n) \tag{4-3}$$

3.EEMD 算法中的核心指标确定

1)附加噪声幅值和附加次数

EEMD 算法中附加的白噪声对结果的影响遵循如下的统计规律:

$$\varepsilon_n = \frac{\varepsilon}{\sqrt{N}} \tag{4-4}$$

式中:ε_n 为标准偏差,即最终得到的 IMF 分量重构结果与输入信号的偏离;ε 为附加噪声的幅值;N 为噪声的附加次数。

对于附加噪声的幅值,如果幅值过小,附加噪声将无法影响到极值点的选取,进而失去预期的作用,所以附加噪声的幅值不能太小。在附加噪声幅值适度而且附加次数足够多的情况下,幅值和次数的增加将不会对分解结果有太大的影响。建议取附加白噪声的幅值为信号标准偏差的 20%,信号以高频分量为主时,噪声幅值应较小,反之亦然。一般而言,噪声附加次数为一两百次的时候,就能得到一个非常好的结果。

2)筛分停止准则

EMD 过程实际上是一个筛分出 IMF 分量的过程。筛分停止准则用来控制产生一个 IMF 分量的筛分次数,也就是 IMF 定义中的两个条件在算法中的具体实现。若筛分停止准则过严则会造成 IMF 分量的“过筛”,消除幅值变化;若过松,则会造成 IMF 分量的“欠筛”,没能消除骑行波,实现局部零平均。近年来,学者们提出的筛分停止准则主要有 SD 准则、S 值准则和总体局部组合准则。但使用这些筛分停止准则普遍会出现一个不期望的特征,也就是分解过程对信号的局部扰动非常敏感。依据这些筛分停止准则,有不同局部扰动的目标信号的分解结果有显著差异,而且其出现没有规律性。显然,这些筛分停止准则不适用于多次附加白噪声的 EEMD 算法。针对这一问题,Z.H.Wu 和N.E.Huang 考虑固定分解的筛分次数,并且通过系统研究发现大概 10 次筛分就可以使得到的 IMF 分量的上下包络近乎关于零轴对称。

3)分解终止条件

EMD 算法的分解终止条件是,若满足下列任一条件分解过程即可终止:①第 n 个 IMF 分量 $c_n(t)$ 或余量 $r_n(t)$ 小于预先设定的值;②余量 $r_n(t)$ 为单调函数。研究表明,对于尺度成分均匀分布在整个时间尺度或时频空间的白噪声信号,EMD 分解的作用相当于一个二进制滤波器组,能够将白噪声分解为具有不同平均周期的一系列 IMF 分量,而且任何一个 IMF 的平均周期是它前一个 IMF 平均周期的 2 倍。所谓平均周期,就是数据的总数(信号长度)除以其峰值点数(或局部极大值点数)。所以,对于附加均匀分布在整个时频空间的白噪声的 EEMD 算法,彻底分解得到的 IMF 分量总数 n 近似为 $\log_2 M - 1$(M 为信号长度)。实际上,也可以根据所分析问题的需要,采用适当的终止条件终止分解过

程,如当极值点数目小于某个数时就终止分解过程或者是当分解出的 IMF 分量数目达到某一数值时就终止分解过程。

4)端点效应

在 EMD 算法的筛分过程中,通过对信号极值点的三次样条曲线拟合获得上下包络。然而,信号的两端点不一定是极值点,上下包络在信号的两端往往会出现发散现象,即端点效应,并且这种发散的结果会随着筛分过程的不断进行逐渐向内污染整个信号而使得分解结果严重失真。传统上,处理 EMD 端点效应问题主要有两种思路:第一种思路是根据极值点的情况通过不断抛弃两端的数据来保证所得的包络失真度达到最小;第二种思路是对信号进行延拓或预测以获得足够的极值点,如镜像延拓、神经网络预测、边界波形匹配预测、偶延拓和奇延拓以及支持向量机预测等。考虑到在筛分过程中,需要获得的是端点处的极大值和极小值,使拟合的包络能够完整包络整个信号,引用一种简单而有效的 EMD 端点效应抑制方法:筛分过程中,比较端点邻近的两个极大值点连线延伸至端点处的取值和端点值的大小,大者作为该端点处的极大值,用于拟合上包络;比较端点邻近的两个极小值点连线延伸至端点处的取值和端点值的大小,小者作为该端点处的极小值,用于拟合下包络。通过图 4-2 来说明该方法。在图中,信号左端点 C 邻近的两个极大值点 A1、B1 连线延伸至端点处得 C1,C1>C,则以 C1 为左端点处的极大值;信号左端点 C 邻近的两个极小值点 A2、B2 连线延伸至端点处得 C2,C<C2,则以 C 为左端点处的极小值。同样地,分别以 F1 和 F2 为信号右端点处的极大值和极小值。

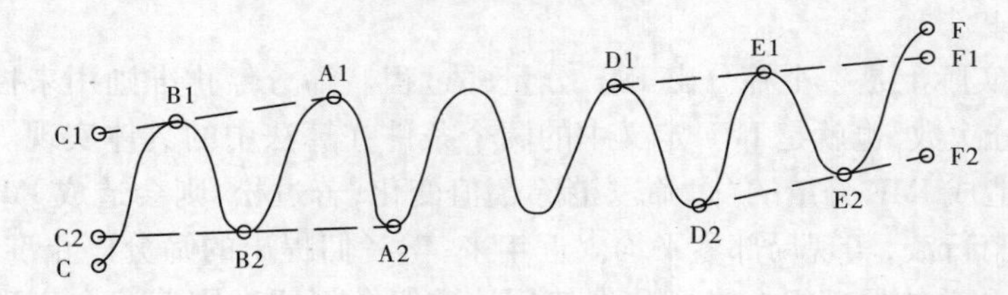

图 4-2　EMD 端点效应抑制方法示意图

(二)基于 EEMD 的监测数据降噪模型

堤防工程土石结合部病险监测数据序列是一种非线性、非平稳信号,其大部分信息主要集中在低频部分,其噪声主要分布在高频部分,而且往往含有间歇性信号。EEMD 分解是以信号的极值特征尺度为度量的滤波过程,可以将信号分解为从高频至低频的若干 IMF 分量和一个余量,而且克服了间歇性信号导致的模态混叠问题。所以,可以先对土石结合部病险监测序列进行 EEMD 分解,再对分解得到的含噪声的前几个 IMF 分量阈值降噪处理后重构信号以实现滤波降噪,即

$$x'(t) = \sum_{i=1}^{k} c'_i(t) + \sum_{i=k+1}^{n} c_i(t) + r_n(t) \tag{4-5}$$

式中:$x'(t)$ 为降噪后的监测数据序列;k 为进行降噪处理的 IMF 分量的个数;$c'_i(t)$ 为降噪处理后的 IMF 分量;$c_i(t)$ 为未降噪处理的 IMF 分量;$r_n(t)$ 为 EEMD 分解余量。

土石结合部病险监测数据序列的 EEMD 阈值降噪的实现流程如图 4-3 所示,其基本步骤如下:

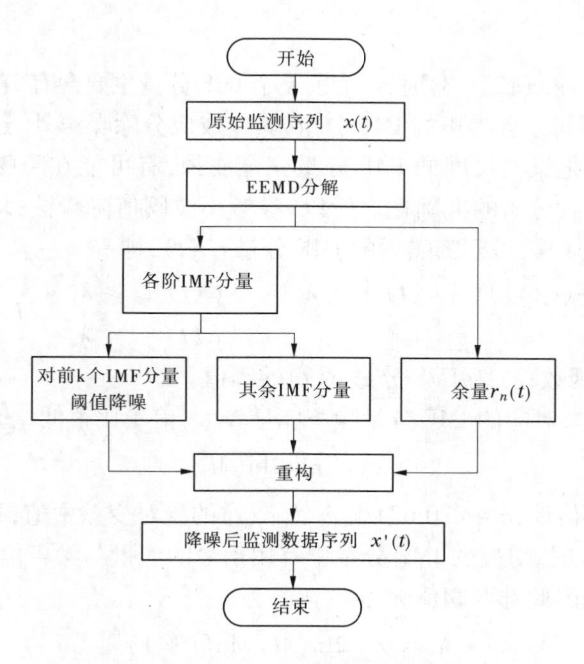

图 4-3 EEMD 阈值降噪流程

(1)EEMD 分解。取附加白噪声的幅值为监测数据序列标准偏差的 20%,噪声附加次数设为 200 次,分解的筛分次数设为 10 次,当分解出的 IMF 分量数目 n 达到 $\log_2 M-4$ (M 为监测数据序列长度)时终止 EMD 分解过程。对土石结合部病险监测数据序列进行 EEMD 分解,得到 n 个 IMF 分量。

(2)确定待降噪处理的 IMF 分量。EEMD 降噪需要通过一定准则找出待降噪的 IMF 分量。评判的准则主要有累积均值、连续均方误差(CMSE)、相关特性、过零率和频谱特征等。

Wu 和 Huang 的研究结果表明,白噪声信号各 IMF 分量的能量密度与其平均周期的乘积为一常数,即

$$E_i\overline{T}_i = \text{const} \tag{4-6}$$

其中

$$E_i = \frac{1}{M}\sum_{t=1}^{M}\left[c_i(t)\right]^2 \tag{4-7}$$

E_i 表示白噪声信号的第 i 个 IMF 分量 c_i 的能量密度, M 为信号长度;

$$\overline{T}_i = M/M_{\max} \tag{4-8}$$

$\overline{T}_i$ 表示 c_i 的平均周期, $M_{\max}$ 为 c_i 的极大值点数。

定义统计量 R_k 如下:

$$R_k = \left|(E_{k+1}\overline{T}_{k+1} - E_k\overline{T}_k)/(\frac{1}{k}\sum_{i=1}^{k}E_i\overline{T}_i)\right| \tag{4-9}$$

式中: E_k 和 $\overline{T}_k$ 分别为监测数据序列 EEMD 分解得到的第 k 个 IMF 分量 c_k 的能量密度和

平均周期。

当 $R_k \geqslant C$（C 一般取 2 ~ 3）时，认为前 k 个 IMF 分量主要含有噪声，需进行降噪处理。

（3）阈值降噪。对于含噪声的 IMF 分量，其组成成分除噪声外，还包含少量真实信号的高频部分，若直接把某些尺度的 IMF 分量完全滤掉，有可能在降噪的同时也滤掉了一些有用成分，影响后续分析的准确性。所以，参考小波阈值降噪法，对待降噪处理的 IMF 分量 $c_i(t)$ 进行阈值降噪，得到降噪后的 IMF 分量 $c'_i(t)$，即

$$c'_i(t) = \begin{cases} \mathrm{sgn}(c_i(t))(|c_i(t)| - \lambda_i) & |c_i(t)| \geqslant \lambda_i \\ 0 & |c_i(t)| < \lambda_i \end{cases} \quad (i = 1,2,\cdots,k) \tag{4-10}$$

式中：sgn( )为符号函数；λ_i 为 IMF 分量 $c_i(t)$ 的阈值。

①当 $1 \leqslant i \leqslant 2$ 时，对应的 IMF 分量噪声能量较大，信噪比很低，选取阈值 λ_i 为

$$\lambda_i = \hat{\sigma}\sqrt{2\ln(M)} \tag{4-11}$$

式中：$\hat{\sigma}$ 为噪声水平估计，$\hat{\sigma} = m/0.674\,5$，$m$ 为 $c_i(t)$ 的绝对变差中值；M 为序列长度。

②当 $2 \leqslant i \leqslant k$ 时，对应的 IMF 分量中有用信号的能量与噪声信号的能量比较接近，阈值应该适当减小，因此选取阈值 λ_i 为

$$\lambda_i = \hat{\sigma}\sqrt{2\ln(M)}/\ln(i+1) \tag{4-12}$$

（4）信号重构。根据式(4-5)重构信号得到的 $x'(t)$ 即为降噪后的土石结合部病险监测数据序列。

二、多源干扰下土石结合部病险目标信号识别和分离模型

（一）盲源分离模型的构建

利用分布式光纤温度传感系统进行渗漏监测的理论依据：当介质内某处存在渗漏时，由于堤内水和光纤埋设处介质间的温度差异，渗透水流的发生将导致介质内稳定温度场的变化，从而导致介质内的温度场不连续变化，出现局部波动较大区域。但是，结构体内温度场的分布不仅仅受渗漏场的影响，其他因素也可能影响结构体内温度场的分布，导致温度场出现不连续变化。理论研究表明：土壤特性（如土壤成分、颗粒大小、渗透性、密实度、土壤含水率等）、自然现象（如降雨、日常气温变化、日照强度及持续时间、季节性温度变化等）、光纤埋设高程以及与光纤交叉的人造空洞（如下游排水沟等）等因素都将影响结构体内温度场的分布，从而影响光纤传感系统的温度测值，也就是说，结构体内的温度场是上述影响因素综合作用下的结果。因此，可以将自然状况下土石结合部内部渗漏点的定位问题归结为一个多因素影响下的源分离问题，并且由于针对上述因素对温度场影响过程尚缺乏足够的了解，因此可以把该问题看作一个盲源分离问题。对于渗漏、土壤特性等每一个可能引起温度监测数据变化的因素都有一个源成分与之相应，这些源成分是取样点与起始点之间距离的函数，而渗漏因素正是人们关注的因素。另外，需要说明的是，尽管渗漏、土壤特性等因素可能是温度的非线性函数，在利用源分离方法对温度数据进行建模计算时，为了简化计算量，把该问题建模为线性模型，这种简化一般是能够满足计算精度的，而且在建模计算时，并不试图量化渗漏、土壤特性等每一种因素对温度的影响。利用源分离技术的目的就是尽可能地将温度数据中土壤特性、自然现象等渗漏以外

的因素对温度数据的影响分离出去,使分离后的数据尽可能地是只受渗漏因素影响下的温度场变化结果。另外,考虑到渗漏、土壤特性、自然现象等因素在物理本质上是独立的,其对测得的温度数据的影响也可以看成是独立的。

(二)盲源分离实现方法的选择

所谓盲源分离技术,是指仅从若干观测到的混合信号(一般为信号矩阵)中,提取、分离出无法直接观测到的各个原始信号(源)的过程。这里的"盲"是指源信号未知,并且混合过程也事先未知或只知其少量先验知识,如非高斯性、统计独立性、循环平稳性等。盲源分离技术能够直接从数据本身估计出相应的线性变换过程,因此这样的变换过程能够很好地适应数据本身的特点。盲源分离技术的主要任务是采用合适的方法从观测数据中恢复出人们感兴趣的源信号。目前,盲源分离技术已经形成三大主流方法,即独立成分分析法、非负矩阵分解法和稀疏矩阵分析法。与稀疏矩阵分析法和非负矩阵分解法相比,独立成分分析法提出的时间最早,关于其理论和应用方面的研究成果也最为丰富,计算过程也较简单,但是其对源信号的约束条件要求较高,即源信号必须满足非高斯分布并且统计独立。

土壤含水率、土壤成分、渗漏等温度数据影响因素在物理本质上是独立的,并且在光纤沿程大部分区域的温度数据是不受渗漏、排水沟等因素的影响,也就是说渗漏、排水沟等温度监测数据影响因素是时间空间上的小概率事件,其对温度数据的贡献在大部分区域为零,因此可以将渗漏、排水沟等温度监测数据影响因素建模为满足非高斯分布的统计独立源。这满足独立成分分析法对源信号约束的要求,因此,应用独立成分分析法对温度监测数据进行处理,以提取出与渗漏源成分对应的温度变化趋势。在对信号进行独立成分分析之前,应首先选取合适的方法对信号进行预处理,以降低独立成分分析计算的复杂程度,选择主成分分析作为温度监测数据预处理的方法。运用主成分分析法对数据进行预处理的原因有以下两点:一是其计算简单,且能够有效降低数据维数;二是主成分分析法本身就是源信号分离的一种方法,其能够直接从混合信号中分离出满足高斯分布的独立成分对温度数据的影响,而不必经过独立成分分析这一步骤,也就是说,主成分分析法既作为独立成分分析法的预处理手段,又作为满足高斯分布的独立成分的分离方法。由基本概率论知识可知,对满足高斯分布的随机向量而言,其各个分量之间互不相关和独立是等价的,因此通过主成分分析对混合信号进行去相关化操作就可以得到互相独立的随机向量分量,对其进行独立成分分析不能得到任何有意义的结果。尽管主成分分析法既可以作为数据预处理手段又可以作为数据分离手段,但是为了表述上的统一,还是将主成分分析法表述为独立成分分析法的预处理手段。

(三)DTS 监测数据主成分分析

主成分分析也称主分量分析,广泛应用于多变量的去相关操作,它能够在保留多变量原有大部分信息的同时,对多个变量进行有效的降维和特征提取。

1.主成分分析法的基本思想

主成分分析的基本思想是:通过对多变量进行线性组合,来尽快地提取多变量中包含的信息。如果多变量的第一个线性组合不能提取更多的信息,就考虑第二个线性组合继续该快速提取的过程,直到所提取的信息量与多变量原有信息量差不多时为止。此时多变量的线性组合即所谓的主成分,相应的,第一个线性组合就是第一个主成分,第二个线性组合就是第二个主成分;而且多变量的各个线性组合之间,即各个主成分之间是互不相关的。各个主成分所包含的信息量的大小,就是指标的变异性强弱,其衡量指标是各个主成分的标准差或方差。

主成分分析法不仅是多变量去相关化的一个有效方法,而且是数据白化的一种方法,而数据白化又是独立成分分析的一个可以大大降低计算复杂程度的前处理手段,这也是在对数据进行独立成分分析之前进行主成分分析预处理的原因之一。

2.主成分分析的数学模型及计算方法

1)主成分分析的数学模型

由上文对主成分分析法基本思想的阐述,不难得出主成分分析的数学模型如下:设 p 个标量构成的 p 维随机向量(p 为任意数)$\boldsymbol{X}=(X_1,\ldots,X_{\mathrm{p}})'$,对 $\boldsymbol{X}$ 做正交变换,令 $\boldsymbol{Y}=\boldsymbol{T}'\boldsymbol{X}$,其中,$\boldsymbol{T}$ 为正交矩阵,要求 $\boldsymbol{Y}$ 的各个分量是不相关的,并且 $\boldsymbol{Y}$ 的第一个变量的方差最大,第二个变量的方差稍小。该过程可以用矩阵表示如下:

$$\begin{cases} Y_1 = t_{11}X_1 + t_{12}X_2 + \cdots + t_{1p}X_p = \boldsymbol{T}'_1\boldsymbol{X} \\ Y_2 = t_{21}X_1 + t_{22}X_2 + \cdots + t_{2p}X_p = \boldsymbol{T}'_2\boldsymbol{X} \\ \vdots \qquad\qquad \vdots \qquad\qquad \vdots \\ Y_p = t_{p1}X_1 + t_{p2}X_2 + \cdots + t_{pp}X_p = \boldsymbol{T}'_p\boldsymbol{X} \end{cases} \tag{4-13}$$

运用主成分分析法的关键是各变量间的信息存在一定的相关性和冗余度,这使数据降维和简化成为了可能,否则主成分分析法将得不到任何有意义的结果。应用实践中,相邻的取样点一般具有相似的工作环境,如相似的土壤颗粒组分、密实度、含水率等,因此相邻取样点的温度监测数据之间往往存在较强的相关性,这就为主成分分析法的应用提供了可能。这里的取样点,即主成分分析法中的变量,取样间隔一般为 1 m。

2)主成分分析计算方法

主成分分析法有两种计算方法:特征值法和奇异值分解法,通过下面的推导容易看出,这两种方法的本质是相同的。

(1)特征值法。

主成分分析的特征值法是通过计算多变量协方差矩阵的特征值来计算多变量的主成分。计算多变量主成分的特征值法的数学推导过程在此不做阐述,仅将其结果展示如下:

设 $\boldsymbol{X}=(X_1,\cdots,X_p)'$ 的协方差矩阵的特征值为 $\lambda_1 \geqslant \lambda_2 \geqslant \cdots \geqslant \lambda_p \geqslant 0$,各个特征值对应的单位化特征向量为 $\boldsymbol{T}_1,\boldsymbol{T}_2,\cdots,\boldsymbol{T}_p$。那么,监测数据矩阵的主成分为 $\boldsymbol{Y}_1=\boldsymbol{T}'_1\boldsymbol{X},\boldsymbol{Y}_2=\boldsymbol{T}'_2\boldsymbol{X},\cdots,\boldsymbol{Y}_m=\boldsymbol{T}'_m\boldsymbol{X}$,主成分的标准差即各个主成分所含有的信息量分别为协方差矩阵相应的特征值的算术平方根。

(2)奇异值分解法。

奇异值分解法是一种重要的矩阵分解方法,在信号处理、统计学等领域都应用广泛。奇异值分解的定义如下:

假设 $\boldsymbol{M}$ 是一个 m 行 n 列的矩阵,其中的元素全部属于实数域或复数域,则存在如下的分解:

$$\boldsymbol{M}=\boldsymbol{USV}^{\mathrm{T}} \tag{4-14}$$

式中:$\boldsymbol{U}$ 是 $m\times m$ 阶酉矩阵,称为矩阵 $\boldsymbol{M}$ 的左奇异矩阵;$\boldsymbol{V}$ 是 $n\times n$ 阶酉矩阵,称为矩阵 $\boldsymbol{M}$ 的右奇异矩阵;$\boldsymbol{V}^{\mathrm{T}}$ 表示矩阵 $\boldsymbol{V}$ 的转置矩阵,下同;$\boldsymbol{S}$ 为半正定 $m\times n$ 阶对角矩阵,其对角线上的元素即为矩阵 $\boldsymbol{M}$ 的奇异值,它等于矩阵 $\boldsymbol{M}^{\mathrm{T}}\times\boldsymbol{M}$ 特征值的算术平方根。其中,当酉矩阵元素均为实数时,其即为正交矩阵。

可见矩阵的奇异值分解能够将任意 $m\times n$ 阶实矩阵分解为 m 阶正交矩阵 $\boldsymbol{U}$、半正定的 $m\times n$ 阶对角矩阵 $\boldsymbol{S}$ 和 n 阶正交矩阵 $\boldsymbol{V}$ 的乘积。奇异值分解可由 matlab 自带的 svd( ) 函数实现。

由特征值法可得到主成分 $\boldsymbol{Y}$ 与监测数据矩阵 $\boldsymbol{X}$ 的关系如下:

$$\boldsymbol{Y}=\boldsymbol{XT} \tag{4-15}$$

从而可得:

$$\boldsymbol{X}=\boldsymbol{YT}' \tag{4-16}$$

式中:矩阵 $\boldsymbol{T}$ 为对角矩阵 $\boldsymbol{X}^{\mathrm{T}}\boldsymbol{X}$ 的特征向量组成的矩阵,它是正交矩阵。

注意作为随机向量的 $\boldsymbol{X}$ 与作为监测数据矩阵的 $\boldsymbol{X}$ 与主成分 $\boldsymbol{Y}$ 的关系表达式略有不同,但是其本质上却是相同的。

由矩阵的奇异值分解的理论知:

$$\boldsymbol{X}=\boldsymbol{USV}' \tag{4-17}$$

比较式(4-16)和式(4-17)可得:矩阵 $\boldsymbol{T}=\boldsymbol{V}$,这在实际程序实现时,也被证明是正确的,从而有 $\boldsymbol{Y}=\boldsymbol{US}=\boldsymbol{XV}$。由此看来,矩阵的主成分即为其左奇异矩阵和相应的奇异值的乘积,也等于监测数据矩阵与右奇异矩阵的乘积。实际应用时经常用右奇异矩阵代替主成分进行分析,此时称右奇异矩阵的列向量 $\boldsymbol{v}_j$ 为主元,也采用右奇异矩阵代替主元进行分析。由上述推导过程可知,主成分分析的两种实现方法(矩阵的奇异值分解法和特征值法)的结果是一致的。

另外,在实际应用中,出于数据压缩的目的,一般不是取全部 p 个主成分进行分析。主成分个数一般是基于特征值的连续性和所研究问题的实际情况确定的,一般不能事先确定,通常的做法是利用累积方差贡献率确定主成分的个数。方差贡献率和累积方差贡献率的定义如下:

$$\varphi_k=\lambda_k/\sum_{k=1}^{p}\lambda_k \tag{4-18}$$

$$\psi_m=\sum_{k=1}^{m}\lambda_k/\sum_{k=1}^{p}\lambda_k \tag{4-19}$$

式中:λ_k 为协方差矩阵的特征值;φ_k、ψ_m 分别为方差贡献率和累积方差贡献率。

实际确定主成分个数的步骤是:首先设定一个累积方差贡献率 φ,当前 k 个主成分的累积方差贡献率 φ_k 大于预先设定的累积方差贡献率 φ,而前 $k-1$ 个主成分的累积方差贡献率 φ_k 小于预先设定的累积方差贡献率 φ 时,选定数字 k 作为主成分的个数。同时,为了避免数据量纲和单位不一致等引起的"大数吃小数"的现象,在数据处理之前,一般是首先对数据进行标准化,标准化的方法是使随机向量的每一个分量零均值化和单位方差化。标准化过程的数学表示如下:

$$X_i^* = \frac{X_i - E(X_i)}{\sqrt{D(X_i)}} \quad (i = 1,2,\cdots,p) \tag{4-20}$$

这样主成分分析法中所运用的温度监测数据的协方差矩阵即变为其相关系数矩阵 $\boldsymbol{R}$,相应的特征根 λ 也变化为相关系数矩阵的特征根 λ^* 。一般情况下,从监测数据的相关系数矩阵求得的主成分与协方差矩阵所求得的主成分是不同的,有时差别甚至很大。如果各指标间数量级相差很大,特别是当各指标量纲不同时,统一的做法是利用相关系数矩阵代替协方差矩阵求解相应的特征值及主成分。

3.主成分分析法的计算步骤

通过前面几小节对主成分分析法的介绍,可以得到主成分分析法的计算步骤如下:

(1)将原始数据标准化;

(2)建立变量的相关系数矩阵 $\boldsymbol{R}$;

(3)求相关系数矩阵 $\boldsymbol{R}$ 的特征根 $\lambda_i^* \geqslant \cdots \geqslant \lambda_p^* \geqslant 0$,相应的特征向量为 $\boldsymbol{T}_1^*,\boldsymbol{T}_2^*,\cdots,\boldsymbol{T}_p^*$;

(4)由累积方差贡献率确定主成分的个数(m),并计算出主成分为

$$Y_i = (\boldsymbol{T}_i^*)X^* \quad (i = 1,2,\cdots,m) \tag{4-21}$$

(四)DTS 监测数据的独立成分分析

独立成分分析法产生于20世纪80年代早期,它最初是为解决"鸡尾酒会"问题而提出来的,现在已经在脑成像、计量经济学、信号处理、声频视频文件压缩等多种领域得到了广泛的应用。独立成分分析法能够从多维数据中分解出具有统计独立和非高斯性的各信号分量,它也是数据线性变换的一种方法,并且能够从数据本身估计出相应的变换过程,因此该方法能够很好地适应被处理数据的特点。

1.独立成分分析数学模型

独立成分分析的数学模型可以表示如下:

$$\begin{cases} x_1 = a_{11}s_1 + a_{12}s_2 + \cdots + a_{1n}s_n \\ x_2 = a_{21}s_1 + a_{22}s_2 + \cdots + a_{2n}s_n \\ \vdots \qquad\qquad \vdots \\ x_n = a_{n1}s_1 + a_{n2}s_2 + \cdots + a_{nn}s_n \end{cases} \tag{4-22}$$

式中:$x_1, x_2,\cdots, x_n$ 为 n 个随机变量,即混合信号;$s_1, s_2,\cdots, s_n$ 为 n 个独立成分,即源信号;$a_{ij}(i,j = 1,2,\cdots,n)$ 表示混合系数。

式(4-22)就是最基本的独立成分分析模型。式中独立成分被称为隐变量,是因为其不能被直接观测到。在上述基本独立成分分析模型中,混合系数 a_{ij} 也是未知的,唯一能观测到的是混合信号 $x_1, x_2,\cdots, x_n$ 。独立成分分析的目的就是利用混合信号的统计信息,并在尽可能一般的假设下,同时估计出源信号(独立成分)和混合系数矩阵。该模型忽略了在混合过程中可能出现的时间延迟效应,因此该模型也被称为瞬态混合模型。

由上述独立成分模型可以看出,独立成分分析的数学模型与主成分分析的模型非常相似,它们同为数据变换的一种方法,所不同的是二者具有不同的假设和约束条件,这导致它们求解方法以及最终结果的巨大差异。主成分分析法的假设是数据之间具有较大的

冗余度和相关性，进而利用变量的信息量提取主成分和数据降维，而独立成分技术是假设源成分统计独立和非高斯分布，从而根据混合信号提取出源信号和混合系数矩阵。

通常情况下，假定独立成分的个数和观测到的混合变量的数目是相等的。尽管对某些情况来说，上述假设不太严谨，但是，该假设却可以大大简化独立成分的计算过程。为简化起见，也假定独立成分和混合变量的数目相等。另外，利用上述独立成分的基本模型进行计算时并不能确定独立成分的顺序，但是顺序的变化，一般并不影响对问题的分析。同时，应假定独立成分具有单位2-范数，因为在上述模型中，独立成分范数的缩放可以由混合系数做相反变化而不影响模型的成立。综上所述，采取方阵模型用于独立成分分析的估计过程，且各独立成分2-范数为1。

2.独立成分的计算

独立成分的计算方法通常有两种，即基于峭度的计算方法和基于负熵的计算方法，这两种计算方法各有优缺点。峭度计算方法的计算和原理都要比负熵计算方法相对简单很多，但是，峭度有一个非常严重的缺点：峭度的非鲁棒性，即其对"野值"极其敏感，这将导致基于峭度的计算结果可能只取决于分布于边缘的少量观测值，而这些观测值可能是错误的或与问题无关的。负熵可以很好地解决这个问题，也就是说负熵是非高斯性的一个鲁棒性度量。运用负熵度量非高斯性的优点是其良好的统计特性，实际上，如果仅仅考虑统计效果，负熵可以算是非高斯性的最优估计。负熵的最大问题在于计算困难，但是随着计算机技术的成熟，这个问题已经得到很好地解决，通过对负熵的度量来估计独立成分已经变得比较简单。基于负熵的独立成分的简化估计既可以充分利用其鲁棒性又可以极大简化计算程序，因此利用负熵的某种简化来度量非高斯性，进而解决问题。

3.独立成分分析的快速不动点算法计算步骤

基于负熵的独立成分计算方法，其中一个比较简便的算法是基于负熵的快速不动点算法。基于负熵的快速不动点算法计算过程简单，收敛速度比较快，并且能够充分挖掘问题本身的特点，因此利用快速不动点算法解决问题。在利用基于负熵的快速不动点算法计算多个独立成分的过程中，根据独立成分计算过程的不同，分为并行和串行两种实现过程。串行过程将独立成分一个接一个地估计出来，并用施密特正交化法使各个独立成分之间实现正交；并行方式各个独立成分之间不分主次，所有独立成分全部同时估计出来。由串行和并行两种算法的计算过程知道，串行算法存在误差累积的缺点，选取并行算法，并在 matlab 中编程实现。关于该不动点算法的推导过程将不再阐述，多个独立成分的并行算法的计算步骤如下：

(1)对数据进行标准化使其每一列的均值为0，方差为1。

(2)对第(1)步中得到的数据进行白化得到白化数据 z 。

(3)选择要估计的独立成分的个数 m 。

(4)初始化所有的 $\boldsymbol{w}_i(i=1,2,\cdots,m)$，并使每一个 $\boldsymbol{w}_i$ 都具有单位2-范数，然后用第(6)步的方法对矩阵 $\boldsymbol{W}$ 进行正交化，$\boldsymbol{w}_i$ 表示混合系数。

(5)对每一个 $\boldsymbol{w}_i(i=1,2,\cdots,m)$，更新 $\boldsymbol{w}_i \leftarrow E\{zg(\boldsymbol{w}_i^{\mathrm{T}}z)\}-E\{g'(\boldsymbol{w}_i^{\mathrm{T}}z)\}\boldsymbol{w}_i$。其中函数 g 可以在式(4-23)~式(4-25)中选取。

(6)对矩阵 $\boldsymbol{W}=(w_1,\cdots,w_m)'$ 进行正交化：$\boldsymbol{W} \leftarrow (\boldsymbol{W}\boldsymbol{W}')^{-1/2}\boldsymbol{W}$。

(7)如果尚未收敛返回步骤(5)。

函数 g 可由下述函数中选取:

$$g_1(y)=\tanh(a_i y) \tag{4-23}$$

$$g_2(y)=y\exp(-y^2/2) \tag{4-24}$$

$$g_3(y)=y_3 \tag{4-25}$$

相应的导函数为

$$g'_1(y)=a_1(1-\tanh^2(a_1 y)) \tag{4-26}$$

$$g'_2(y)=(1-y^2)\exp(-y^2/2) \tag{4-27}$$

$$g'_3(y)=3y^2 \tag{4-28}$$

式中:a_1 为常数,取值在[1,2],通常取为1;tanh()表示双曲正切函数。

(五)DTS 温度监测数据的盲源分离步骤

对 DTS 测温数据进行盲源分离处理流程如图4-4所示。

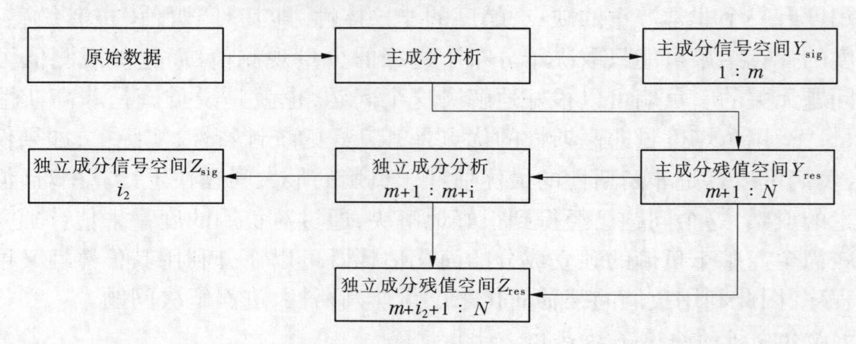

图4-4　DTS 测温数据盲源分离处理流程

首先,应用主成分分析法对监测数据进行处理。进行主成分分析的目的有以下三点:一是对数据进行去相关操作,提取数据中的主要信息,降低数据的维数;二是对监测数据进行白化操作,并作为独立成分分析的一个前处理手段,降低独立成分分析计算的复杂程度;三是利用主成分分析法提取满足高斯分布的独立源。具体来说,某些因素如土壤特性等是时间和空间上的连续因素,其对监测数据的影响很大,构成了温度监测数据的大部分信息,因此其将构成监测数据的前 m 个主成分。由于土壤特性等是温度监测数据的连续影响因素,与自然界中很多现象服从高斯分布一样,可以将其影响下的温度部分的分布看成是高斯分布。由前文分析知道,对该部分数据进行主成分分析即可以将其对监测数据的影响部分提取出来,而对其进行独立成分分析将得不出更有意义的结果,因此不必将主成分分析得出的前 m 个主成分均进行独立成分分析;另一些因素,如渗漏和排水沟等因素,是时间和(或)空间上的短暂现象,也就是说,渗漏在所有的监测数据中并不是连续存在的,由主成分分析获得的前 m 个主成分中应该不包含和渗漏有关的信息,并且由前文分析可知,渗漏、排水沟等因素可以建模为满足非高斯分布的独立源成分,因此对其进行主成分分析是不够的,这就需要下一步操作,而应用独立成分分析技术将它们的作用效果分离。这里所谓的前 m 个主成分,即与协方差阵的 m 个最大的特征值所对应的主成分。另外,由主成分分析法的计算过程可知,前 m 个主成分包含了监测数据的大部分信息,所

以可以将由前 m 个主成分组成的空间作为主成分信号空间 Y_{sig}，相反的，可以将原始数据与主成分信号空间 Y_{sig} 的差值，即主成分 $m+1:N$ 构成的空间称为主成分残值空间 Y_{res}。用于构建主成分信号空间的主成分数目 m 的选择，基于数据本身的特征及要解决的问题的性质，m 的选择主要是基于主成分各分量的分布情况及其在渗漏隐患位置表现出的特征，下文将在数据处理过程中对其选择做具体说明。上述过程可以用公式表示如下，这里利用奇异值分解实现主成分的提取：

$$Y = Y_{sig} + Y_{res} = \sum_{j=1}^{m} \sigma_j u_j v'_j + \sum_{j=m+1}^{N} \sigma_j u_j v'_j \tag{4-29}$$

式中：Y_{sig} 为由前 m 个主成分构成的主成分信号空间，当 $m=0$ 时，表示每一个主成分中都包含与渗漏相关的信息；Y_{res} 为包含渗漏相关信息的主成分残值空间，由 $m+1$ 到 N 个主成分构成；σ_j 为奇异值；u_j 为左奇异向量；v' 为右奇异向量，可代替主成分进行分析。

其次，对主成分残值空间进行独立成分分析。应用独立成分分析的目的是分离或削弱人造空洞（如排水沟等）以及其他一些短暂因素对温度数据的影响。但是在应用独立成分分析法对数据处理过程中，并不是将构成主成分残值空间的每一个主成分都进行独立成分分析，而是选取 i 个主成分进行独立成分分析，即选取主成分 $m+1:m+i$ 进行独立成分分析。其原因主要有以下两点：

（1）在建模计算时，并不试图量化每一种因素对温度的影响，所以并不需要对所有源成分进行独立成分分析。

（2）由主成分分析的计算结果可知，主成分的数量比较多，有些主成分对数据的贡献比较小，甚至其本身几乎接近于零向量，因此如果将主成分残值空间的每一个主成分都进行独立成分分析，不仅计算量大，而且易引入误差。

用于独立成分分析的主成分个数 i 的选择原则与 m 的选择原则是相同的，也是基于其各分量的分布情况及其在渗漏隐患位置表现出的特征。通过对 i 个主成分进行独立成分分析，可以利用 i_2 个独立成分构建独立成分空间 Z_{sig}，相应地用主成分残值空间 Y_{res} 与 i_2 个独立成分的差，即利用成分 $m+i_2+1:N$ 构建独立成分残值空间 Z_{res}，在独立成分残值空间中应该唯一包含与渗漏相关的信息。上述过程可以用式(4-30)表示如下：

$$Z = Z_{sig} + Z_{res} = \sum_{j=m+1}^{m+i_2} \tilde{\sigma}_j \tilde{u}_j \tilde{v}_j + \sum_{j=m+i_2+1}^{N} \sigma_j u_j v_j \tag{4-30}$$

式中：Z_{sig} 为独立成分信号空间；Z_{res} 为独立成分残值空间，该空间应该包含唯一与渗漏相关的信息；$\tilde{u}_j$ 为独立成分处理后的左奇异向量；$\tilde{v}_j$ 为独立成分处理后的右奇异向量；$\tilde{\sigma}_j$ 为独立成分处理后的奇异值。

三、算例分析

（一）监测数据降噪

图 4-5 为某堤防沉降测点 2003 年 1 月 1 日至 2007 年 12 月 30 日实测过程线。该监测序列的时间间隔 Δt 为 1 d，为监测资料分析提供了充足的数据来源。但由于数据较多，且一定程度上存在着噪声干扰，从监测数据的过程线可以看出，测值小幅度的波动是十分明显的，影响了监测量主要变化规律的体现，因而对该监测序列有必要进行降噪处理。下

面根据本节所述的 EEMD 阈值降噪法对该监测数据序列进行降噪处理。

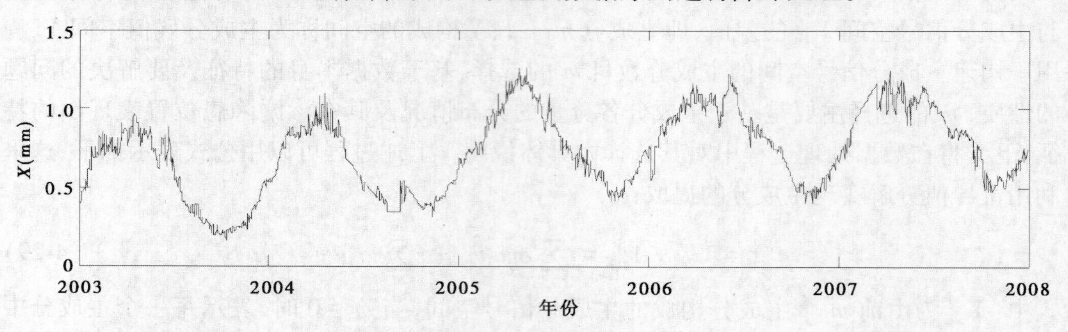

图 4-5　原始监测数据过程线

1.EEMD 分解

对监测数据序列进行 EEMD 分解,得到了 7 个 IMF 分量（c_1 ~ c_7）和一个余量 r_7,如图 4-6 所示。

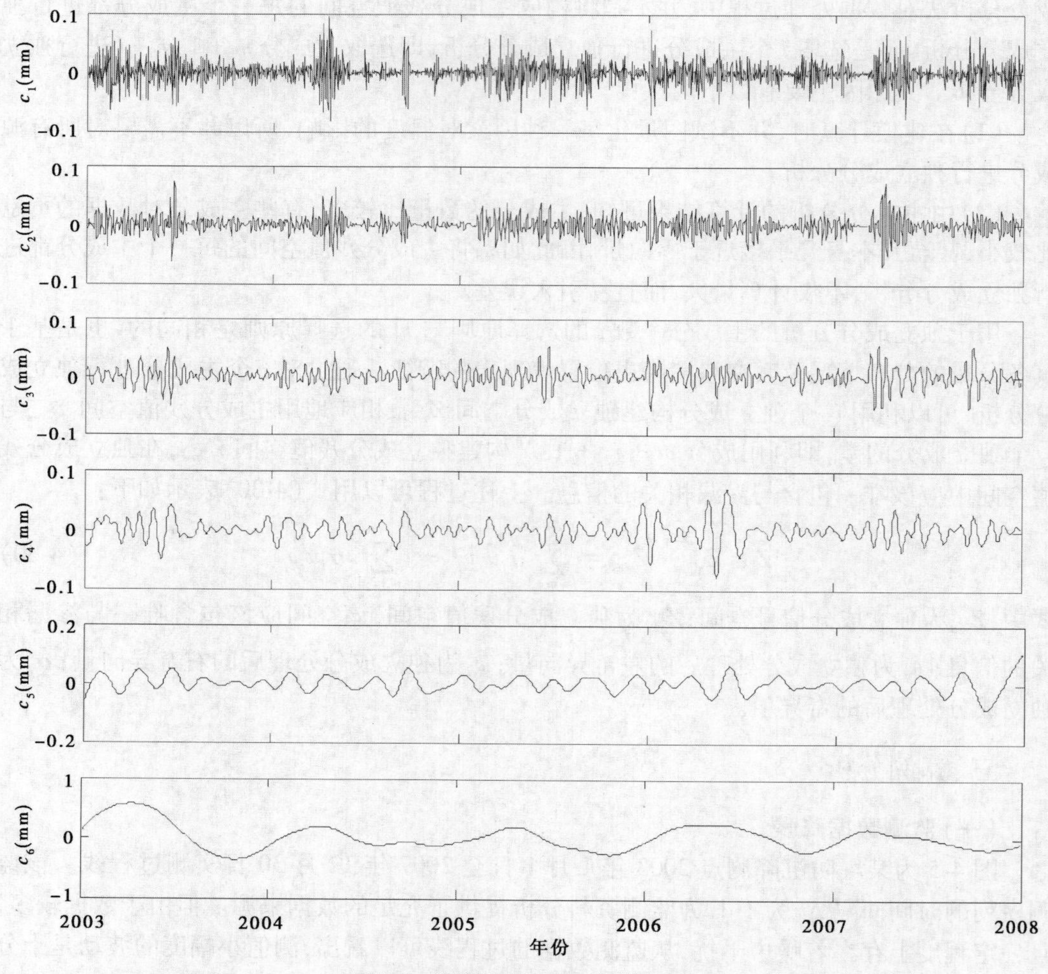

图 4-6　监测序列 EEMD 分解结果

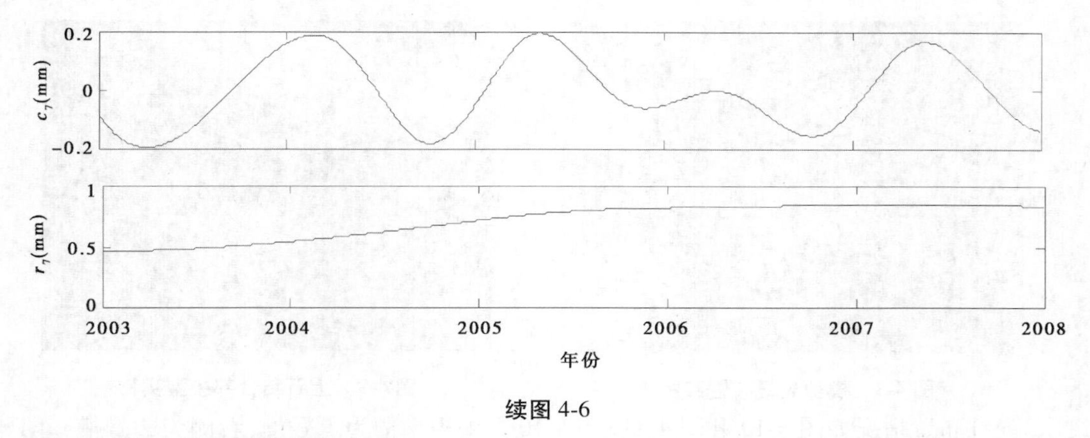

续图 4-6

2.阈值降噪和信号重构

根据式(4-30)计算得知,当 $k=3$ 时 $R_k=3.9>C$(取 3),因此对前 3 个 IMF 分量分别以阈值 0.046 8、0.046 8 和 0.033 8 进行降噪,再与其余的 IMF 分量及余量相加得到降噪后的监测序列,如图 4-7 所示。

对比图 4-5 和图 4-7 可以看出,经过 EEMD 阈值降噪处理,原始数据过程线中大部分的小幅度波动被去除,变化规律得到了更加明显的体现。

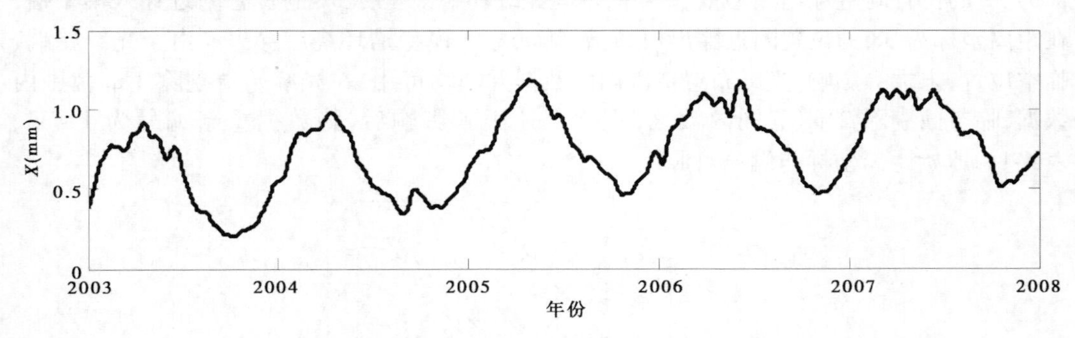

图 4-7 降噪后监测数据过程线

(二)目标信号识别和分离

借助项目组构建的堤防工程土石结合部渗流光纤感知试验平台对所述土石结合部渗漏数据盲源分离方法的可行性与精度进行了验证分析。

DTS 系统由分布式光纤测温主机和光纤组成,试验采用英国 Sensornet 公司生产的 Sentinel DTS-LR 型号的分布式光纤测温主机;光缆采用 50/125 μm 多模四芯铠装光缆,型号为 ZTT-GYXTW-4A1a。由于试验过程中,水温和实验装置中的介质温度差异比较大(水温高 2~3 ℃),故试验中采用梯度法进行测量,不再开启加热系统。渗漏系统由水泵、供水管、排水管等组成,试验过程中用水管冲刷预设渗漏位置,并应注意控制渗透流速大小,以防止出现冲刷孔洞,且在流速稳定后再记录监测数据。堤防工程土石结合部模型和光纤布置情况实物图如 4-8 和图 4-9 所示。

模型槽尺寸为 5 m×0.6 m×1.15 m。试验中将光纤埋藏在混凝土墙壁与土体的接触部位,以模拟结合部的工作条件,模型槽左侧装填砂土,右侧填充黏土。

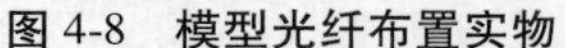

图 4-8　模型光纤布置实物

图 4-9　土石结合部模型实物

光纤布置情况如图 4-10 和图 4-11(图 4-10 左侧模型槽为 1 号槽,右侧为 2 号槽)。1 号槽左壁光纤呈“S”形布置,光纤起点距离坐标为 1,在距离坐标为 5 的位置附近第一次转弯,距离坐标为 9 的位置附近第二次转弯,并在距离坐标为 14 的位置附近穿出模型槽;1 号槽中间光纤在距离坐标为 14 的位置附近穿入模型槽,在距离坐标 20 的位置附近穿出模型槽;1 号槽右壁光纤在距离坐标 20 的位置附近穿入模型槽,在距离坐标 26 的位置附近穿出模型槽。2 号槽左壁光纤在距离坐标为 26 的位置附近穿入模型槽,并在距离坐标为 32 的位置附近穿出模型槽;2 号槽中间光纤在距离坐标 32 的位置附近穿入模型槽,在距离坐标为 38 的位置附近穿出模型槽,随后穿入模型槽环绕后穿出。由于光纤始端、临空位置、末端等影响,光纤布置范围内的数据并非均可用,在光纤始端剔除 3 m 范围内数据,临空面剔除 2 m 范围内数据,剔除上述因素影响后,将数据重新编号为 1~33。表 4-1为原始距离坐标与编号对照。

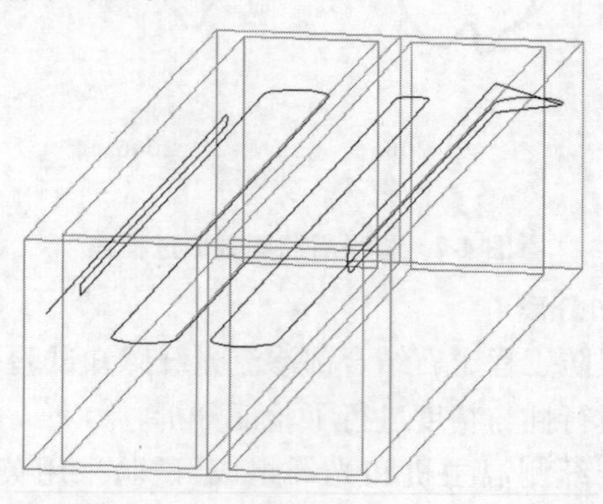

图 4-10　光纤布置情况立体示意图

表 4-1　原始距离坐标与编号对照

坐标	4~12	16~18	22~24	28~30	34~36	40~51
编号	1~9	10~12	13~15	16~18	19~21	22~33

为了简化,只在模型中引入一个渗漏点,且渗漏点在编号为 14 的位置附近。监测时,取样距离为 1 m,取样时间间隔为 2 h,连续监测 5 d,这样每个测点一共有 60 组数据。监测数据和已标准化数据的灰度图如图 4-12 和图 4-13 所示。

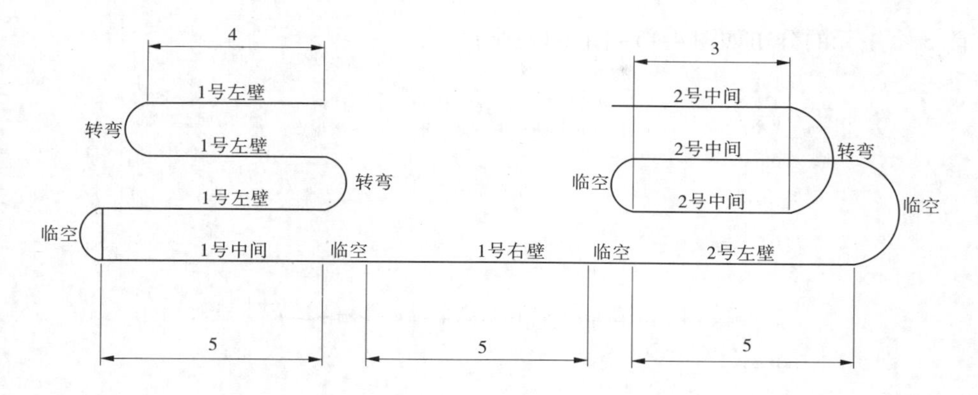

图 4-11 光纤布置示意图

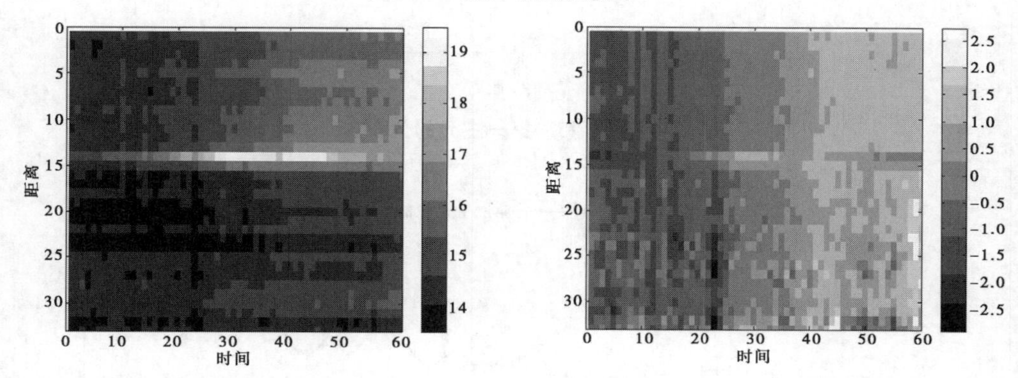

图 4-12 监测数据的灰度图　　图 4-13 标准化后的监测数据灰度图

计算光纤温度监测数据矩阵 ***Y*** 的相关系数矩阵特征值以及各主元并绘图。可以利用 matlab 自带的 princomp( ) 函数求相关系数矩阵的特征值、主元,但是数据处理之前,需将监测数据矩阵 ***Y*** 用 zscore( ) 函数标准化,相关系数矩阵特征值分布如图 4-14 所示。

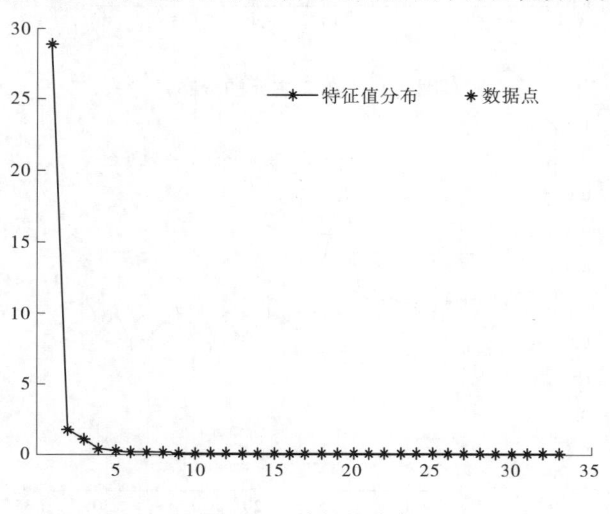

图 4-14 特征值分布

前 3 个主元的分布如图 4-15~图 4-17 所示。

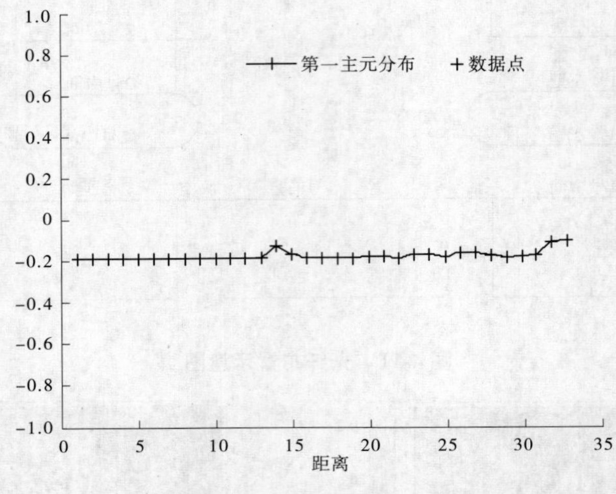

图 4-15　第一主元的分布

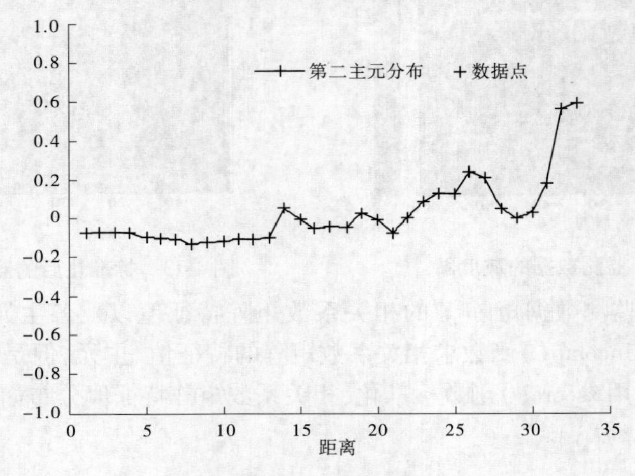

图 4-16　第二主元的分布

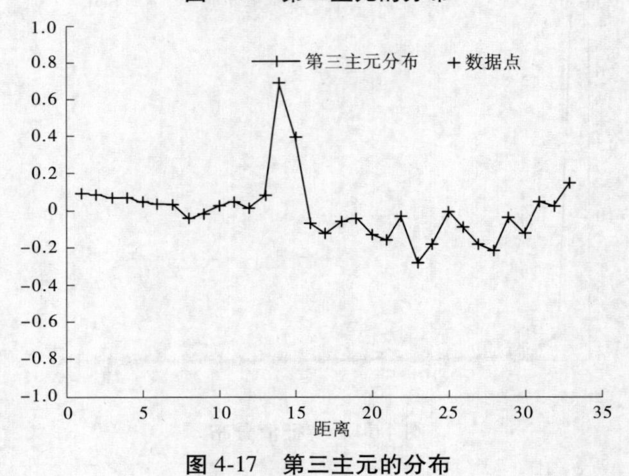

图 4-17　第三主元的分布

第一主元相应的方差贡献率$\sigma_1/\sum\sigma$为87.21%,由此可知第一主元对信息的贡献比较大,而且从图4-15可以看出,第一主元和渗漏的相关性很小,因此可以用第一主元构成主成分信号空间Y_{sig},即式(4-30)中$m=1$。另外,由图4-15可以看出:第一主元前半部分的值稍低于后半部分的值,这可能是由于模型介质不同造成的。由第二主元分布图4-16和第三主元的分布图4-17可以看出,其在预设渗漏点处主元值与其他点处的主元值的差值远大于第一主元的相应差值。因此,可以选择第二主元和第三主元进行下一步的独立成分分析,即$i=2$;这两个主元一个用于构建独立成分信号空间,一个用于构建独立成分残值空间,即$i_2=1$。相应的混合系数矩阵如下,迭代次数为425次。

相应的独立成分分布如图4-18和图4-19所示。

$$\boldsymbol{W}=\begin{bmatrix}0.676\ 3 & 0.736\ 6\\ 0.736\ 6 & -0.676\ 3\end{bmatrix}$$

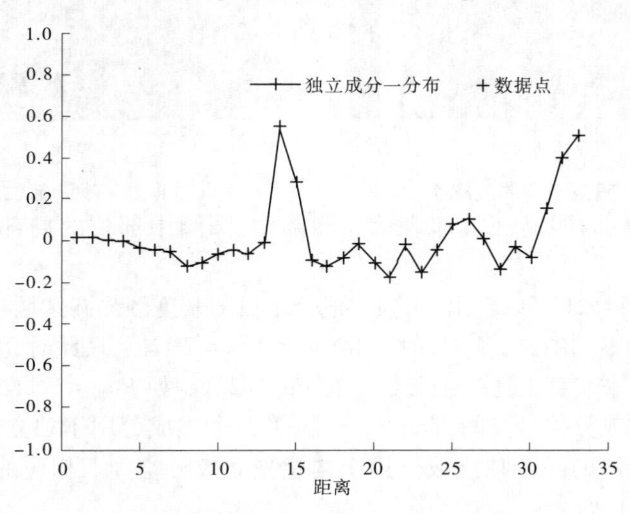

图4-18　独立成分一的分布

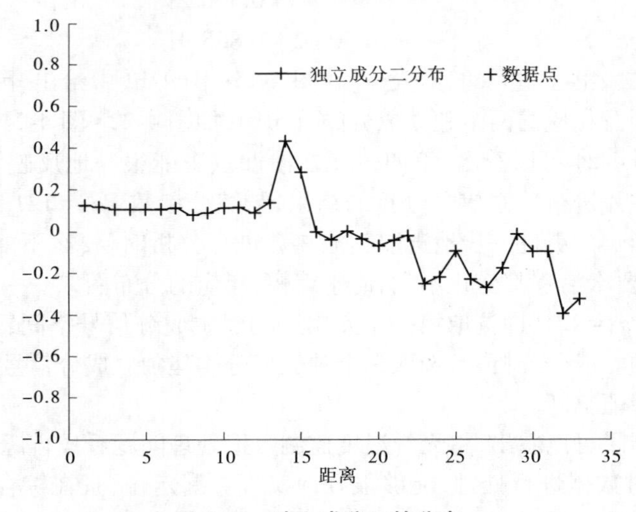

图4-19　独立成分二的分布

由独立成分的分布图 4-18 和图 4-19 可以看出,独立成分一在渗漏点处的差值比其他点处的值更加明显,在其他点的分布更加稳定,因此可以用独立成分一构建残值空间,独立成分二构建独立成分信号空间。另外,从图 4-18 和图 4-19 可以看出,图中末端两个点的变化幅度也较大,这是由于光纤末端激光传输不稳定造成的,在进一步的分析中,可以不考虑其影响。相应的独立成分的残值空间的灰度图如图 4-20 和图 4-21 所示。

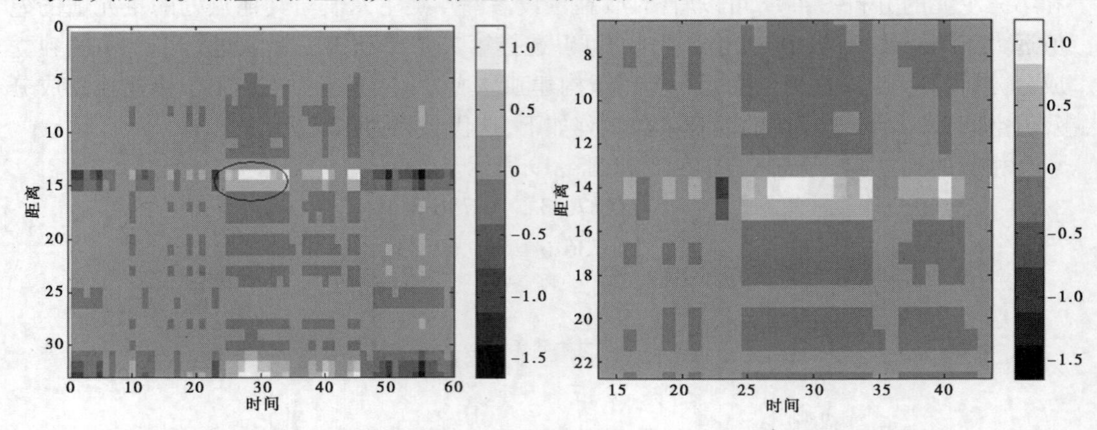

图 4-20　残值空间的灰度图　　　　图 4-21　渗漏部位局部放大图

图 4-20 中白色的明亮部位即表示渗漏部位,圆圈中部位的局部放大图如图 4-21 所示。

由图 4-20 和图 4-21 可以看出,由独立成分生成的灰度图渗漏区域定位比原始数据定位更精确。当变换不同的 m , i , i_2 时,如令 $m=2$, $i=2$, $i_2=1$,此时,为表示上的方便用一个综合参数 Pa_c 来代替上述三个参数即有 $Pa_c=221$。如 $Pa_c=221$,即代表选取前两个主成分用于构建主成分信号空间,选取第三个、第四个主成分用于独立成分分析,并选取独立成分分析估计出的一个独立成分用于构建独立成分空间。相应的混合系数矩阵如下,迭代次数为 320 次。

$$W=\begin{bmatrix} 0.865\,9 & 0.500\,2 \\ -0.500\,2 & 0.865\,9 \end{bmatrix}$$

由于第一、第二、第三主元的分布已经在图 4-15~图 4-17 中给出,因此以下只绘出第四主成分的分布图及相应的两个独立成分的分布图,如图 4-22~图 4-24 所示。

由图 4-22~图 4-24 可以看出,第四主元在渗漏点未能很好地反映渗漏的影响;根据第三主元和第四主元进行独立成分分析的结果,与综合参数 $Pa_c=121$ 时相比,其不能较好地反映渗漏的影响。更进一步地选取其他参数进行分析时,要么不能在渗漏点很好地反映渗漏的影响,要么沿程都变化不大,碍于篇幅,相应的分布图未一一给出。因此,最终的综合参数确定 $Pa_c=121$,即选取第一主元用于构建主成分信号空间,选取第二、第三主元用于下一步的独立成分分析,且选取一个独立成分构建独立成分信号空间,另一独立成分构建独立成分残值空间。

由数据处理结果可以看出,将光纤温度监测数据处理问题看成盲源分离问题,并采用独立成分分析法对数据进行处理,能够很好地实现渗漏定位,且在综合参数为 $Pa_c=121$ 时能够较好地分离渗漏对温度数据的贡献。

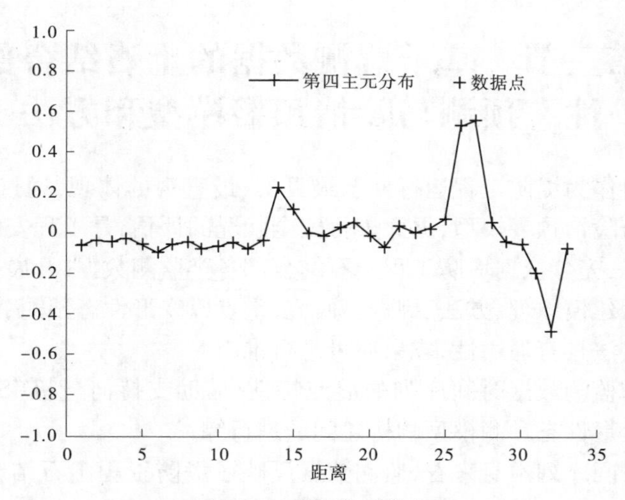

图 4-22　第四主元分布

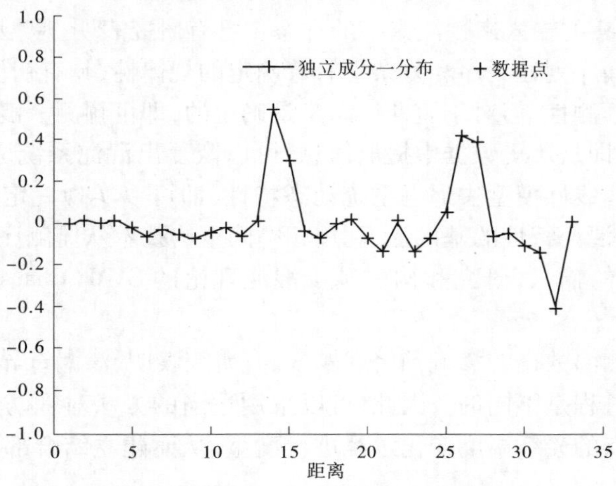

图 4-23　第四主元独立成分一分布

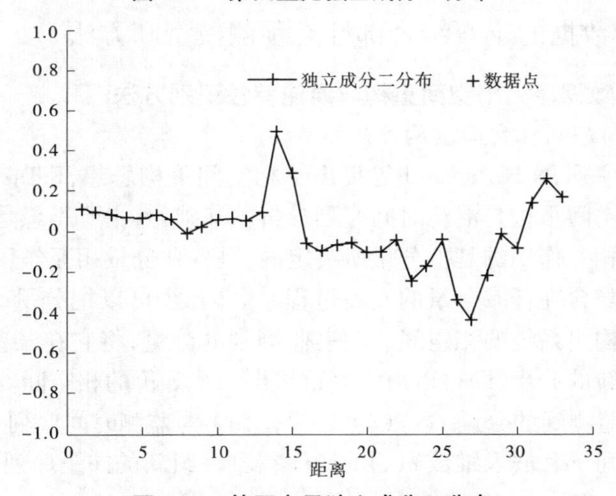

图 4-24　第四主元独立成分二分布

第三节　基于监测数据的土石结合部性态预测与险情预警模型和方法

原型监测资料作为堤防工程运行性态最真实、最直观的体现,通过对其的科学分析,可建立性态预测与险情预警模型,据此进行安全状况的评估,是工程安全领域长久关注的课题。基于此目标,充分依据堤防工程土石结合部各类监测数据,开展土石结合部性态预测与险情预警模型建模原理、方法、判据等研究,重点以变形性态预测、渗流性态预警为对象,但分析思路、方法具有通用性,成果亦可进行推广。

本节主要考虑监测数据时间序列的混沌特性,借助支持向量机(SVM)方法,对堤防工程土石结合部变形性态预测模型的构建问题进行综述。

从监测数据时间序列本身来看,监测数据反映了堤防工程土石结合部在环境与外荷载等作用下的动态演化过程,而且与其历史数据存在着相关性,因此可从历史监测数据中提取特征量作为 SVM 的输入来预测未来的性态。已有研究表明,原型监测数据序列具有混沌特性。混沌时间序列在无序和复杂中有着确定的规律性,具有初值敏感性,对长期的演化结果具有不可预测性,但对于短期性态又是确定的,即可预测。混沌时间序列经过时间延迟相空间重构,即从历史数据中提取信息,可以恢复出混沌系统原来的规律;在重构出的相空间中利用非线性模型去逼近系统动态特性,即可以实现一定时期内的预测。为此,在考虑监测序列混沌特性的基础上,利用相空间重构技术从监测序列的历史数据中提取特征量作为 SVM 的输入,研究和构建基于混沌理论的 SVM(Chaos SVM,CSVM)预测模型。

对于基于光纤测温数据的渗流预警问题,已有研究表明,渗漏奇异点和非奇异点的分布式光纤温度变化过程是不同的。因此,可以采用适当的方法对堤防工程土石结合部渗漏奇异点和非奇异点的光纤温度变化过程进行度量,从而建立结合部渗漏隐患自动定位和预警模型。

一、基于监测数据的土石结合部性态预测模型和方法

(一)原型监测数据序列相空间重构与混沌特性识别方法

1.监测数据时间序列相空间重构方法

对于混沌时间序列,N.H.Packard 等提出了相空间重构思想,F.Takens 为之奠定了坚实的数学基础。相空间重构是混沌时间序列分析的基础,其主要思想是,系统中任一分量的演化都是由与之相互作用的其他分量所决定的,是各种分量相互作用的综合反映,系统中其余分量的信息隐含在任一分量的发展过程中。因此,可以把分量时间序列中的隐含信息显露出来以重构出系统的相空间。考察监测到的分量,将它在某些固定时间的延迟点上的监测量看成新的分量,即可以由它们重构出一个等价的相空间。

如果用 x 表示监测到的分量 $x(t)$ $(t=1,2,\cdots,N)$ 为监测时间序列。相空间重构就是选择合适的延迟时间 τ 和嵌入维数 m,由 $x(t)$ 得到一组新的向量序列:

$$\boldsymbol{X}(t)=\{x(t),x(t+\tau),\cdots,x[t+(m-1)\tau]\} \tag{4-31}$$

其中 ,$t=1,2,\cdots,M,M=N-(m-1)\tau$ 。这个由监测值及其延时值所构成的 m 维状态空间即为重构的相空间。显然,确定式(4-31)中的延迟时间 τ 和嵌入维数 m 是相空间重构的主要研究内容。

1)延迟时间的确定

对于无噪声且足够长的混沌时间序列,延迟时间的选择无须具体限制。但实际的监测序列往往长度有限,且或多或少含有噪声干扰,若延迟时间选得太小,各分量相关性太强,而且混沌运动轨迹会向同一位置挤压,不容易显露信息,将产生冗余误差;若延迟时间选得太大,会导致前后时刻的动力学性态变化剧烈,从而使简单的轨迹表现的很复杂,产生不相关误差。

现有的延迟时间确定方法主要有以下两类:

(1)相空间扩展法。使重构相空间轨迹从相空间的主对角线尽可能地扩展但又不出现重叠,如平均位移法、摆动量法等。平均位移法是在嵌入维数已知的前提下通过确定嵌入窗宽来求出延迟时间,其主要思想是引入平均位移来度量状态点从主对角线扩展的程度,综合考虑冗余误差和不相关误差,使两者的总误差达到最小。

(2)序列相关法。降低 $\boldsymbol{X}(t)$ 内各分量的相关性,同时保证 $\boldsymbol{X}(t)$ 中尽可能包含原系统的信息,如自相关法、改进自相关法、互信息法等。自相关法通过混沌时间序列的自相关函数的变化来确定重构相空间的延迟时间,是较成熟的延迟时间求取方法,但只考虑了线性相关性。改进自相关法同时检测线性和非线性关系,一般会得到比单独检测线性相关性更短的延迟时间。互信息法采用计算互信息函数第一个局部最小值来确定最佳延迟时间,考虑了一般性(包括线性和非线性)随机关联,但计算方法过于复杂,无法避开大量的计算和复杂的空间划分要求。

2)嵌入维数的确定

理论上,如果重构相空间的嵌入维数足够大,就可以刻画出系统的运动规律。若嵌入维数选得太小,混沌运动轨迹会发生一定的扭曲,重构的相空间不能准确地反映混沌时间序列的混沌特性。随着嵌入维数的增大,混沌运动的轨迹将会逐渐展开。但是,嵌入维数也并非选得越大越好,嵌入维数选得越大,计算量也会越大,还会缩短可使用数据的长度,而且可能会导致噪声占主导地位。因此,需要选取一个合适的嵌入维数。

目前,确定嵌入维数的常用方法有饱和关联维数(G-P)法、伪最近邻域法、Cao 方法和真实矢量法等。G-P 法和伪最近邻域法都是在预先确定延迟时间的情况下求取嵌入维数。一般情况下,当相点分布较为密集时,用 G-P 法较为合理;当相点分布较为稀疏时,用伪最近邻域法比较优越,因为该方法的距离尺度可以随相点的稀疏变化自动调整。Cao 方法主要是为了克服在伪最近邻域法中选择阈值的缺点而引入的。真实矢量法中延迟时间作为可变的参变量,无须预先确定,但该方法概念复杂,计算较为麻烦,而且缺乏较客观的定量准则。

3)C-C 方法

前面介绍的方法中,延迟时间 τ 和嵌入维数 m 都是单独确定的,但近年来有研究认为,两者之间存在着一定的相关性,影响重建相空间质量的主要因素,不只在于如何单独选取合适的延迟时间 τ 和嵌入维数 m ,更重要的是联合 τ 和 m 的嵌入窗宽 $\tau_w=(m-1)\tau$

的确定。

H.S.Kim 等于 1999 年提出的 C-C 方法,通过嵌入时间序列的关联积分构造统计量来代表非线性时间序列的相关性,从而实现延迟时间 τ 和嵌入窗宽 τ_w 的估计,最后计算得到嵌入维数。C-C 方法计算量小且易操作,具体描述如下:

设 $x(n)(n=1,2,\cdots,N)$ 为监测时间序列,对其进行相空间延时重构,τ 为延迟时间,m 为嵌入维数。相点数 $M=N-(m-1)\tau$,对相空间中的这 M 个点,计算其有关联的向量对数。规定凡是距离小于给定正数 r 的向量,皆称为有关联的向量。重构相空间中,嵌入时间序列 $\boldsymbol{X}(i)$ 的关联积分定义为有关联的向量对数在一切可能的 M^2 种配对中所占的比例,即

$$C(m,N,r,\tau)=\frac{1}{M^2}\sum_{i,j=1}^{M}\theta[r-\|\boldsymbol{X}(i)-\boldsymbol{X}(j)\|] \tag{4-32}$$

其中

$$\theta(x)=\begin{cases}0, & x\leqslant 0\\ 1, & x>0\end{cases} \tag{4-33}$$

将时间序列 $x(n)(n=1,2,\cdots,N)$ 分为 t 个长度为 N/t 的不相交子序列,则有

$$\begin{gathered}\{x(1),x(t+1),x(2t+1),\cdots\}\\ \{x(2),x(t+2),x(2t+2),\cdots\}\\ \vdots\\ \{x(t),x(t+t),x(2t+t),\cdots\}\end{gathered}$$

计算每个子序列的统计量 $S(m,N,r,t)$ 如下:

$$S(m,N,r,t)=\frac{1}{t}\sum_{l=1}^{t}\{C_l(m,N/t,r,t)-[C_l(1,N/t,r,t)]^m\} \tag{4-34}$$

式中:C_l 为第 l 个子序列得到的关联积分。

$S(m,N,r,t)$ 反映了时间序列的自相关特性,如果时间序列是独立同分布的,那么对固定的 m 和 t,当 $N\to\infty$时,对于所有的 r,$S(m,N,r,t)$ 恒等于零。但是,实际的时间序列是有限长的,且存在相关性,因此,一般情况下 $S(m,N,r,t)$ 不为零,局部最大时间可以在 $S(m,N,r,t)\times t$ 为零点时选取,或者在 $S(m,N,r,t)\times t$ 对所有的领域半径 r 表现出最小的变化时选取,因为此时相空间中的点几乎是均匀分布的,混沌轨迹在相空间中完全展开。因此,选择对应 $S(m,N,r,t)$ 值最大和最小的两个半径 r,定义差量为

$$\Delta S(m,N,t)=\max[S(m,N,r_i,t)]-\min[S(m,N,r_j,t)]\quad(i\neq j) \tag{4-35}$$

$\Delta S(m,N,t)\times t$ 度量了 $S(m,N,r,t)$ 对所有领域半径 r 的最大偏差。$S(m,N,r,t)\times t$ 的零点对于所有的 m 和 r 应该是基本相同的,而且差量 $\Delta S(m,N,t)\times t$ 的极小值对于所有的 m 也应该基本相同,延迟时间 τ 对应于这些局部最大时间 t 中的小者。

研究表明,当 $2\leqslant m\leqslant 5$,$\sigma/2\leqslant r\leqslant 2\sigma$,$N\geqslant 500$ 时,能够取得较好效果,这里 σ 为时间序列的标准差。根据式(4-34)和式(4-35)定义三个统计量为

$$\bar{S}(t)=\frac{1}{16}\sum_{m=2}^{5}\sum_{j=2}^{4}S(m,N,r_j,t) \tag{4-36}$$

$$\Delta\bar{S}(t)=\frac{1}{4}\sum_{m=2}^{5}\Delta S(m,N,t) \tag{4-37}$$

$$S_{cor}(t) = |\overline{S}(t)| + \Delta\overline{S}(t) \tag{4-38}$$

C-C 方法取 $\overline{S}(t)$ 的第一个零点和 $\Delta\overline{S}(t)$ 的第一个极小值对应的两个局部最大时间 t 中的小者作为延迟时间 τ，取 $S_{cor}(t)$ 的最小值对应的 t 作为嵌入窗宽 τ_w。

2.监测数据时间序列混沌特性识别

目前关于混沌还没有一个严格科学的定义，时间序列混沌特性识别方法只是从某一个方面识别序列是否为混沌的必要条件。对监测序列进行混沌特性识别可以从定性和定量两种途径来进行。定性方法主要通过揭示混沌信号在时域或频域中表现出的特殊空间结构或频率特性，从而和其他随机、周期或准周期信号区分开来，主要方法有相图法、功率谱法等。该类方法简单直观，但过于笼统，而且无法区分大周期运动和混沌运动。定量方法是通过计算混沌信号奇异吸引子特性的参数来识别混沌行为的方法。刻画奇异吸引子特性的参数主要有描述邻近轨道发散率的 Lyapunov 指数或最大 Lyapunov 指数、描述吸引子维数的关联维数和反映信息产生频率的 Kolmogorov 熵。这三个参数都为吸引子的不变量，在表征系统的混沌特性方面起着重要的作用。本节从定量方法着手，通过计算分析监测数据时间序列最大 Lyapunov 指数和关联维数来识别监测时间序列的混沌行为。

1) Lyapunov 指数

混沌系统具有初值敏感性，即系统初始状态的微小差别，会引起系统行为随时间呈指数规律发散，但最终会收敛于一个奇异吸引子。Lyapunov 指数就是描述邻近轨道发散率的量。基于 Lyapunov 指数的混沌特性识别即根据相轨道有无扩散运动特征来识别系统的混沌特性。

对于混沌系统，至少有一个 Lyapunov 指数大于零，这是区分奇异吸引子与其他吸引子的重要特征。因此，在实际动力系统混沌识别中，通常只估计最大 Lyapunov 指数 λ_1，主要方法有 Wolf 法、Jacobian 法、小数据量法等。M · T · Rosenstein 等提出的小数据量法计算量较小且相对易操作，其具体计算步骤如下：

(1) 确定延迟时间 τ 、嵌入维数 m 和平均周期 p 。

(2) 重构相空间 $\boldsymbol{X}(t)=\{x(t),x(t+\tau),\cdots,x[t+(m-1)\tau]\}$ $(t=1,2,\cdots,M)$。

(3) 找相空间中每个点 $\boldsymbol{X}(t)$ 的最邻近点 $\boldsymbol{X}(\hat{t})$，并限制短暂分离，即

$$d_t(0) = \min_{\hat{t}} \| \boldsymbol{X}(t) - \boldsymbol{X}(\hat{t}) \| \quad (|t - \hat{t}| > p) \tag{4-39}$$

式中：$\hat{t} = 1,2,\cdots,M$ 且 $t \neq \hat{t}$ 。

(4) 对相空间中的每个点 $\boldsymbol{X}(t)$，计算出该邻域点对应的 i 个离散时间步后的距离 $d_t(i)$，即

$$d_t(i) = \| \boldsymbol{X}(t + i) - \boldsymbol{X}(\hat{t} + i) \| \quad (i = 1,2,\cdots,\min(M - t,M - \hat{t})) \tag{4-40}$$

(5) 最大 Lyapunov 指数 λ_1 的几何意义是量化初始闭合轨道的指数发散，则有

$$d_t(i) = d_t(0)\mathrm{e}^{\lambda_1(i\Delta t)} \tag{4-41}$$

式中：Δt 为监测序列时间间隔。

将式(4-41)两边取对数得

$$\ln d_t(i) = \ln d_t(0) + \lambda_1(i\Delta t) \quad (t = 1,2,\cdots,M) \tag{4-42}$$

显然,最大 Lyapunov 指数 λ_1 可以近似看成 $\frac{\ln d_t(i)}{\Delta t} i(t=1,2,\cdots,M)$ 这组直线的斜率,可通过最小二乘法逼近该组直线而得到,即

$$y(i)=\frac{1}{\Delta t}\langle \ln d_t(i)\rangle \tag{4-43}$$

式中:〈 〉表示关于所有 t 的平均值。

选择 $y(i)$ 的一段线性区域,并用最小二乘法作出回归直线,该直线的斜率即最大 Lyapunov 指数 λ_1。

2)关联维数

混沌系统最主要的特征是相空间中存在着奇异吸引子,而描述吸引子的基本数学量是它的维数。1983 年,Grassberger 和 Procaccia 提出了从时间序列计算吸引子关联维数的 G-P 算法,该算法简洁且易于实现,获得了广泛的应用。下面给出 G-P 算法的基本原理。

对监测时间序列 $x(t)(t=1,2,\cdots,N)$ 进行相空间延时重构,得到一组空间向量 $\boldsymbol{X}(t)=\{x(t),x(t+\tau),\cdots,x[t+(m-1)\tau]\}$ $(t=1,2,\cdots,M)$。给定领域半径 r,可计算关联积分 $C(r)$:

$$C(r)=\frac{1}{M^2}\sum_{i,j=1}^{M}\theta[r-\|\boldsymbol{X}(i)-\boldsymbol{X}(j)\|] \tag{4-44}$$

显然,关联积分的计算结果与 r 的取值有关。关联维数 D 定义如下:

$$D=\lim_{r\to 0}\frac{\ln C(r)}{\ln r} \tag{4-45}$$

给定一些具体的 r,计算相应的关联积分 $C(r)$,则可得到双对数关系 $\ln C(r)\times \ln r$,取其中的直线段,用最小二乘法拟合得到一条最佳直线,该直线的斜率称为关联指数。

对于混沌序列,关联指数会随着嵌入维数 m 的增大而增大,最后趋于一个饱和值,这个饱和值就是关联维数 D_2;对于随机序列,关联指数会随着嵌入维数 m 的增大而一直增大,不存在饱和现象。因此,可以让嵌入维数 m 从小到大增加,计算出相应的关联指数,根据关联指数是否具有饱和现象来区别混沌序列和随机序列。

(二)基于 CSVM 的安全预测模型

考虑监测数据时间序列所具有的混沌特性,将混沌理论和支持向量机相结合(称为 CSVM),研究并建立安全时间序列预测模型。

1.CSVM 的输入特征向量确定

安全监测数据时间序列 $x(t)(t=1,2,\cdots,N)$ 为一混沌时间序列,选择适当的延迟时间 τ 和嵌入维数 m 对该时间序列进行相空间重构,得到相空间向量序列:

$$\boldsymbol{X}(t)=\{x(t),x(t-\tau),\cdots,x[t-(m-1)\tau]\}\quad(t=1+(m-1)\tau,\cdots,N) \tag{4-46}$$

由 Takens 嵌入定理知,只要嵌入维数 m 和延迟时间 τ 选择恰当,重构相空间中的"轨线"就是微分同胚意义上的原系统的动力学等价,因而存在如下的函数关系:

$$\boldsymbol{X}(t+\eta)=F(\boldsymbol{X}(t))=F\{x(t),x(t-\tau),\cdots,x[t-(m-1)\tau]\} \tag{4-47}$$

式中:η 为预测步长。

$\boldsymbol{X}(t) \rightarrow \boldsymbol{X}(t+\eta)$ 的演化反映了原未知动力系统的演化。考虑 $\eta=1$ 的情况,由式(4-47)有 $\boldsymbol{X}(t+\eta)$ 中的第一个分量:

$$x(t+1)=f\{x(t),x(t-\tau),\cdots,x[t-(m-1)\tau]\} \tag{4-48}$$

显然,可以将 $\{x(t),x(t-\tau),\cdots,x[t-(m-1)\tau]\}$ 作为支持向量机回归预测 $x(t+1)$ 时的样本输入特征向量。

2.CSVM 的参数选择

1)常规的参数选择方法

在应用支持向量机进行回归分析的过程中,相关参数的选取对支持向量机的学习效果和泛化能力有着很大的影响。关于惩罚因子 C 和 RBF 核函数参数 γ 的选择,常使用的是网格搜索法。该法实际上就是通过穷举一系列的参数组合来选出其中的最优参数组合,一般来说,需要的计算量较大,消耗的运算时间较长。因此,有研究人员考虑将智能优化算法和支持向量机相结合,用性能优越的智能化算法来搜索支持向量机参数。目前,较为常用的支持向量机参数智能优化算法有遗传算法和粒子群优化算法。

(1)遗传算法(Genetic algorithm,GA)利用生物遗传学的观点,结合了适者生存和随机信息交换的思想,通过选择、交叉、变异等作用机理,实现种群的进化。该算法具有隐式并行性和全局搜索性两大主要特点,在全局寻优上效果良好,而在局部寻优上存在不足,操作往往比较复杂,对于不同的优化问题,需要设计不同的交叉或变异方式。

(2)粒子群优化算法(Particle swarm optimization,PSO)源于对鸟群觅食行为的模拟。PSO 首先在搜索空间内随机初始化一群粒子,每个粒子的位置是优化问题的一个解,每个粒子都有一个衡量粒子优劣的适应度值,还有一个决定粒子飞行的方向和距离的速度。然后粒子们追寻当前的最优粒子,动态调整自己的速度和位置,通过迭代找到最优解。在每一次迭代中,各粒子通过跟踪两个“极值”来更新自己:一个是个体极值 $pbest$,即粒子自身目前找到的最优解;另一个是全局极值 $gbest$,即整个种群目前所找到的最优解。与 GA 相比,PSO 是通过个体间的协作来寻找最优解,结构简单、易理解、易实现。但 PSO 的搜索过程有两点不足:初始化过程是随机的,对各粒子的质量不能保证;后期容易陷入局部最优解。

2)基于混沌粒子群的参数选择方法

混沌粒子群优化算法(Chaos PSO,CPSO)是对 PSO 的改进,其基本思路是:在初始化粒子群时,利用混沌运动的遍历性找到一群个体质量较好的粒子;在更新粒子时,对粒子进行混沌扰动,促使其跳出局部极值区间。CPSO 的流程如图 4-25 所示。

Logistic 映射是一个典型的混沌系统,其迭代公式为

$$z_{i+1}=\mu z_i(1-z_i) \quad (i=0,1,2\cdots;\mu \in (2,4]) \tag{4-49}$$

当控制参量 $\mu=4$, $0 \leqslant z_0 \leqslant 1$ 时,Logistic 完全处于混沌状态。利用混沌运动特性可以进行优化搜索,其基本思想是首先产生一组与优化变量相同数目的混沌变量,用类似载波的方式将混沌引入优化变量使其呈现混沌状态,同时把混沌运动的遍历范围放大到优化变量的取值范围,然后直接利用混沌变量搜索。由于混沌运动具有随机性、遍历性、对初始条件的敏感性等特点,基于混沌的搜索技术无疑会比其他随机搜索更具优越性。

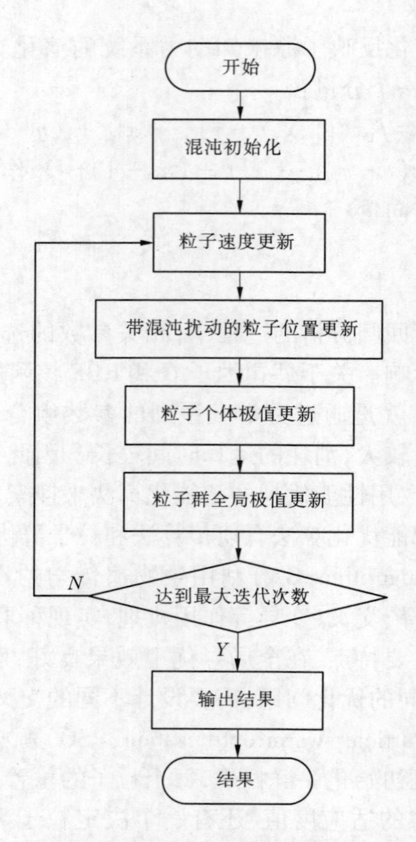

图 4-25　混沌粒子群优化算法流程

惩罚因子 C 和 RBF 核函数参数 γ 的选择相当于求解二维的优化问题：

$$\min \quad f(x_1,x_2) \quad (a_i \leqslant x_i \leqslant b_i, i=1,2) \tag{4-50}$$

其中，优化变量 x_1 代表惩罚因子 C，优化变量 x_2 代表 RBF 核函数参数 γ，目标函数即适应度值 f 为 K-$C\gamma$ 下对 K（K 为累计函数评价次数）个验证集的预测均方差的平均值。考虑到 C 的取值太大会导致模型泛化能力降低，所以在确保一定的训练集交叉验证预测精度的前提下，控制惩罚因子 C 尽量取小值。

基于混沌粒子群的惩罚因子 C 和 RBF 核函数参数 γ 的选择方法具体如下：

(1)混沌初始化。

①随机产生一个二维、每个分量数值在 0～1 之间的向量 $z_1=(z_{11},z_{12})$。根据式(4-50)，$z_{i+1j}=4z_{ij}(1-z_{ij})$ $(i=1,2,\cdots,N-1;j=1,2)$，得到 N 个粒子 $z_1,z_2,\cdots,z_N$。

②将 z_i 的各个分量载波到优化变量的取值范围，$x_{ij}=a_j+(b_j-a_j)z_{ij}$　$(i=1,2,\cdots,N;j=1,2)$，则有 N 个粒子 $\boldsymbol{x}_1,\boldsymbol{x}_2,\cdots,\boldsymbol{x}_N$。

③计算所有粒子的适应度值 $\boldsymbol{f}_{N\times1}$，并从 N 个粒子中选择性能较好，即适应度值 f_i 较小的，同时第一个分量 x_{i1}（惩罚因子 C）也较小的 m 个粒子组成初始粒子群 $\boldsymbol{x}_{m\times2}$。初始化速度 $\boldsymbol{v}_{m\times2}=\text{zeros}(m,2)$。

④初始化个体极值 $\boldsymbol{pxbest}_0=\boldsymbol{x}_{m\times2}$，相应适应度值 $\boldsymbol{pfbest}_0=\boldsymbol{f}_{m\times1}$；根据 m 个粒子的适应度值 f_i 和第一个分量 x_{i1}（惩罚因子 C）的大小，初始化全局极值 $\boldsymbol{gxbest}_0$ 和相应适应度值 $\boldsymbol{gfbest}_0$。

(2)随机产生一个二维、每个分量数值在 0~1 之间的向量 $\boldsymbol{u}_0=(u_{01},u_{02})$。

For 迭代次数 $k=1:k_{\max}$；

For 粒子 $i=1:m$。

(3)更新各粒子的速度,并限制在 $\boldsymbol{v}_{\max}$ 内。

$$\boldsymbol{v}_{ki}=c_0\boldsymbol{v}_{k-1i}+c_1(\boldsymbol{pxbest}_{k-1i}-\boldsymbol{x}_{k-1i})+c_2(\boldsymbol{gxbest}_{k-1i}-\boldsymbol{x}_{k-1i}) \tag{4-51}$$

(4)带混沌扰动的粒子位置更新。

①根据式(4-49),$u_{1j}=4u_{0j}(1-u_{0j})\ (j=1,2)$,得到 $\boldsymbol{u}_1=(u_{11},u_{12})$。

②将 $\boldsymbol{u}_1$ 的各个分量载波到混沌扰动范围$[-\beta,\beta]$内,$\Delta x_j=-\beta+2\beta u_{1j}\quad(j=1,2)$,得到扰动量 $\Delta\boldsymbol{x}=(\Delta x_1,\Delta x_2)$。

③$\boldsymbol{u}_0=\boldsymbol{u}_1$。

④计算 $\boldsymbol{x}_{ki}=\boldsymbol{x}_{k-1i}+\boldsymbol{v}_{ki}$ 和 $\boldsymbol{x}'_{ki}=\boldsymbol{x}_{k-1i}+\boldsymbol{v}_{ki}+\Delta\boldsymbol{x}$(限制在变量范围内),再计算这两个位置的适应度值 $\boldsymbol{f}_{ki}$ 和 $\boldsymbol{f}'_{ki}$。如果 $\boldsymbol{f}'_{ki}<\boldsymbol{f}_{ki}$,或 $|\boldsymbol{f}'_{ki}-\boldsymbol{f}_{ki}|\leqslant e$ 且粒子位置的第一个分量 $x'_{ki1}<x_{ki1}$,则更新粒子位置 $\boldsymbol{x}_{ki}=\boldsymbol{x}'_{ki}$,相应适应度值 $\boldsymbol{f}_{ki}=\boldsymbol{f}'_{ki}$。

(5)粒子的个体极值更新。如果 $\boldsymbol{f}_{ki}<\boldsymbol{pfbest}_{k-1i}$,或 $|\boldsymbol{f}_{ki}-\boldsymbol{pfbest}_{k-1i}|\leqslant e$ 且粒子位置向量的第一个分量 $x_{ki1}<\boldsymbol{pxbest}_{k-1i1}$,则粒子 $\boldsymbol{x}_i$ 的个体极值 $\boldsymbol{pxbest}_{ki}=x_{ki}$,相应适应度值 $\boldsymbol{pfbest}_{ki}=\boldsymbol{f}_{ki}$;否则 $\boldsymbol{pxbest}_{ki}=\boldsymbol{pxbestt}_{k-1i}$,相应适应度值 $\boldsymbol{pfbest}_{ki}=\boldsymbol{pfbest}_{k-1i}$。

(6)粒子群的全局极值更新。如果粒子 x_i 的个体极值适应度值 $\boldsymbol{pfbest}_{ki}<\boldsymbol{gfbest}_{k-1}$,或 $|\boldsymbol{pfbest}_{ki}-\boldsymbol{gfbest}_{k-1}|\leqslant e$ 且粒子个体极值的第一个分量 $\boldsymbol{pxbest}_{ki1}<\boldsymbol{gxbest}_{k-11}$,则粒子群的全局极值 $\boldsymbol{gxbest}_k=\boldsymbol{pxbest}_{ki}$,相应的适应度值 $\boldsymbol{gfbest}_k=\boldsymbol{pfbest}_{ki}$;否则 $\boldsymbol{gxbest}_{ki}=\boldsymbol{gxbest}_{k-1i}$,相应适应度值 $\boldsymbol{gfbest}_k=\boldsymbol{gfbest}_{k-1}$。

End For

End For

(7)根据 $k_{\max}$ 次迭代过程中的 $k_{\max}$ 个全局极值的适应度值 $gfbest_k$ 和第一个分量 $gxbest_{k1}$(惩罚因子 C)的大小,最终确定合适的惩罚因子 C 和 RBF 核函数参数 γ,输出结果。

3.基于 CSVM 的安全预测模型建模过程

设有经过降噪处理的安全监测时间序列 $x(t)\ (t=1,2,\cdots,N)$,应用前文所述方法选择适当的延迟时间 τ 和嵌入维数 m 对其进行相空间重构,并进行混沌特性识别。若该时间序列具有混沌特性,构造样本集$\{\boldsymbol{X}(t),x(t+1)\}\ (t=1+(m-1)\tau,\cdots,N-1)$,其中 $\boldsymbol{X}(t)\in\boldsymbol{R}^m$ 为输入特征向量,由式(4-46)得到,$x(t+1)\in\boldsymbol{R}$ 为输出效应量,以前 n 组数据作为训练样本,通过训练可获得安全预测模型,整个建模过程如图 4-26 所示。

二、基于监测数据的土石结合部险情预警模型和方法

(一)土石结合部渗漏隐患自动定位模型构建原理

为了分析分布式光纤温度传感系统获取的温度数据随时间的变化特点,自然条件下应选取相似天气状况下温度监测数据进行分析。相似天气状况是指没有明显的降雨或其他能够引起光纤沿程温度监测数据大范围异常变化的气象条件。尽管由于复杂的工作环境和内部侵蚀等因素的影响,结合部内部将出现渗漏隐患,但是,通常情况下结合部内部的渗漏奇异点还是非常少的,即仅仅在有限的一些区域发生渗漏,大部分区域都是与渗漏

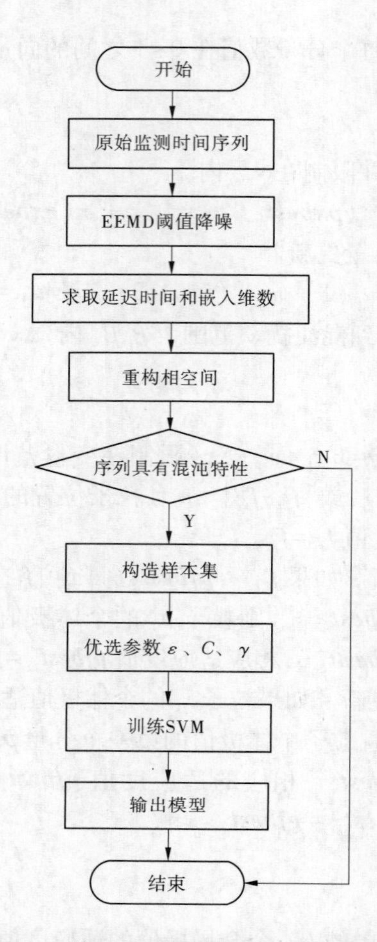

图 4-26 基于 CSVM 的预测模型建模流程

无关的非奇异区,这是结合部能够正常工作的基本条件,也是本章将要建立的自动定位模型能够正常报警的前提条件。因为比较严重的降雨在土壤中产生的下渗作用,将导致光纤埋设处出现下渗水流,这等同于光纤周围出现渗漏水流,形成了一个光纤沿程大部分渗漏的局面,从而与结合部的正常工作情况相背离,这将导致报警模型的失效,因此应选取没有严重降雨时的相似天气状况下的温度数据监测资料进行分析。所要处理的试验数据,由于是在半室内的条件下获取的,避免了降雨等因素的影响;自然条件下,在利用分布式光纤温度传感系统进行结合部渗漏监测时,可以在工程监测的同时记录天气情况,以获得相似天气条件下的监测数据,否则,可以利用监测数据的斜度与峰态的统计特性来获取相似气象条件下的监测数据。由于渗透水流的作用,渗漏奇异区的日常温度变化过程和相同条件下非奇异区温度变化过程有较大差别。具体来说,对大部分非奇异区,日常温度变化过程有一个大致相似的趋势,但是奇异区的温度变化过程将表现出与上述趋势较大程度的偏离,因此可以利用渗漏奇异区和非奇异区日常温度变化过程的不同构建结合部渗漏奇异点自动定位模型。图 4-27 和图 4-28 所示的几个取样点在某一天内的温度随时间的变化过程可以很好地说明上述问题。

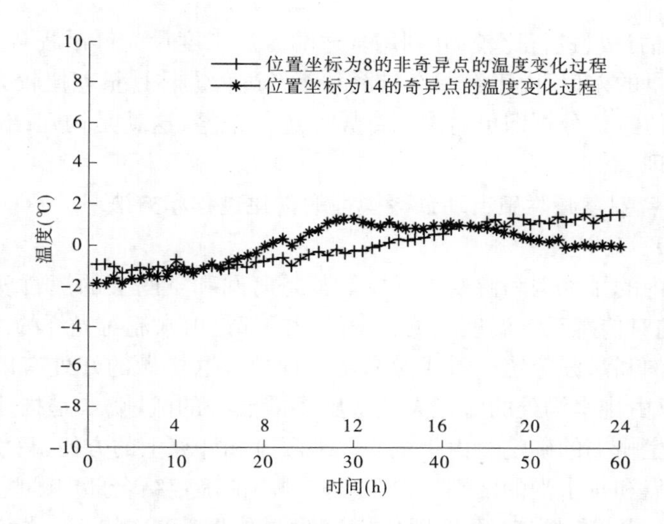

图 4-27　奇异区和非奇异区温度变化过程一

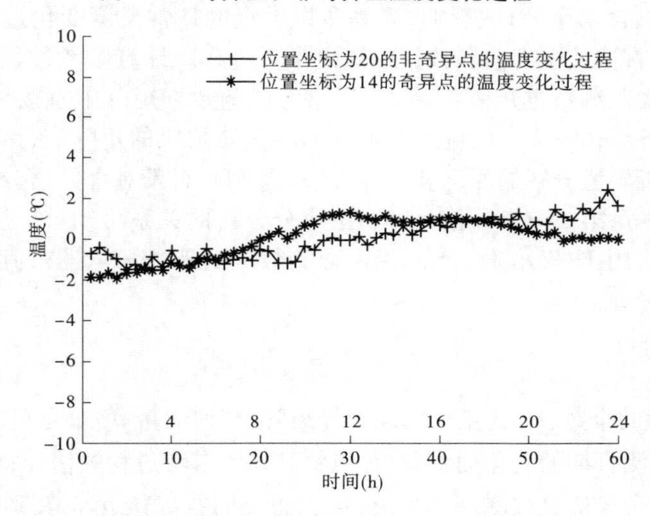

图 4-28　奇异区和非奇异区温度变化过程二

由图 4-27 和 4-28 可以看出:在一天内,渗漏奇异点的温度有一个先上升后下降的过程,而两个非奇异点的温度变化过程相似,都是一个缓慢上升的过程,而且上升幅度也比渗漏奇异点稍小,这也和试验期的温度缓慢上升过程一致。图 4-27 和图 4-28 中温度过程线是由标准化后的数据绘出的。未标准化数据的温度过程线的变化趋势和上述趋势相似,所不同的是温度数据集中在一个较大的温度值附近。这里随机选取两个非奇异点的温度变化过程与奇异点的温度变化过程进行比较,其他非奇异点的温度变化过程与图中非奇异点的温度变化过程相似,在此不再一一给出。这里选取较大的纵轴坐标是为了能够更好地观察测点的温度变化趋势。

考虑将同一天内光纤沿程各点温度监测信号的总体构成的矩阵 $\boldsymbol{Y}$ 作为研究对象,并将渗漏非奇异区在一天内温度监测数据随时间的变化过程作为参考变化过程,简称参考过程 $\boldsymbol{Y}_{rv}$ 。如果能够从温度监测数据矩阵 $\boldsymbol{Y}$ 中估计出参考过程,然后将温度监测数据矩

阵 $\boldsymbol{Y}$ 与参考过程估计量进行比较,并利用合适的方法来度量光纤沿程各点温度监测信号与参考过程估计量的差值,由于渗漏奇异区和参考过程的估计量差值较大,因此通过采用适当的方法对差值进行分析即可对渗漏奇异区进行报警,这就是构建结合部渗漏自动定位模型的基本原理。

(二)土石结合部渗漏隐患自动预警模型的构建过程和方法

1.参考过程 $\boldsymbol{Y}_{rv}$ 的估计

由于结合部内的排水沟和渗漏等现象等都是时间和空间上的短暂现象,二者在本质上是相同的,它们对传感系统温度监测数据的影响都是由水流对光纤的冲刷作用引起的,因此可以将排水沟和渗漏等统一看成渗漏奇异现象。这样做的好处有以下两点:一是通过对比分析,可以由排水沟处的流速大致得出渗漏点处的流速;二是构建预警模型时,有助于系统隐患发生概率的确定。由于试验场地限制和计算上的方便,只引入一个渗漏点,所以并没有渗漏点和排水沟的区别。由于事先并不能确定结合部中哪些部位为渗漏奇异点,哪些部位为渗漏非奇异点,而且即使知道少量位置为渗漏非奇异点,由于各种因素(如土壤颗粒组成、含水率等)的影响,渗漏非奇异点的日常温度变化过程相似但并不完全一致,因此无法直接从温度监测数据中得出参考过程。计算参考过程的一个可行的方法是根据光纤温度监测数据矩阵的特点,从温度监测数据矩阵中直接估计出参考过程。首先对光纤沿程各点在一天内的温度监测数据的整体构成的矩阵进行奇异值分解,之前已经详细介绍过奇异值分解的原理和计算方法,因此下面只对奇异值分解在此处的应用作简要说明。由本章第二节奇异值分解和主成分分析的关系可知,该过程也可以由主成分分析方法得出。用 $\boldsymbol{Y}^i$ 表示第 i 天的温度监测数据矩阵,$\boldsymbol{Y}^i \in \boldsymbol{R}^{N_t \times N_x}$,其奇异值分解结果如下式:

$$\boldsymbol{Y}^i = \boldsymbol{U}^i \boldsymbol{S}^i \boldsymbol{V}^{i\prime} = \sum_{j=1}^{N} \boldsymbol{\sigma}_j^i \boldsymbol{u}_j^i \boldsymbol{v}_j^{i\prime} \tag{4-52}$$

式中:N 为奇异值的个数;$\boldsymbol{U}^i$ 为正交的左奇异矩阵,其列向量 $\boldsymbol{u}_j^i$ 即为左奇异向量,它是时间的函数,随着监测日期的变化而变化,可以将其作为参考过程的估计;$\boldsymbol{S}^i$ 为奇异值 $\boldsymbol{\sigma}_j^i$ 构成的对角矩阵,且奇异值是按降序排列的;$\boldsymbol{V}^i$ 为正交的右奇异矩阵,其列向量 $\boldsymbol{v}_j^i$ 即为右奇异向量,代表参考过程在距离上的变化量,$\boldsymbol{V}^{i\prime}$为其转置矩阵。

进一步,奇异值分解可以将温度监测数据分解成两个互补的空间:信号空间和对应的残值空间,并用公式表示如下:

$$\boldsymbol{Y}^i = \boldsymbol{Y}_{\text{sig}}^i + \boldsymbol{Y}_{\text{res}}^i = \sum_{j=1}^{P} \boldsymbol{\sigma}_j^i \boldsymbol{u}_j^i \boldsymbol{v}_j^{i\prime} + \sum_{j=P+1}^{N} \boldsymbol{\sigma}_j^i \boldsymbol{u}_j^i \boldsymbol{v}_j^{i\prime} \tag{4-53}$$

式中:$\boldsymbol{P}$ 为用于构建信号空间的奇异值个数;$\boldsymbol{Y}_{\text{sig}}^i$ 为信号空间;$\boldsymbol{Y}_{res}^i$ 为相应的残值空间。由本章第二节盲源分离技术的应用成果可知,光纤埋设位置处的土壤特性等对温度监测数据的影响可以由第一主成分给出,它包含了温度监测数据中的大部分信息,渗漏等的影响由第二、第三主成分给出,因此可以将左奇异矩阵的第一个列向量作为渗漏非奇异点温度变化过程,即参考过程的估计,并将其用于构成信号空间 Y_{sig},即式(4-53)中 $P=1$,同时,将原始温度监测信号与该信号空间的差值空间用于构建残值空间 Y_{res},残值空间中应包含与渗漏相关的信息。图 4-29~图 4-31 为某些典型点的日常温度变化过程与参考过程对比。

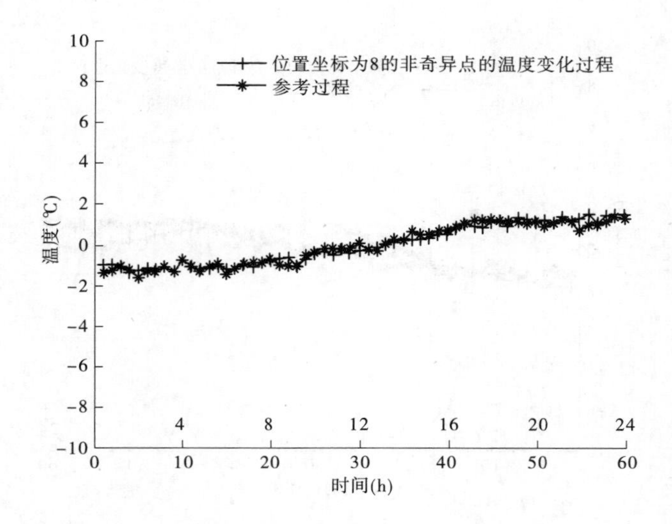

图 4-29　典型点对比一

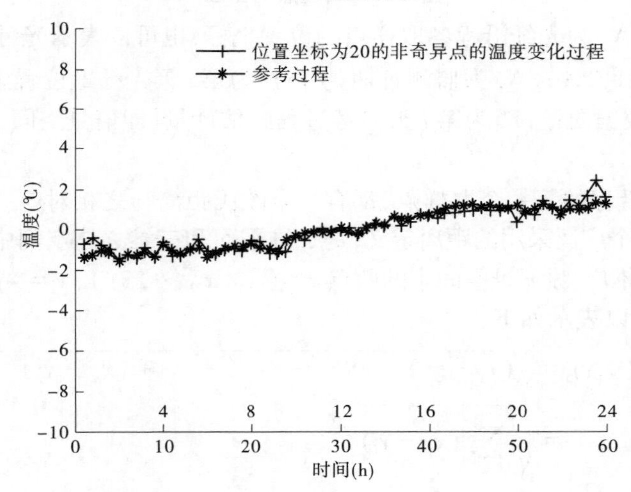

图 4-30　典型点对比二

由图 4-29~图 4-31 可见,利用左奇异矩阵的第一个列向量作为渗漏非奇异点的温度数据参考过程是可以的。综上所述,参考过程的估计可以由光纤沿程温度监测数据奇异值分解结果的左奇异矩阵的第一个列向量给出。

2.*差值变量的度量*

由于渗漏的影响,渗漏奇异区的日常温度变化过程与参考过程的差别,将大于渗漏非奇异区日常温度变化过程与参考过程的差别,因此采用合适的方法,计算光纤沿程各点的日常温度监测数据与参考过程的估计量的差值,然后通过奇异点和非奇异点温度变化过程与参考过程估计量差值的不同,采取合适的标准就可以进行渗漏点的定位。为了描述上的方便,将该差值变量记为 $d^i(x)$ 。计算差值变量 $d^i(x)$ 的一个可行方法是计算光纤各点 24 h 监测数据与参考过程估计量的欧氏距离:

$$d^i(x) = \| \boldsymbol{y}^i_{\text{res}}(x) \|_2 = \| \boldsymbol{y}^i(x) - \boldsymbol{Y}^i_{rv} \|_2 \tag{4-54}$$

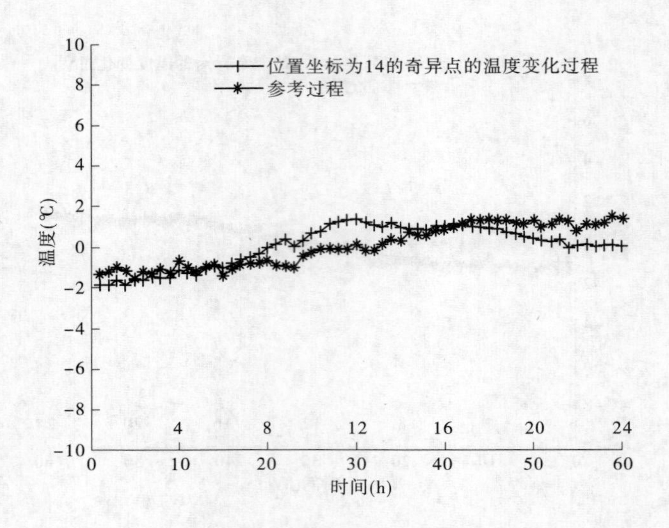

图 4-31　典型点对比三

式中：$x=1,2,\cdots,N_x$ 为光纤沿程各取样点的位置坐标，也可以表示光纤沿程各取样点与起始点的距离；$i=1,2,\cdots,N_T$ 为监测日期；$\boldsymbol{y}^i(x)$ 为第 i 天光纤上位置坐标为 x 的取样点在 24 h 内的监测数据向量；$\boldsymbol{Y}^i_{\mathrm{rv}}$ 为第 i 天参考过程的估计量，即信号空间；$\boldsymbol{y}^i_{\mathrm{res}}$ 为与之相应的残值空间。

因此，对光纤沿程的每一个取样点，都有一个欧氏距离与之相对应。

欧氏距离是一个广泛采用的距离定义，是二维平面和三维立体空间中两点之间距离公式在 n 维空间中的推广，设 n 维空间中的两点 $x=(x_1,x_2,\cdots,x_n)$，$y=(y_1,y_2,\cdots,y_n)$，则其欧氏距离公式可以表示如下：

$$
\begin{aligned}
d(x,y) &= \sqrt{(x_1-y_1)^2+(x_2-y_2)^2+\cdots+(x_n-y_n)^2} \\
&= \sqrt{\sum_{i=1}^{n}(x_i-y_i)^2}
\end{aligned}
\tag{4-55}
$$

由式(4-55)可以看出 n 维空间中两点间的欧氏距离由二者对应元素差值的平方和的算术平方根得出，它是 n 维空间中两点间的真实距离。差值变量 $d^i(x)$ 的另外一个度量方法是计算两点间对应元素差值的绝对值的最大值，称为绝对值度量方法，但是，绝对值度量方法鲁棒性弱、对“野值”比较敏感，由于边缘数据的影响，容易使土石结合部产生虚警误报，所以选用欧氏距离作为差值变量 $d^i(x)$ 的度量方法。

3.差值变量 $d^i(x)$ 的分布

1)分布形式的选择

由于渗透水流的作用，渗漏奇异区和非奇异区温度监测数据的日常变化过程具有很大差别，表现为渗漏奇异区的差值变量值 $d^i(x)$ 远大于非奇异区的差值变量值。采用合适的方法选取差值变量 $d^i(x)$ 的前 m 个最大值对应的点 x 作为渗漏奇异点，这是渗漏定位的一个可行方法，但是，这涉及 m 值大小的选取标准问题。当然，对差值变量值按从大到小排序，然后直接选取前 m 个差值变量对应的点作为渗漏奇异点，因此进行渗漏点定位的方法比较简单，但是具有很大的盲目性，而且由于事先并不清楚渗漏点的数目，所以

很难确定 m 值的大小。如果能够清楚差值变量 $d^i(x)$ 的分布形式,将有助于渗漏奇异点的定位。

考虑最理想的情况:结合部具有完全一致的渗漏非奇异区,即非奇异区的温度监测数据的日常变化过程完全一样,少量渗漏奇异区温度监测数据的日常变化过程不必完全一致。此时,差值变量 $d^i(x)$ 只在奇异区有少量几个非 0 的取值,大部分非奇异区的差值变量 $d^i(x)$ 的值将为 0。理想情况下差值变量 $d^i(x)$ 的概率分布情况如图 4-32 所示。

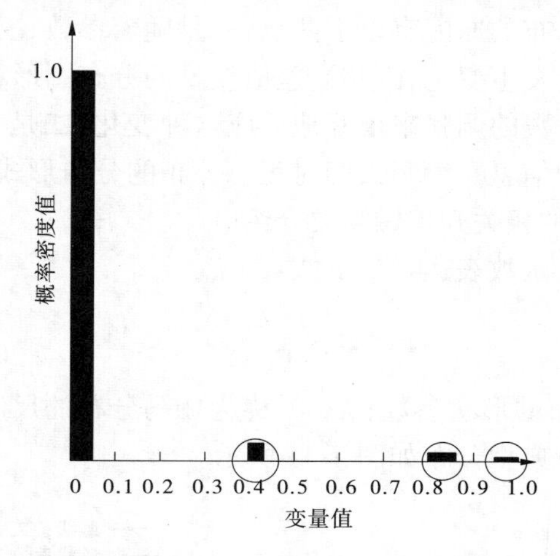

图 4-32　理想情况下差值变量 $d^i(x)$ 的概率分布示意图

图 4-32 中圆形环绕的区域表示可能的渗漏奇异区。但是,由于各种因素的影响,渗漏非奇异区各点的日常温度变化过程相似但并不完全一致,而且由于信号空间 $\boldsymbol{Y}_{\mathrm{sig}}^{i}$ 只是参考过程的估计,这导致在大部分渗漏非奇异区差值变量也不为 0。因此,差值变量 $d^i(x)$ 的分布将比理想情况下的分布复杂得多,图 4-33 给出第一天的差值变量 $d^i(x)$ 的实际概率分布。

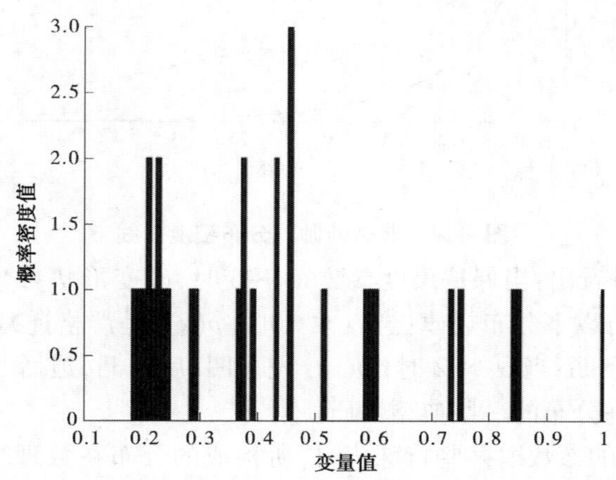

图 4-33　实际情况下差值变量 $d^i(x)$ 的概率分布图

图 4-33 中的差值变量均已标准化,标准化的方法是将各差值变量均除以各点差值变量的最大值,下文分析中的差值变量都已采用这种方法进行标准化,将不再进行说明。从

图 4-33 中并不能明显看出差值变量的分布形式,这是由试验场地导致的数据量太少造成的。

如果能够利用人们比较熟悉的概率密度函数来估计上述分布,将有助于渗漏奇异点的定位。选取两种分布函数来估计实际情况下差值变量的概率分布并进行对比分析,这两种分布函数是:正态分布函数和伽马分布函数。由于自然界的很多现象都服从正态分布,因此可以假设实际情况下的差值变量也服从正态分布来进行渗漏定位。选取伽马分布函数来估计差值变量分布的原因有以下两点:一是随着参数 α 和 λ 大小的变化,伽马分布曲线的形状和尺寸将会发生变化,因此当差值变量的分布图形和尺寸发生变化时,伽马分布函数能够通过自身参数的调整来很好地适应这种变化;二是参数 α 和 λ 的计算能够充分利用样本数据提供的信息。由于人们对正态分布的分布形式和参数估计方法都比较熟悉,下面只对伽马分布的相关知识做简要介绍。

伽马分布的概率密度函数表达式如下式:

$$p(x;\alpha,\lambda) = \frac{\lambda^{\alpha}}{\Gamma(\alpha)} x^{\alpha-1} e^{-\lambda x} \tag{4-56}$$

式中:$\alpha>0$,称为伽马分布的形状参数;$\lambda>0$,称为伽马分布的尺度参数。

伽马分布函数的几种典型分布如图 4-34 所示。

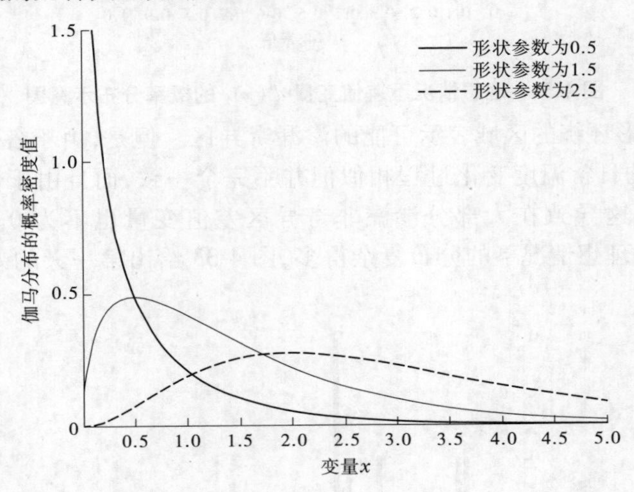

图 4-34 典型的伽马分布密度曲线

从图 4-34 中可以看出:当保持尺度参数 λ 不变时,改变形状参数 α 将导致伽马分布曲线形状的改变,且有以下分布规律:当 $\alpha \leqslant 1$ 时,$p(x)$ 是严格递减函数;当 $1<\alpha \leqslant 2$ 时,$p(x)$ 先上凸,后下凹;当 $\alpha>2$ 时,$p(x)$ 先下凹,后上凸,最后又下凹,此时 $p(x)$ 有两个拐点,这也是伽马分布的一些典型性质。

当伽马分布函数的参数取某些特殊值时,所构成的分布在数理统计领域应用比较广泛,常用的有以下两种情况:

(1)指数分布:在伽马分布函数中,令形状参数 $\alpha=1$,即得指数分布,其密度函数为

$$p(x;\lambda) = \lambda e^{-\lambda x} \quad (x>0) \tag{4-57}$$

(2) χ^2 分布:在伽马分布函数中,令形状参数 $\alpha = \frac{n}{2}$,尺度参数 $\lambda = \frac{1}{2}$,即得自由度为 n 的 χ^2 分布,其密度函数为

$$p(x;n) = \frac{1}{2^{\frac{n}{2}}\Gamma(n/2)} x^{\frac{n}{2}-1} e^{-\frac{x}{2}} \quad (x > 0) \tag{4-58}$$

2)分布函数参数的计算

在上一小节中,根据差值变量的分布特点选取伽马分布函数和正态分布函数作为差值变量的分布形式,但是必须对其参数进行确定才能将其应用于渗漏奇异点的定位。正态分布的参数(均值和方差)由样本均值和样本方差给出,将不做介绍,下面主要介绍伽马分布函数的形状参数和尺度参数的估计方法。计算伽马分布函数参数的方法主要有矩估计法和极大似然估计法。矩估计法的优点是原理简单、计算简便,其缺点是没有充分利用总体分布的信息,抽样误差比较大,当精度不高,不致产生严重的后果时才可采用矩估计法。对二参数伽马分布而言,伽马分布的极大似然函数总有解,但是,极大似然估计法参数计算比较复杂,并且两者都难以构建无偏估计。伽马分布参数的自协方差估计方法为其形状参数和尺度参数的求解提供了一个简便而且精度比较高的算法,并且分别构建了形状参数和尺度参数的无偏估计。利用自协方差估计法对伽马分布的参数进行估计。

(1)形状参数 α 的自协方差估计。形状参数的自协方差估计的构建主要是基于如下定理:

设 X 服从伽马分布,即 $X \times Ga(\alpha,\lambda)$,则有

$$\mathrm{cov}(X,X^{-1}) = \frac{1}{1-\alpha} \tag{4-59}$$

这里,构建伽马分布的准形状参数 $\varphi = \frac{1}{1-\alpha}$,则有

$$\varphi = 1 - E(X)\,E(X^{-1}) \tag{4-60}$$

因此可得伽马分布的准形状参数 φ 的自协方差估计为

$$\hat{\varphi} = 1 - \overline{X}\,\overline{X^{-1}} \tag{4-61}$$

式中: $\overline{X}$ 为样本均值, $\overline{X} = \frac{1}{n}\sum_{i=1}^{n} x_i$; $x_1, x_2, \cdots, x_n$,为来自总体的 n 个样本; $\overline{X^{-1}} = \sum_{i=1}^{n} x_i^{-1}$ 。

构建伽马分布的准形状参数 φ 的无偏自协方差估计(UACE)为

$$\hat{\varphi}_{\mathrm{UACE}} = \frac{n}{n-1}(1 - \overline{X}\,\overline{X^{-1}}) \tag{4-62}$$

伽马分布的准形状参数 φ 的自协方差估计主要用到下述替换法则:

$$\begin{cases} E(X) = \overline{X} \\ E(X^{-1}) = \overline{X^{-1}} \end{cases} \tag{4-63}$$

(2)尺度参数 λ 的自协方差估计。尺度参数的自协方差估计的构建主要是基于如下定理:

设 X 服从伽马分布,即 $X \times Ga(\alpha,\lambda)$, $\log X$ 为 X 的自然对数,则有

$$
\begin{aligned}
1/\lambda &= \operatorname{cov}(X,\log X) \\
&= E(X\log X) - E(X)\,E(\log X)
\end{aligned}
\tag{4-64}
$$

因此,可得尺度参数 λ 的一个估计如下:

$$
\frac{\hat{1}}{\lambda} = \overline{X\log X} - \overline{X}\,\overline{\log X}
\tag{4-65}
$$

式中:$\overline{X} = \frac{1}{n}\sum_{i=1}^{n} x_i$,为样本均值;$x_1, x_2, \cdots, x_n$,为总体中的 n 个样本;$\overline{\log X} = \frac{1}{n}\sum_{i=1}^{n} \log x_i = \frac{1}{n}\log\left(\prod_{i=1}^{n} x_i\right)$;$\overline{X\log X} = \sum_{i=1}^{n} x_i \log x_i$ 。

同时,$1/\lambda$ 的一个无偏自协方差估计(UACE)如下:

$$
\left(\frac{\hat{1}}{\lambda}\right)_{\mathrm{UACE}} = \frac{n}{n-1}\left(\overline{X\log X} - \overline{X}\,\overline{\log X}\right)
\tag{4-66}
$$

尺度参数 λ 的自协方差估计过程主要用到下述替换法则:

$$
\begin{cases}
E(\log X) = \overline{\log X} \\
E(X) = \overline{X} \\
E(X\log X) = \overline{X}\,\overline{\log X}
\end{cases}
\tag{4-67}
$$

由于伽马分布参数自协方差估计计算方便,精度也比较高(自协方差估计的精度高于矩估计的精度,略低于极大似然估计的精度),因此利用分布的自协方差估计的方法来求解伽马分布的参数。

4.阈值构建的常概率阈值法

在差值变量 $d_i(x)$ 的分布函数及其参数确定以后,必须构建差值变量的阈值,才能将该分布函数应用于隐患探测。由于不同监测日期内的光照强度和光照时间长短、气温、风速等因素变化的影响,对任一取样点而言,其温度监测值将随着监测日期的变化而发生变化;不同监测日期内取样点温度监测值的改变将导致参考过程估计值的变化,即导致信号空间的变化,从而引起差值变量值随着监测日期的变化而变化。因此,如果对不同的监测日期,采用固定阈值法进行隐患探测,将产生较大的误差。一个可行的方法是常概率阈值法,即采用固定概率法进行隐患定位,而不是采用固定阈值法。隐患发生的概率一般与土石结合部固有属性有关,一般先假定一个初始隐患发生概率,在该概率情况下,通过差值变量分布函数求解与其对应的阈值,进而确定渗漏点的位置;如果模型确定某处为渗漏点,而实际情况下此处没有渗漏发生,则提高隐患概率值,如此反复,进而最终确定土石结合部隐患发生概率。

将土石结合部隐患发生概率记为 P_{fa},与其相应的阈值记为 η_i ,对于伽马分布函数,则有

$$
P_{\mathrm{fa}} = \int_{\eta_i}^{\infty} \frac{\lambda_i^{\alpha_i}}{\Gamma(\alpha_i)} x^{\alpha_i - 1} \mathrm{e}^{-\lambda_i x}\,\mathrm{d}x
\tag{4-68}
$$

对于正态分布函数则有

$$P_{\mathrm{fa}} = \int_{\eta_i}^{\infty} \frac{1}{\sqrt{2\pi\sigma^2}} \exp^{-\frac{(x-\mu)^2}{2\sigma^2}} \mathrm{d}x \tag{4-69}$$

式中：i 为监测日期。

式(4-68)和式(4-69)可以由 matlab 实现。

渗漏自动定位模型阈值确定公式为

$$d_{\mathrm{th}}^i(x) = \begin{cases} d^i(x) & d^i(x) > \eta_i \\ 0 & \text{otherwise} \end{cases} \tag{4-70}$$

至此结合部渗漏隐患自动定位模型已经建立。

5.结合部渗漏预警模型工作流程

基于本节所述模型、方法进行土石结合部渗漏隐患自动定位预警的工作流程如图 4-35所示。

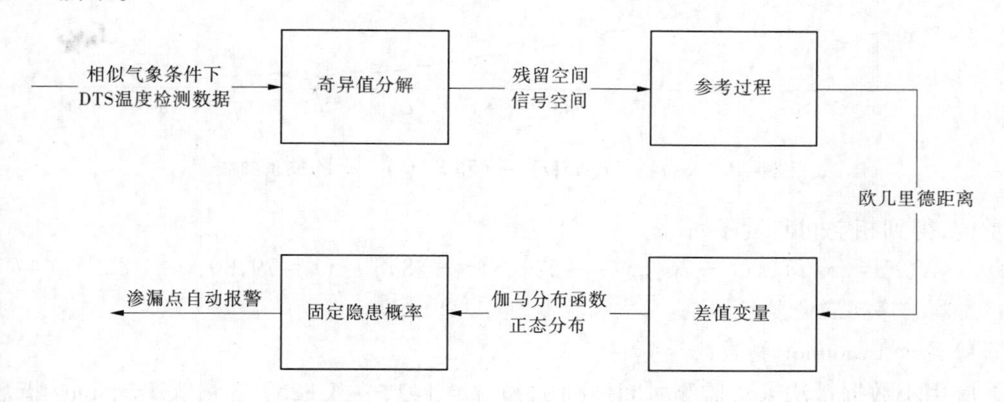

图 4-35　隐患自动预警模型工作过程示意图

三、算例分析

(一)基于 CSVM 的预测模型应用实例分析

仍以前文中的算例为例,在对监测数据序列降噪处理的基础上,利用本章所述支持向量机与混沌理论相结合的方法,对该序列进行建模预测。

1.位移监测序列相空间重构

对时间序列 $x(t)$ $(t=1,2,\cdots,1\ 825)$ 重构相空间的关键在于相关参数的确定,利用第三节所述 C-C 方法中式(4-36)~式(4-38)确定延迟时间 τ 和嵌入维数 m。$\overline{S}(t)\sim t$、$\Delta\overline{S}(t)\sim t$ 和 $S_{\mathrm{cor}}(t)\sim t$的关系曲线如图 4-36 所示。从图中可以看出 $\Delta\overline{S}(t)$ 第一次达到极小值的时间要早于 $\overline{S}(t)$ 达到零点的时间,因此选取 $\Delta\overline{S}(t)$ 第一次达到极小值时对应的时间作为延迟时间,$\tau=26$;取 $S_{\mathrm{cor}}(t)$ 的最小值对应的 t 作为嵌入窗宽,$\tau_{\mathrm{w}}=73$;计算得到嵌入维数 $m=4$。

根据求得的延迟时间 τ 和嵌入维数 m 对时间序列 $x(t)$ $(t=1,2,\cdots,1\ 825)$ 进行相空

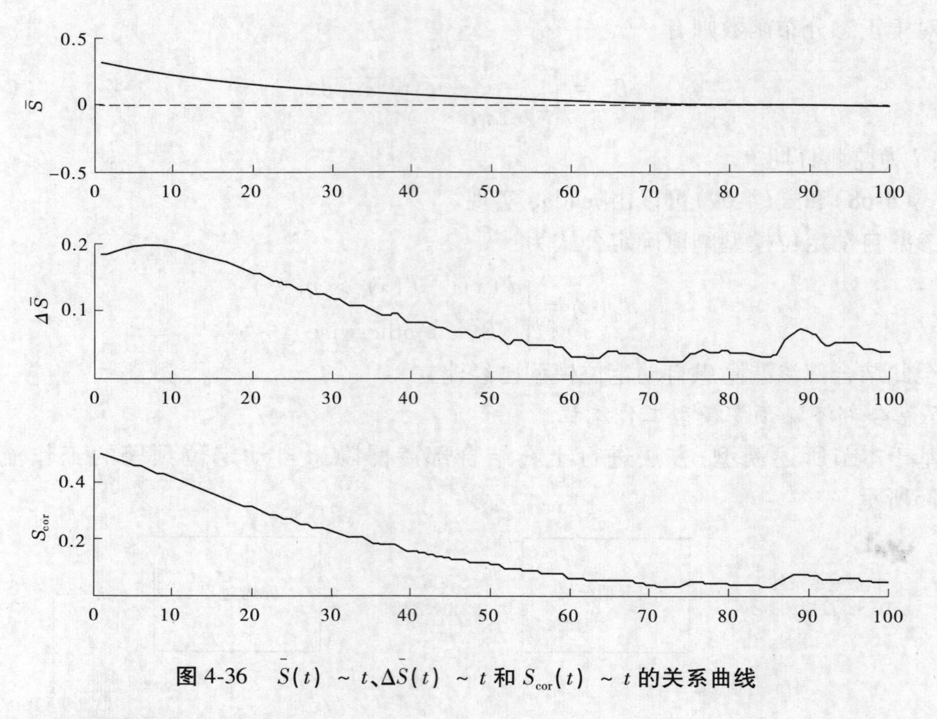

图 4-36 $\bar{S}(t) \sim t$、$\Delta\bar{S}(t) \sim t$ 和 $S_{cor}(t) \sim t$ 的关系曲线

间重构,得到相空间向量序列

$$\boldsymbol{X}(t) = \{x(t), x(t-26), x(t-52), x(t-78)\} \quad (t = 79, 80, \cdots, 1\,825) \tag{4-71}$$

2.监测序列混沌特性识别

1)最大 Lyapunov 指数的计算

应用小数据量法来求监测时间序列 $x(t)(t = 1, 2, \cdots, 1\,825)$ 的最大 Lyapunov 指数。由位移监测序列相空间重构分析得延迟时间 $\tau = 26$,嵌入维数 $m = 4$。根据式(4-43)计算 $y(i)$,绘制 $y(i) \sim i$ 的关系曲线如图 4-37 所示。选择 $y(i) \sim i$ 的线性区域,并用最小二乘法拟合该直线得斜率为 0.008 7,此即最大 Lyapunov 指数 λ_1。

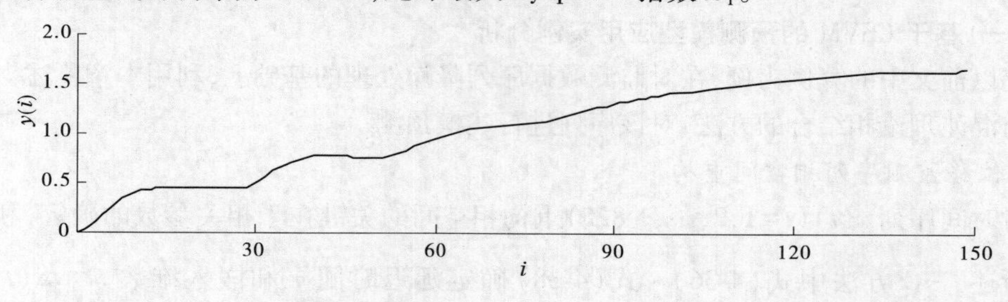

图 4-37 $y(i) \sim i$ 关系曲线

2)关联维数的计算

应用 G-P 算法计算监测时间序列 $x(t)(t=1, 2, \cdots, 1\,825)$ 的关联维数。取延迟时间 $\tau = 26$,嵌入维数 $m = 1, 2, \cdots, 10$,分别重构相空间。根据式(4-45)计算各关联积分 $C(r)$,绘制 $\ln C(r) \sim \ln r$ 的关系曲线如图 4-38(a)所示。图 4-38(a)中 10 条曲线明显存在直线

段,各自用最小二乘法拟合得到直线斜率,即关联指数 $d(m)$,绘制 $d(m) \sim m$ 的关系曲线如图 4-38(b)所示。从图 4-38(b)可以看出,关联指数随着嵌入维数 m 的增大而增大,到 $m = 6$ 时趋于饱和值 1.85,此即关联维数 D_2。

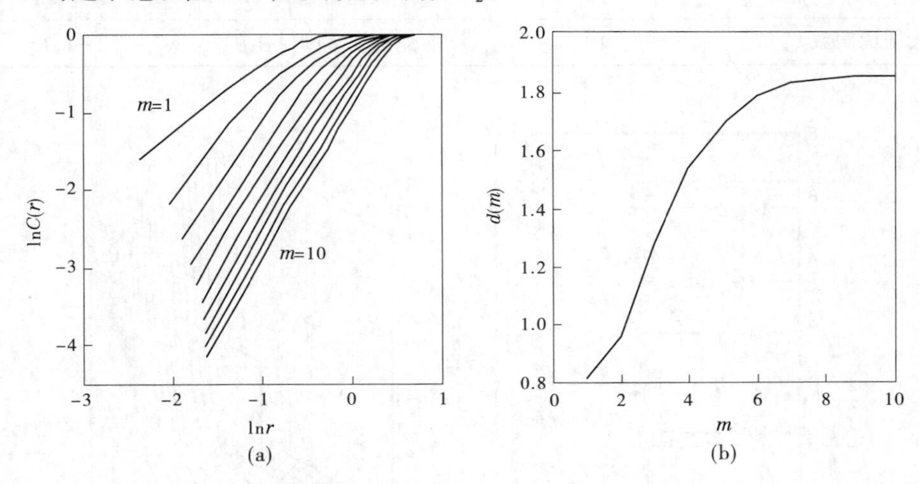

图 4-38　$\ln C(r) \sim \ln r$ 和 $d(m) \sim m$ 关系曲线

从以上分析知,位移监测时间序列 $x(t)$ $(t = 1,2,\cdots,1\ 825)$ 的最大 Lyapunov 指数 λ_1 大于零,关联维数 D_2 是分数值,说明该位移监测时间序列具有混沌特性,从而可用本章所述方法进行建模分析预测。

3.基于 CSVM 的位移预测模型构建和效果分析

构造样本集 $\{\boldsymbol{X}(t),x(t+1)\}$ $(t = 79,80,\cdots,1\ 824)$,其中 $\boldsymbol{X}(t) \in \boldsymbol{R}^4$ 为输入特征向量,由式(4-71)得到, $x(t+1) \in \boldsymbol{R}$ 为输出。1 746 个样本点中,以 2003~2006 年的 1 382 个样本点为训练集,用于构建位移预测模型,以 2007 年的 364 个样本点为测试集,用于预测检验。

1)模型参数选择

采用 RBF 核函数,取不敏感损失函数参数 $\varepsilon = 0.001$。下面分别采用网格搜索法和混沌粒子群优化算法(CPSO)来确定惩罚因子 C 和 RBF 核函数参数 γ 。设置 C 和 γ 的取值范围均为 $2^{-8} \sim 2^8$。利用训练集的五折交叉验证预测均方差 CVMSE 和惩罚因子 C 的大小作为模型的性能评价指标,当两组参数的 CVMSE 相差不大于 10^{-5}时,以 C 值较小的那组参数为佳。

网格搜索法采用对数形式 $\log_2 C$ 和 $\log_2 \gamma$ 来构建格网。$\log_2 C$ 和 $\log_2 \gamma$ 的变化步长为 0.8,即 C 和 γ 的变化步长为 1.741 1。网格搜索法参数寻优结果如图 4-39 所示,得到惩罚因子 C =84.448 5,RBF 核函数参数 γ =0.006 8,相应 CVMSE= 0.002 6,耗时 168 s。

CPSO 算法以 $x = (C,\gamma)$ 为粒子,以 CVMSE 为适应度值。CPSO 算法的相关参数设置如表 4-2 所示。CPSO 算法参数寻优结果如图 4-40 所示,得到惩罚因子 C = 63.649 8,RBF 核函数参数 γ =0.003 9,相应 CVMSE=0.002 6,耗时 88 s。

表 4-2　CPSO 算法的相关参数设置

随机粒子数 N	50	加速常数 c_1	1.5×rand
混沌粒子数 m	10	加速常数 c_2	1.7×rand
最大迭代次数 $k_{\max}$	10	混沌扰动范围$[-\beta,\beta]$	$[-1,1]$

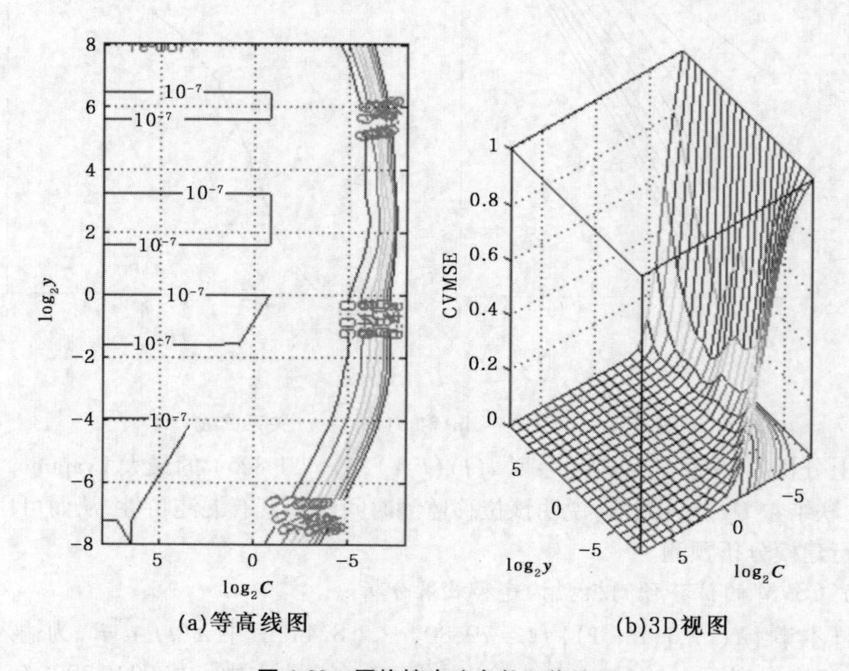

(a)等高线图　　(b)3D视图

图 4-39　网格搜索法参数寻优结果

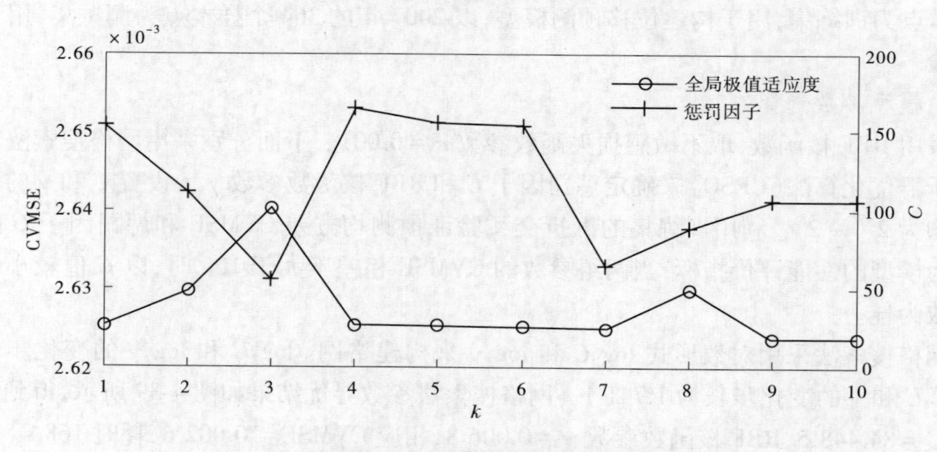

图 4-40　CPSO 算法参数寻优结果

2）基于 CSVM 的位移预测模型和效果分析

确定相关参数后，依据构造的训练集进行训练，即可获得位移的 CSVM 预测模型。基于 CPSO 算法参数寻优的 CSVM 位移预测模型的拟合和预测结果如图 4-41 所示。基于网格搜索法和 CPSO 算法参数寻优的 CSVM 位移预测模型的拟合和预测能力评价指标值见表 4-3。从表 4-3 可以看出,CPSO 算法用于参数寻优所耗时间比网格搜索法少,对应模型的拟合预测能力相当。从图 4-41 以及表 4-3 可以看出,CSVM 模型的预测精度比 SVM 模型高。

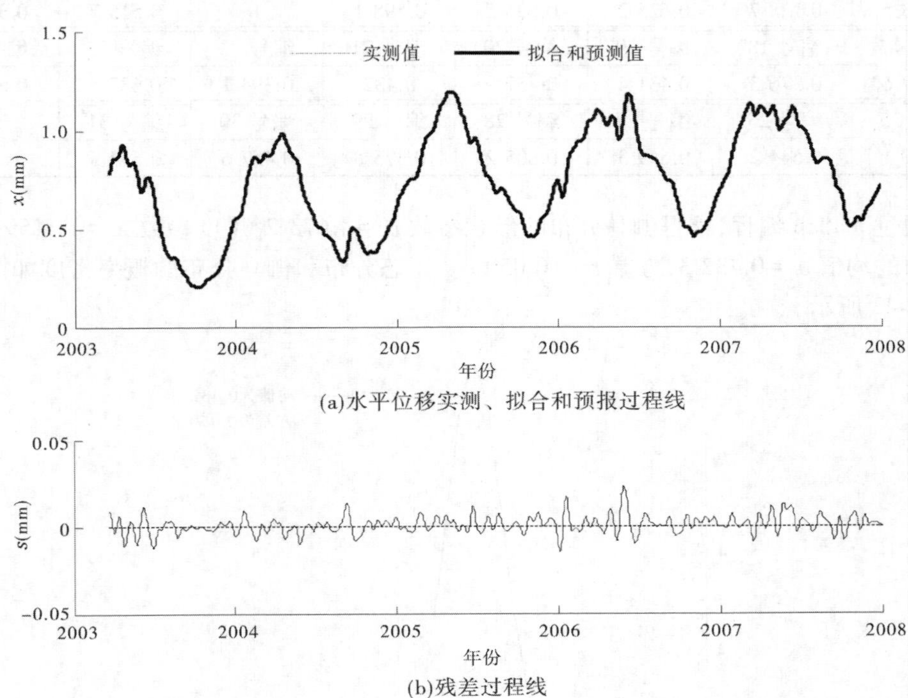

(a)水平位移实测、拟合和预报过程线

(b)残差过程线

图 4-41 CPSO、CSVM 预测模型拟合和预测结果及残差过程线

表 4-3 基于网格搜索法和 CPSO 算法参数寻优的 CSVM 位移预测模型的拟合和预测能力对比

模型	拟合 MSE	拟合 r^2	预测 MSE	预测 r^2	耗时(s)
网格 CSVM	2.37×10^{-5}	0.999 6	2.36×10^{-5}	0.999 5	168
CPSO CSVM	2.38×10^{-5}	0.999 6	2.32×10^{-5}	0.999 5	88

(二)险情预警模型和方法应用实例分析

仍以前文中的算例为例,借助项目组构建的堤防工程土石结合部渗流光纤感知平台对本章所述土石结合部渗漏自动定位和预警方法的可行性与精度进行了验证分析。

1.分布参数的计算

首先求各点的差值变量,由于光纤尾端两点温度值受激光传输影响比较严重,因此不再考虑其差值变量值。标准化后的差值变量值如表 4-4 所示。

表 4-4　标准化后的差值变量值

编号 1	编号 2	编号 3	编号 4	编号 5	编号 6	编号 7	编号 8
0.632 2	0.582 4	0.612 1	0.641 1	0.199 2	0.110 6	0.621 1	0.596 3
编号 9	编号 10	编号 11	编号 12	编号 13	编号 14	编号 15	编号 16
0.183 5	0.128 7	0.628 2	0.635 5	0.598 1	1	0.515 7	0.341 3
编号 17	编号 18	编号 19	编号 20	编号 21	编号 22	编号 23	编号 24
0.457 6	0.376 3	0.431 4	0.457 9	0.432	0.394 1	0.637 5	0.648 2
编号 25	编号 26	编号 27	编号 28	编号 29	编号 30	编号 31	
0.590 1	0.644 2	0.649 3	0.605 2	0.375 8	0.457 6	0.594 5	

通过 matlab 编程，求得伽马分布的形状参数 $\alpha = 4.673\ 2$，尺度参数 $\lambda = 11.259\ 7$。正态分布的均值 $\mu = 0.432\ 3$，方差 $\sigma^2 = 0.050\ 8$。正态分布和伽马分布的概率密度如图 4-42 和图 4-43 所示。

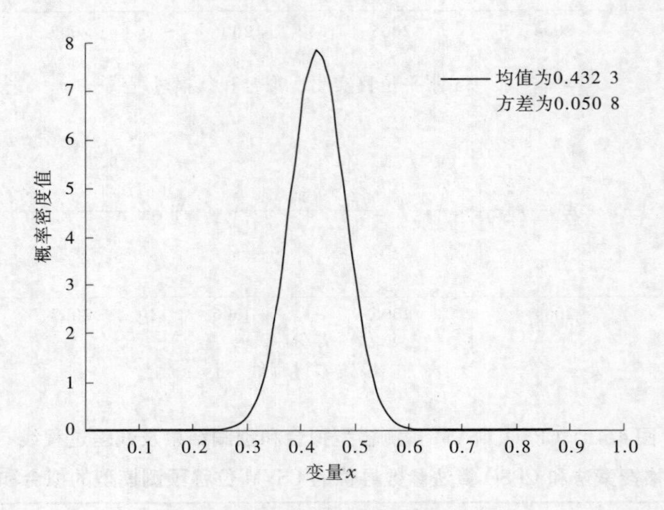

图 4-42　正态分布概率密度

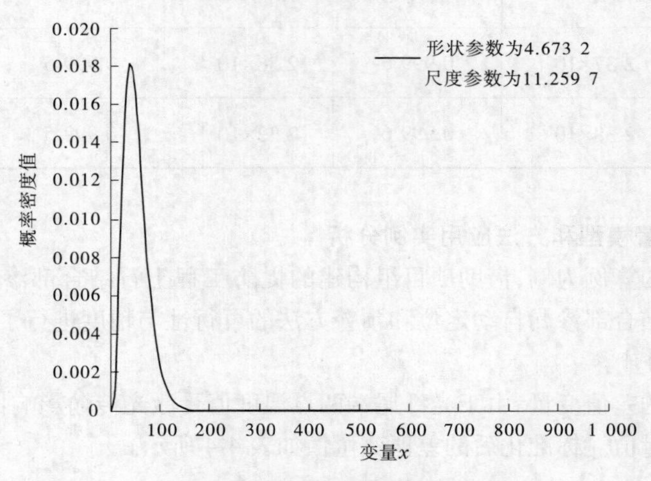

图 4-43　伽马分布概率密度

伽马分布的局部放大后的图如图 4-44 所示。

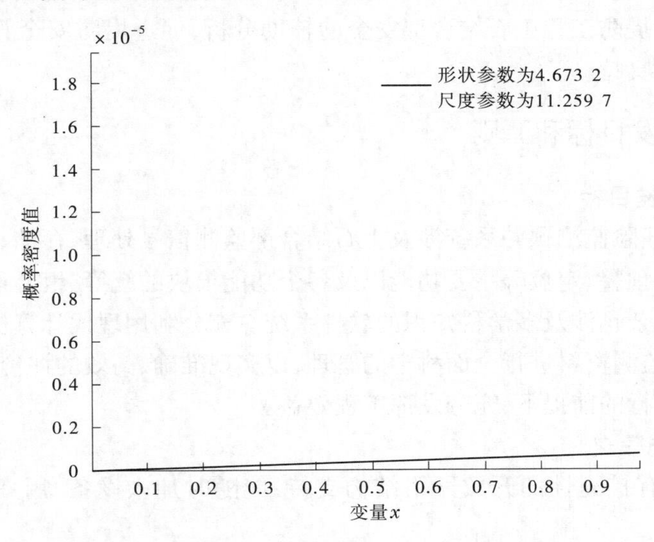

图 4-44　伽马分布概率密度的局部放大图

由图 4-42~图 4-44 和图 4-33 对比可以看出,差值变量的分布由正态分布估计比较合适。伽马分布概率密度函数,虽然图 4-33 和图 4-42 差别并不太大,但是其概率较大区域为[0,100],这限制了其在下一步阈值确定中的使用。这可能是由试验光纤太短导致测点太少造成参数估计的误差很大。随着测点的增多,伽马分布函数可能更能适应差值变量的分布。

2.阈值计算和渗漏隐患预警

土石结合部隐患由其本身属性确定,采用赋初值并进行试算的方法计算土石结合部隐患概率。首先假定土石结合部隐患发生概率记为 $P_{fa}=0.000\ 1$,阈值为 0.638 7,由表 4-4 知,此时位置坐标为 4、14、24、26 和 27 的点将发生渗漏,因此需提高隐患发生概率记为 $P_{fa}=0.000\ 5$,此时阈值为 0.644 7,位置坐标为 14、24、27 将发生渗漏;当 $P_{fa}=0.000\ 01$ 时,阈值为 0.657 7,只在 14 点发生渗漏,因此可将隐患发生概率定为 $P_{fa}=0.000\ 01$,此时仅在位置坐标为 14 的点发生渗漏。因此,最终的隐患发生概率可定为 $P_{fa}=0.000\ 5$。如前文所述,土石结合部不同,隐患概率将发生变化,但是其隐患概率确定方法是相同的。综上所述,基于试验模型的变量分布形式可以选择正态分布,且当隐患概率为 0.000 5 时,能达到较好的隐患定位效果。另外需要说明的是,渗漏隐患自动报警模型只能定位渗漏隐患,流速等渗漏要素的确定还需要借助其他渗漏隐患探测方法进一步确定,但是该模型提供了一种渗漏隐患位置的快速定位方法,解决了传统方法在渗漏隐患定位上的困难。

第四节　堤防工程土石结合部病险监测预警系统

为了进行堤防土石结合部监测信号处理、预测、变量分离及险情预警等,开发了一套基于 Windows 环境的堤防土石结合部病险监测预警分析软件系统,该系统由系统管理、数据管理、监测信号处理、信号识别与分离、渗漏预警、预报模型、人工查询、设置和帮助等功能模块组成,可为堤防工程土石结合部安全的辅助分析,促进堤防安全管理的高质量、高效率,提供一定的支持。

一、系统开发目标和原则

(一)系统开发目标

土石结合部病险监测预警系统涉及土石结合部监测信号处理、存储、预测、变量分离、绘图,渗漏险情的预警、定位等主要功能以及各个功能模块的统筹、组合运行,是一个功能众多、体系结构复杂且涉及多学科知识的软件系统。充分利用现代计算机软硬件技术,对堤防工程运行和监测资料进行全面科学的管理,以实现准确、高效的评价和监控堤防的性态,使其在安全运行的前提下,充分发挥工程效益。

1.合理的系统管理

系统应有具有扩充性的开放网络结构支持,能随时加入设备、用户,并保证系统的安全。

2.监测数据的存储

系统提供了土石结合部测点修改功能,可以及时更新测点信息,对相应的监测数据及时进行存储。系统提供两种数据输入的方式:文件输入和人工输入。文件输入支持 excel 直接导入,方便快捷;人工输入主要针对极个别异值进行修改,并可以绘制各测点的数据过程线。

3.监测信号处理

由于堤防工作环境的特殊性,监测信号存在时空噪声和信号偏移性质,系统利用小波技术对监测信号进行去噪处理,以提高堤防监测数据的精度。

4.信号的识别与分离

信号识别与分离模块主要通过主成分分析和独立成分分析两种方法将光纤监测到的温度数据中除渗漏以外的影响因素分离,提取有用的数据信息。根据渗漏奇异区温度的变化以确定渗漏区。

5.有效目标量的预测模型

系统集成了统计模型和灰色模型两种,统计模型通过对土石结合部性态演化的特性分析,研究其监测效应量的影响因素,并进行变量分离,可用于较长时间的预报。灰色模型针对堤防数据少的特点,可以利用较少的数据预测相应的监测量,用于短时间内的预报。

6.人工查询

系统不仅提供了自动化的监测分析功能,同时针对在人工巡查过程中出现的问题提供了记录和查询功能,并且能够将相应的记录及时存储与输出,以实现土石结合部的多方位管理。

(二)系统开发原则

1.实时性

在自动化、半自动化、人工采集的数据进入数据库后,应实时完成数据的处理、分析。

2.实用性

系统主要目的是对堤防土石结合部进行分析与评价。为此,要对采集的数据进行误差和可靠性检验,保证数据的可靠性;要有优良的菜单系统和图形功能等人机界面;能显示和输出每步操作的过程及结论。

3.先进性和标准性

系统严格遵守我国堤防工程安全管理、检查、监测有关的“规范”“规程”“条例”的技术要求,充分采用符合国际标准的、最新的计算机、网络、数据库产品技术,使系统具有高性能。

4.安全可靠性

安全监控是关系到堤防安全的大事,尤其在汛期或遇到特殊情况时,监测工作不允许中断。因此,系统的软硬件应能长期可靠的工作,并有一定的冗余。

5.开放性

系统软硬件平台选用开放性系统,便于异种机、异种网、异种软件平台的互联。

6.自顶向下、逐步细分

应依据系统工程开发原理,运用结构系统设计方法,遵循自顶向下、逐步细分的原则,对系统结构进行设计和开发。

二、系统功能简介和工作环境

(一)系统核心功能

从空间维、时间维、概率维等不同维度对堤防土石结合部进行多方位分析,提供土石结合部监测预警辅助分析的支持和服务,以实现准确、高效的评价和监控堤防安全性态。现以河海大学土石结合部病险监测预警系统为例介绍系统的核心功能,系统登录界面见图 4-45。

(1)系统管理功能:对用户进行管理,保障系统的安全性,防止由于用户的误操作或事务的并发处理造成的危及数据库和系统安全性的事故发生。主要功能模块包括用户管理、用户切换、密码修改、退出等。

(2)数据管理功能:系统提供了土石结合部测点修改功能,可以及时更新测点信息,对相应的监测数据及时进行存储。用户可以通过文件录入和人工录入两种方式将数据存储到数据库。文件录入支持 excel 直接导入,方便快捷;人工录入主要针对极个别遗漏的重要数据进行添加。同时可以绘制各测点的数据过程线。此外在数据管理模块中提供了报表输出功能可以及时输出各测点及环境量的年、月最大值及最小值。

(3)监测信号处理功能:利用小波去噪技术去除原始数据的噪声,并在界面上显示原始数据和去噪后的对比。对于噪声信号明显的实测序列,小波技术具有较好的去噪效果。

(4)信号识别与分离、渗漏预警功能:盲源分离通过主成分分析和独立成分分析两种方法将光纤监测到的温度数据中除渗漏外的影响因素分离,本系统对监测数据矩阵文件进行分析,分离出渗漏信息。利用渗漏奇异区和非奇异区日常温度变化过程的不同构建结合部渗漏奇异点自动定位模型。

(5)预警模型功能:对土石结合部的监测效应量(如变形、渗透、沉降等)进行预测分

图 4-45　系统登录主界面

析,以模拟和预测结合部的动态行为和内在作用机理。本系统提供了两种预报模型(统计模型和灰色模型),在观测资料的基础上对变量进行拟合和预测,并生成观测值和预报值的拟合曲线、预报模型及相应的模型参数,在统计模型中,还能生成分量图(水压、温度、时效、降雨),可将相应的计算结果全部导出,用 excel 保存。

(6)人工巡查功能:系统不仅提供了自动化的监测分析功能,同时针对在人工巡查过程中出现的问题提供了记录和查询功能,并且能够将相应的记录及时存储与输出,以实现土石结合部的多方位管理。

(7)设置及帮助功能:系统提供了美化功能,用户可以选择自己喜欢的皮肤;软件自带较为完整的模型原理、数据格式、软件安装、用户手册等在线帮助功能。

(二)系统工作环境

1.硬件环境

(1)PentiumⅣ以上微机、工作站、服务器;

(2)内存 512 MB 以上;

(3)10 GB 以上硬盘、软驱、光驱、支持 USB;

(4)SVGA 或与之兼容的视频图形适配器,独立显卡;

(5)网络适配器;

(6)Microsoft 鼠标或兼容的鼠标。

2.软件环境

1)基本要求

(1)操作系统:中文 Windows2000/Windows server 2000/Windows XP/Windows7;

(2)数据库:SQL Server 2005;

(3)Office 2003。

2)选项

(1)防病毒软件;

(2)开发软件(Delphi、matlab 等)。

3.系统开发语言

本安全监测预警系统采用 Delphi7.0+SQL Server2005+matlab7.11 开发。

三、系统功能模块

(一)系统管理

软件通过系统模块对用户、日志以及数据库管理系统功能进行管理,保障系统的安全性,防止由于误操作而出现系统安全性的事故发生。同时向用户提供友好的操作界面,操作简单高效,如图 4-46 所示。

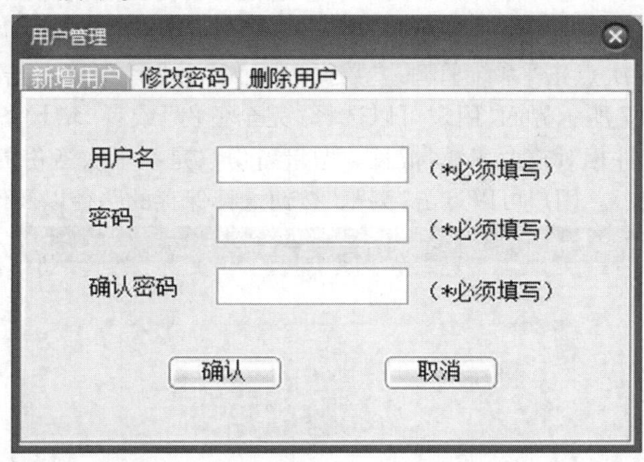

图 4-46 用户管理界面

系统管理包括以下模块:(1)用户管理;(2)用户切换;(3)日志管理;(4)数据库备份;(5)数据库恢复;(6)退出。

1.新增用户子模块

在"系统管理"菜单上,单击"用户管理",再单击"新增用户"选项卡,便弹出新增用户界面。新增用户的操作过程如下:填写用户名、密码及确认密码,点击"确认"按钮,添加成功后将弹出对话框"成功添加用户"。若输入的用户名与系统中已有的名字重复则会弹出对话框"添加的系统用户名有重复,请重新输入!"。

2.密码修改子模块

在"系统管理"菜单上,单击"用户管理",再单击"修改密码"选项卡将弹出修改密码界面。此界面要求用户输入用户名及旧密码,再填写所要设置的新密码,点击"修改"按钮修改密码。若修改成功则弹出对话框"修改密码成功";若旧密码不正确则会弹出相应的提示信息。点击"关闭"按钮,则回到主界面;若输入的用户名错误,也会弹出相应的提示信息。

3.删除用户子模块

在"系统管理"菜单上,单击"用户管理",再单击"删除用户"选项卡将弹出删除用户界面。选择用户名,然后点击"确认"按钮,系统会提示"删除成功",点击"关闭"按钮,则回到主界面。删除用户模块将删除数据库中相应的用户记录行。

4.数据库备份模块

系统利用数据库来管理和操作数据，由于数据是存放在计算机上的，但是即使最可靠的硬件和软件，也会出现系统故障或产品故障，数据对于系统来说是非常宝贵的，所以应该在意外发生之前做好充分的准备工作，以便在意外发生之后有相应的措施能快速地恢复数据库的运行，并使丢失的数据量减少到最小。可能造成数据损失的因素很多，如存储介质故障、用户的错误操作、服务器的彻底崩溃，还有一些难以预料的因素也可能会导致数据库系统的严重损坏，如破坏性的计算机病毒、盗窃、电源故障、自然灾害（如火灾、洪水、地震）等。

如果数据库受到损坏导致不可读，则用户应该首先删除受损的数据库，然后从备份的文件中进行数据库的重建从而恢复数据库。总之，有一个良好的备份策略，并严格执行是非常重要的。

在主菜单上，依次点击"系统管理""数据库备份"（或者直接点击快捷菜单"数据备份"）即弹出如图4-47所示界面，用户可以选择"完全备份"或者"增量备份"。完全备份是备份整个数据库，文件相对较大，时间很长。增量备份只是在上次备份的基础上增加，文件较小，花费的时间较短。用户可以点击"浏览"按钮选择保存的路径以及保存的数据库名。

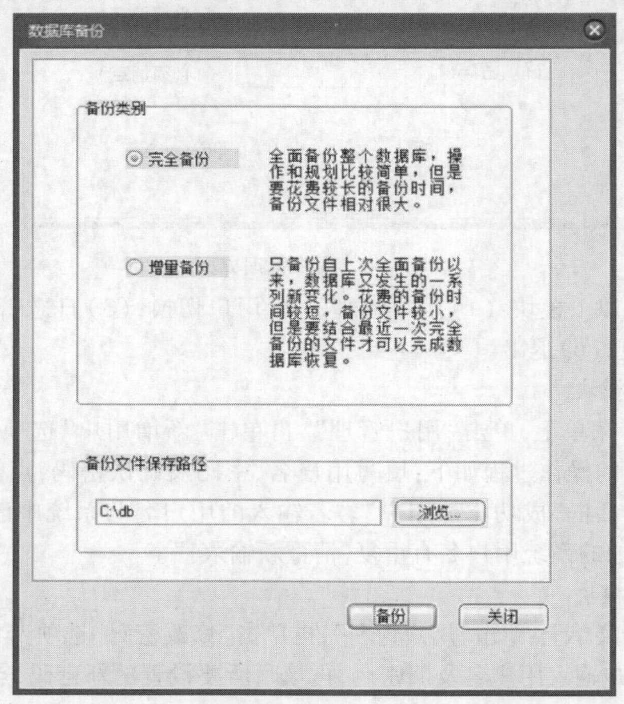

图4-47 数据库备份界面

5.数据库恢复模块

在"系统管理"菜单中，单击"数据库恢复"，弹出如图4-48所示界面，选择需要还原的数据库，点击"确定"按钮即可自动恢复数据库。在"系统管理"菜单中，单击"退出"，则弹出询问对话框，点击“确定”便退出本软件系统；点击“取消”则回到系统主界面。

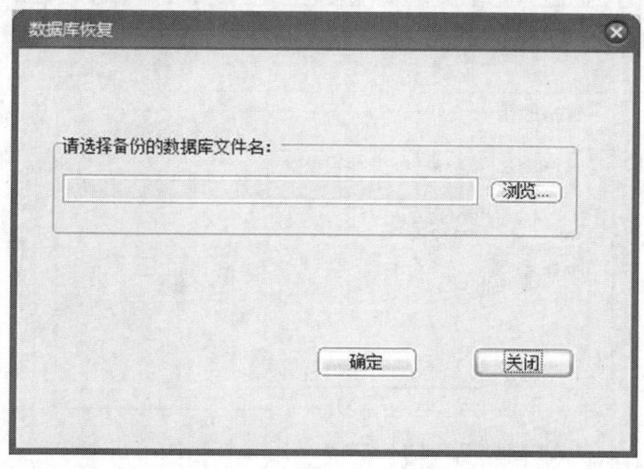

图 4-48　数据库恢复界面

（二）数据管理

本系统为数据的输入提供了两种方式：文件输入和人工输入，文件输入可以直接将固定格式的 excel 表格导入系统进行计算处理。由于监测数据往往数量比较大，所以建议人工输入用来输入遗漏的重要数据。数据导入界面还为用户提供了添加和删除测点的功能，当某些测点仪器故障不再具有监测功能时可以将这些测点删除，同时可将新增的测点导入数据库。该模块和 SQL 数据库相连，所有的数据都存储在数据库中。模块界面明了，操作简单，方便。

1.文件输入

由于监测数据、测点比较多，因此智能化的数据输入十分必要，在系统中提供了多测点同时导入的数据库的功能，系统根据测点名导入相应的数据库文件中，值得注意的是，测点文件必须放在无中文名字的文件夹中，否则数据将无法导入。在主菜单上，依次点击“数据管理”“文件输入”会弹出自动输入的界面，用户可以将固定格式的 excel 表格直接导入数据库中。对 excel 表格的要求如下：表格第一行第一列必须为“日期”，第一列为相应的日期值，第一行第二列必须为“测点名”，第二列为相应的测值，水位资料数据第一行第二列必须为“waterlevel”，在安装目录中存有 excel 的模板。点击“浏览”，选择需要录入的 excel 表格即可将数据录入数据库，如果 excel 表格不符合要求，系统将会出错。文件输入界面如图 4-49 所示。

2.人工输入

在人工输入的界面中，用户可以直接选择系统中已添加的测点，在此基础之上，对该测点的测值进行添加。用户需要选择所要添加数据的测点名、数据的观测时间、测值的大小，点击“输入”按钮，数据会存储在相应的测点名中，若没有选择测点或者添加测值，则会弹出“缺少关键数据”的窗口。如果输入的数据有误，“清空”按钮可以将之前输入的资料清空。在此界面之上，用户可以查看各测点的数据过程线，及时发现异常数据。选择相应的测点名，点击“刷新”按钮即可查看各测点的过程线，如图 4-50 所示。

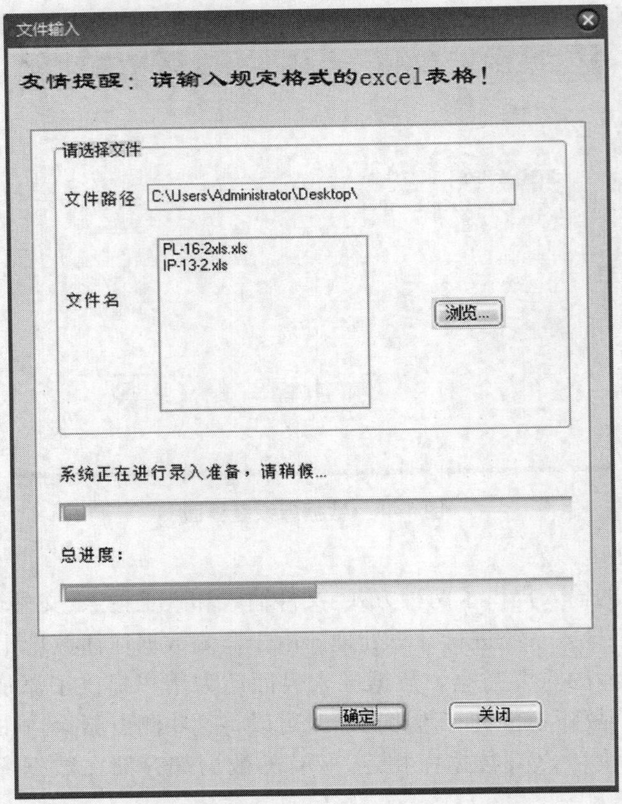

文件输入

友情提醒：请输入规定格式的excel表格！

请选择文件

文件路径 C:\Users\Administrator\Desktop\

文件名 PL-16-2xls.xls
IP-13-2.xls

浏览...

系统正在进行录入准备，请稍候...

总进度：

确定 关闭

图 4-49 文件输入界面

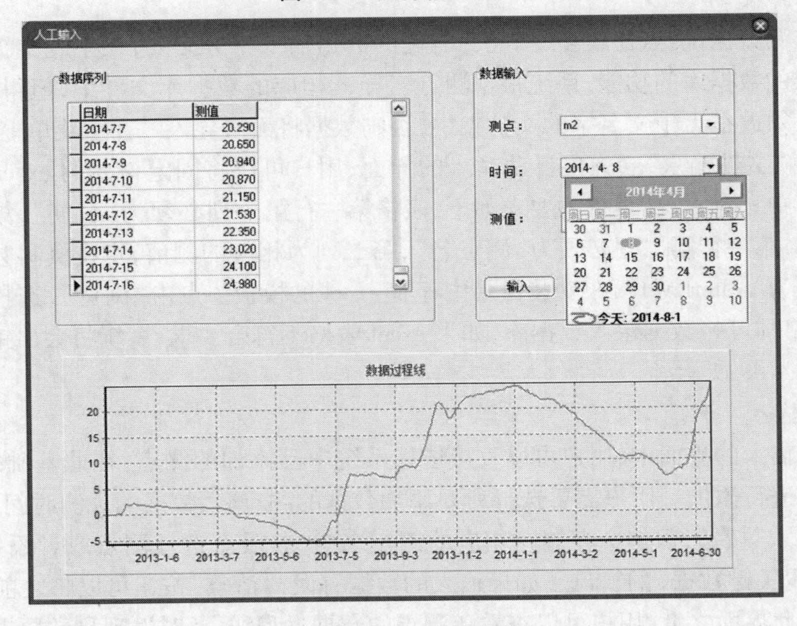

图 4-50 人工输入界面

3.测点的增加与删除

在监测过程中，有些仪器会损坏，有时也会增加新的测点，系统可根据实际要求对测点进行增减。在主菜单上，依次点击“数据管理”“测点修改”会弹出测点删除增加的界面，在测点增加的时候，必须填写测点名和监测项目，而在测点删除的时候，则只需要填写测点名。一旦增加或者删除测点，数据库中的文件也会发生改变，如在系统中添加名为m1 的测点，数据库中的 measurepoint 表中会增加相应的记录，并添加 tb_m1、result_m1、predict_m1、wavelet_m1 四个表，测点删除则这四个表也会删除，其界面如图 4-51 所示。

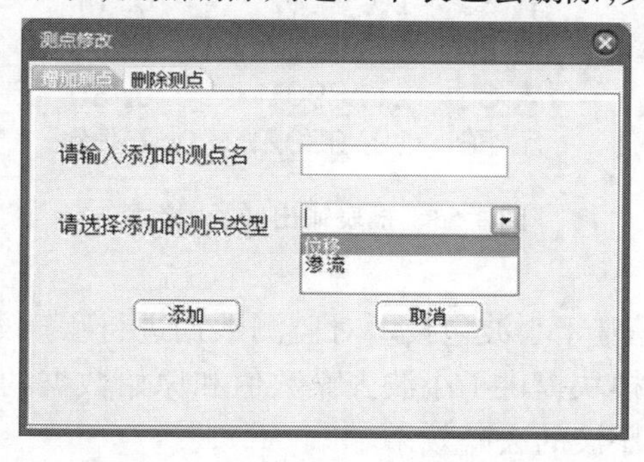

图 4-51 测点修改界面

4.报表输出

报表输出功能提供了监测数据及环境量值的输出功能，系统中提供了年报表和月报表两种功能，并统计出相应的年月最大值和最小值，由于每年的监测数据较多，系统默认的报表输出是每隔一天输出。在主菜单上依次点击“数据管理”“报表输出”，会弹出如图 4-52所示界面，左侧列表框为系统中已存储的测点名，右侧列表框为用户选择的测点名，选择年报表只会显示年份，选择月报表则会显示年份及月份，输出的 excel 格式如图 4-53 所示。

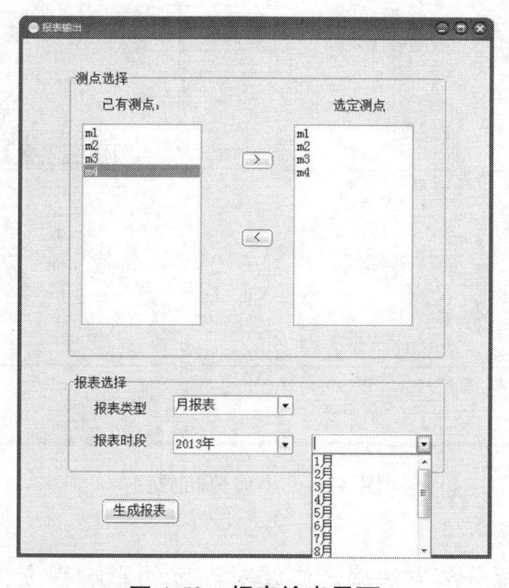

图 4-52 报表输出界面

报表					
日期	m1	m2	m3	m4	水位
2014-2-7	6.5202	21.7601	0.78	3.3199	1830.706
2014-2-8		21.7199	0.78	3.2999	1830.717
		……			
2014-2-24		19.5202	0.85	3.5001	1825.013
2014-2-25	7.1101	19.54	0.8099	3.4498	1824.862
2014-2-26	7.33	19.3102	0.77	3.3099	1824.233
2014-2-27	7.22	19.12	0.8099	3.3999	1823.844
最大值	7.33	21.8901	0.85	3.56	1830.786
最小值	5.26	19.0302	0.7299	2.9099	1823.683

图 4-53　报表输出 excel 格式

(三)监测信号处理

监测信号处理模块是基于小波包技术对监测数据进行噪声处理,以达到保留有效信息、去除噪声的效果。该模块提供了小波去噪数值和原始数据的数据对比表格以及对比图,用户可以直观地判断小波的去噪效果。

在主菜单上,依次点击“监测信号处理”“小波分析”即弹出小波去噪界面,用户仅需选择系统中所存储的测点名,即可对相应测点的监测数据进行小波去噪处理,如图 4-54 所示。

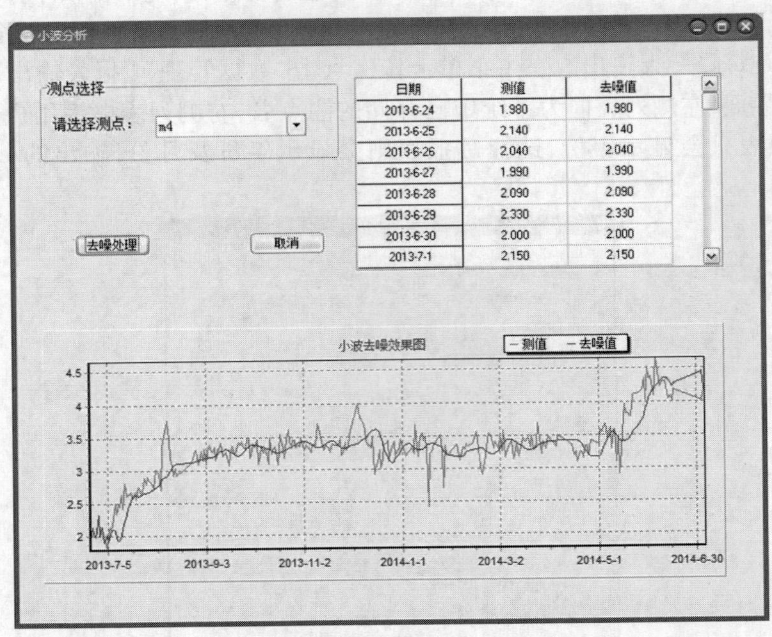

图 4-54　小波分析界面

(四)变量分离与识别

本模块主要通过盲源分离方法确定渗漏对温度的影响程度,它主要包括主成分分析和独立成分分析,具有以下功能:主成分计算、独立成分计算、成分分布图、隐患定位、临界阈值确定、结果输出。

1.主成分分析

主成分分析主要用于剔除土壤特性等对温度变化影响很大的因素,保证渗漏对温度的影响在数据中的体现。但不能分离排水设施等对温度的影响。

在主菜单上,依次点击“盲源分离”“主成分分析”即弹出如图 4-55 所示界面。用户需要选择待计算的监测数据矩阵文件,点击“主成分分析”之后计算窗口会显示主成分个数、累积方差贡献率、第一主元贡献率,“主成分参数”框内附带有“图形显示”,点击下拉箭头,选择所需要显示的主元分布图,右部图框内将显示主元分布情况;主元选择设置了三个,超过第三主元部分不能显示。在界面下方设置了“独立成分计算”按钮,用于独立成分分析。

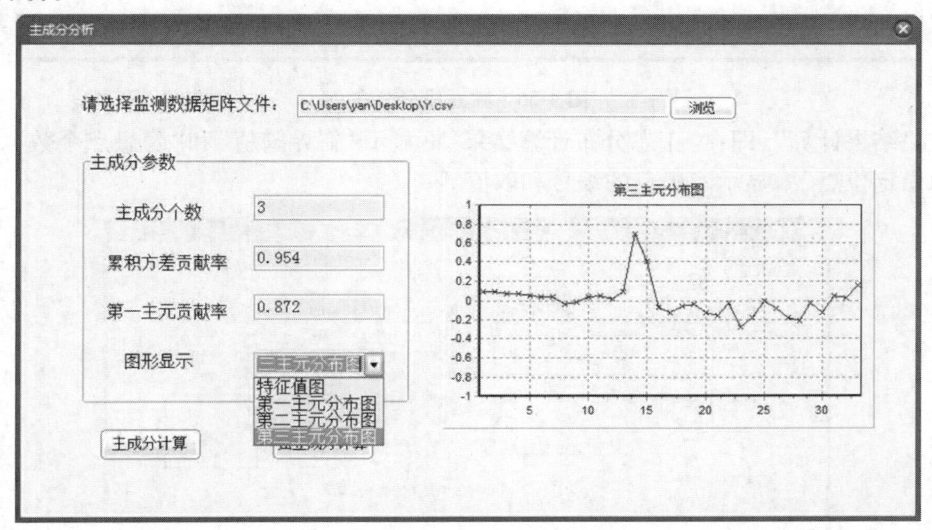

图 4-55　主成分分析计算界面

2.独立成分分析

独立成分分析的目的是将土壤特性等主要影响因子除外的其余影响因素尽量排除,利用渗漏影响因子构建独立成分残值空间,单独分析渗漏特性对光纤沿程温度变化的影响。

“主成分计算”计算界面上设置了“独立成分计算”按钮,点击后进行独立成分计算,生成“独立成分信号空间图”“独立成分残值空间图”,独立成分残值空间是实测数据中分离出来的渗漏因子对光纤温度变化的影响,图形反映了渗漏对光纤温度变化的影响程度。独立成分分布如图 4-56 所示。

(五)渗漏预警

本模块用于查看每个测点的差值变量和结果输出,本系统中默认使用正态分布模拟处理后的数据,并据此计算隐患发生的临界阈值和隐患点个数及隐患点编号输出。

在主菜单上,依次点击“渗漏预警”“隐患定位”,即弹出如图 4-57 所示界面,“差值变量”表用来输出处理好的监测数据,“正态分布参数”框显示正态模拟后的“均值”和“方差”,用户需要输入假定的隐患发生概率并输入到“请输入假定的隐患发生概率”,点击界

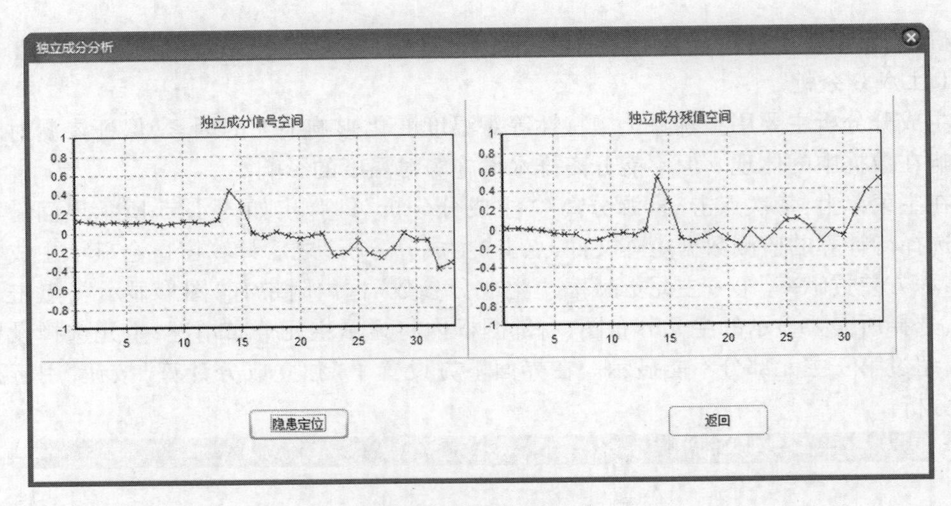

图 4-56　独立成分分布

面下方“结果计算”，即在“正态分布计算结果”框显示“临界阈值”和“隐患点个数”，并在表“隐患定位点”中显示隐患点的编号和取值。

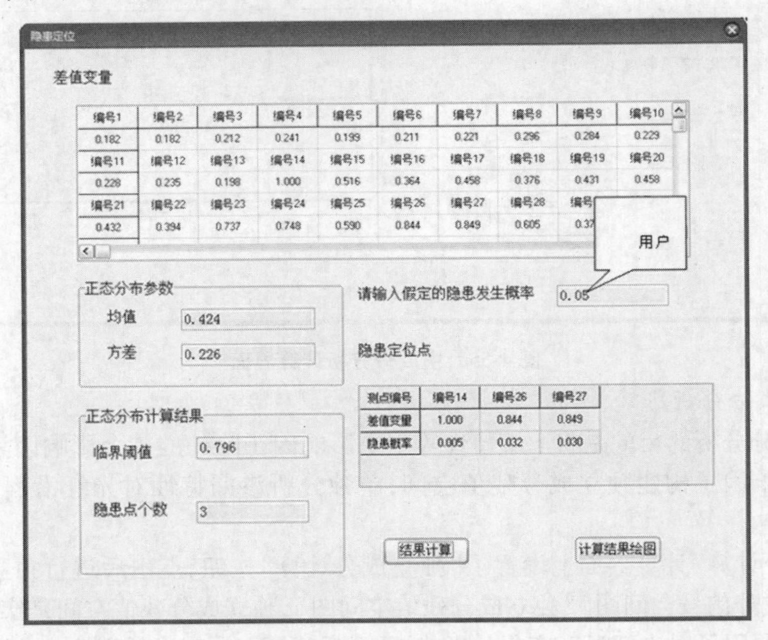

图 4-57　隐患定位界面

界面中右下角设置了按钮“计算结果绘图”，点击后进入“定位图”界面，点击“参考过程线与奇异点对比图”下拉箭头，选择需要查看的奇异点过程线与参考过程线对比图；如图 4-58 所示，表示编号点 27，在时间点 23 处的温度变化异常。

界面下方提供两个按钮“正态分布图”和“渗漏点定位”，分别输出差值变量正态分布曲线和渗漏奇异点灰度图。如图 4-59、图 4-60 所示。图示差值变量服从正态分布，方差为 0.226，均值为 0.424。

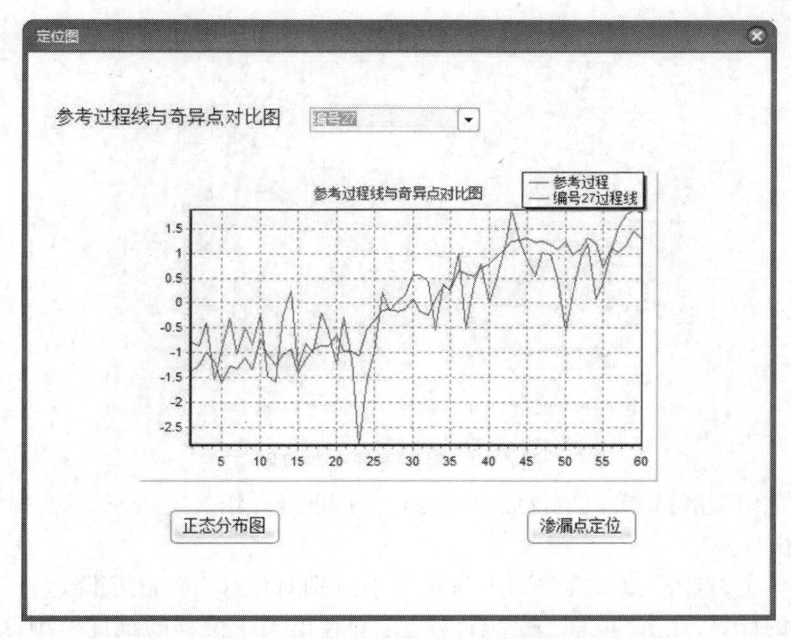

图 4-58　参考过程线与奇异点过程线对比

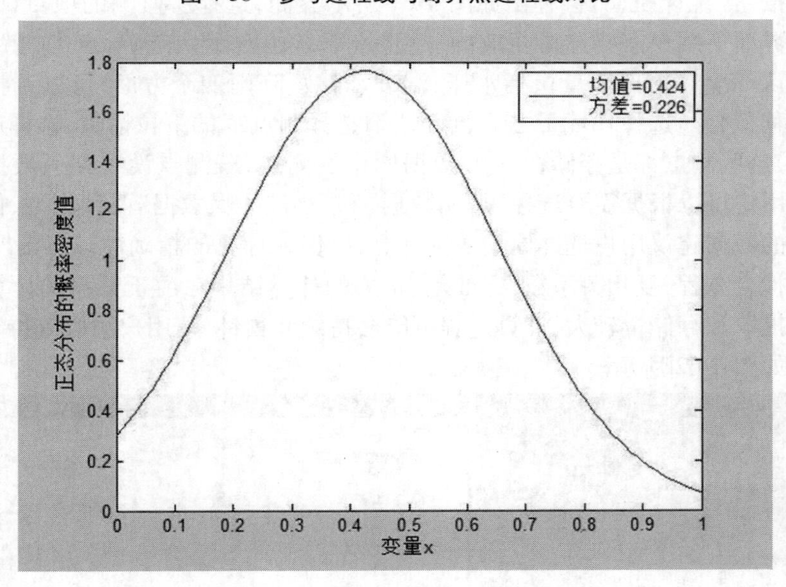

图 4-59　差值变量正态分布曲线

由渗漏奇异点灰度图显示情况可知编号 14 点为奇异点，最后两个编号点因为处于光纤尾部，可能是由于变形出现温度变化过大造成的。

（六）预报模型

本模块主要通过建立统计模型进行变量的拟合与预报，本模块主要有以下功能：环境量选择、模型计算、模型预报、拟合图、分量图、结果输出。计算结果可以存入数据库中，也可以直接将结果文件输出到 excel 文件中。模块中分别对位移、沉降、渗漏分别进行了统

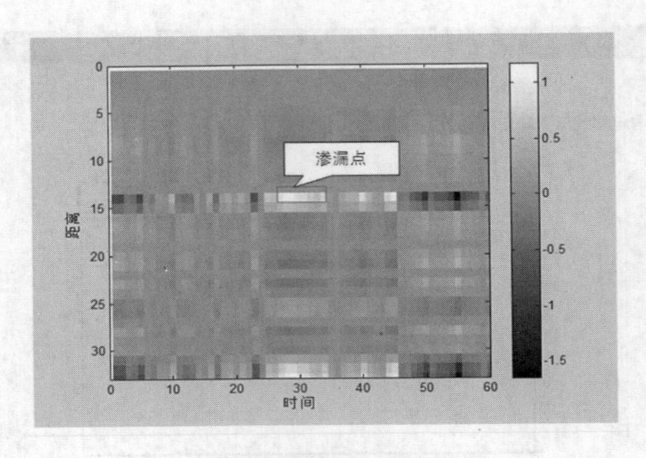

图 4-60　渗漏奇异点灰度图

计模型和灰色模型的计算，以下仅以位移测点为例展开介绍。

1.统计模型

在主菜单上，点击“预报模型”，下拉选项中分别对位移、渗流、沉降进行了统计模型和灰色模型的计算，点击“位移——统计模型”即弹出关于位移的统计模型计算界面，或者点击快捷按钮“统计模型”会弹出如图 4-61 所示界面，选择所监测的项目，即进入相应的统计模型界面。用户需要选择相应的环境量（系统也有默认选项，点击“默认因子”按钮即显示默认环境量），环境量包括水压、温度、时效、降雨四个方面，可以选择合适的表达式进行方程拟合。选择环境量之后，点击“请选择测点：”的下拉箭头，选择所需要进行预报的测点，这些测点都是存储在 SQL 数据库中的测点，若测点没有存入数据库将不能进行计算。用户可以根据需要选择“原始数据”和“小波去噪数据”两种类型，但是对于噪声影响较小的数据建议用户选择原始数据计算，以保证计算的精确性。点击“计算”之后窗口会显示拟合方程、复相关系数、标准差、相关的计算结果。由于数据的计算量较大以及数据库的提取和存储量较大，计算过程可能会持续几秒钟，请用户耐心等待。统计模型的计算界面如图 4-62 所示。

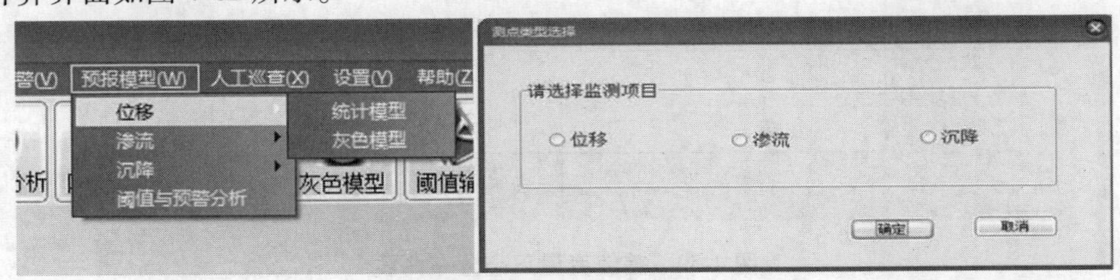

图 4-61　预报模型选择

计算结束之后所有的计算结果将会保存在数据库的“result_测点名”的表中，而预测结果也会保存在数据库的“pred_测点名”的表中。需要注意的是，在应用统计模型进行监测效应量预报时，需要输入相应的预报时间及环境量（水位和降雨量），若没有环境量系统将无法进行预报，系统也会提醒用户只进行模型拟合计算，输入的预测水位和降雨量值格式如图 4-63 所示，水位第一列为日期，第二列是水位值；降雨第一列为日期，第二列是

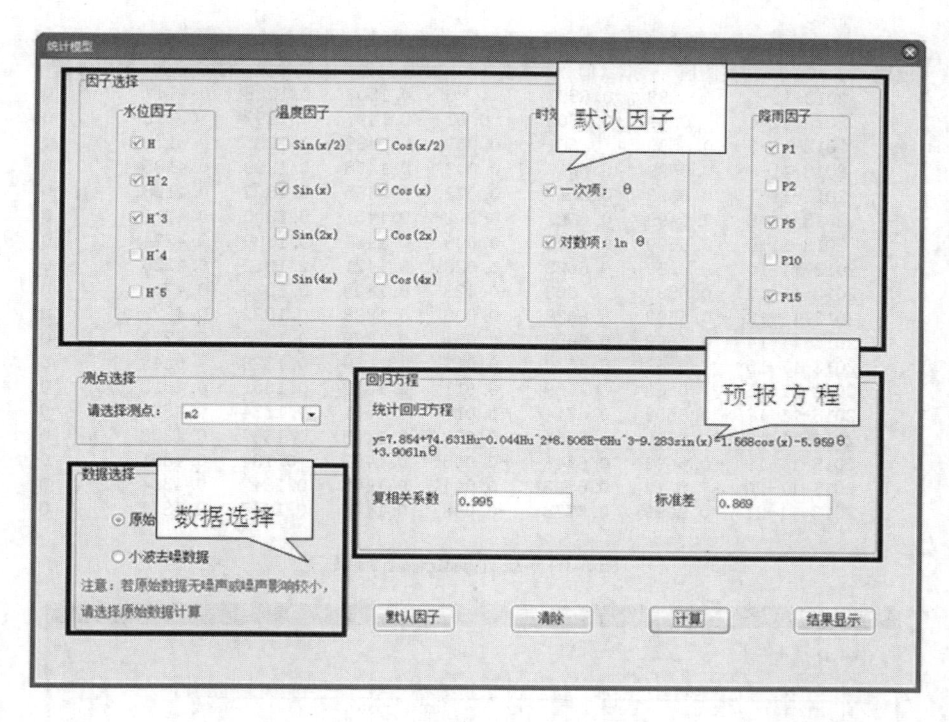

图 4-62 统计模型的计算界面

前 1 d 的降雨值，第三列是前 2 d 天的降雨值，第四列为前 5 d 的降雨值，第五列为前 10 d 的降雨值，第六列为前 15 d 的降雨值。

1	waterpredict
2014-7-19 11:00	1853.70
2014-7-20 11:00	1853.54
2014-7-21 11:00	1853.51
2014-7-22 11:00	1853.46
2014-7-23 11:00	1853.47

1	rainpredict				
2014-7-19 11:00	0.00	0.00	0.00	0.00	0.00
2014-7-20 11:00	0.00	0.00	0.00	0.00	0.00
2014-7-21 11:00	0.00	0.00	0.00	0.00	0.00
2014-7-22 11:00	0.00	0.00	0.00	0.00	0.00
2014-7-23 11:00	0.00	0.00	0.00	0.00	0.00

图 4-63 预测水位和降雨量输入系统表格格式

若没有完成本次计算，用户也可以直接点击“结果显示”按钮，直接查看上次的计算结果。若完成本次计算，数据库会保存本次的计算结果。点击“结果显示”按钮，将会展现统计模型的实测值、拟合值、残差、水压分量、时效分量、降雨分量以及模型的拟合图形及分量图，同时用户也可以点击“结果输出”按钮将本次的计算结果保存到 excel 中，统计模型输出结果如图 4-64 所示，统计模型结果显示如图 4-65 所示。

点击“分量图”和“拟合图”，图片将会切换，统计模型拟合图如图 4-66 所示。

在系统计算中，模型的预测天数是基于用户所输的预测日期和相应的水位值，根据预报方程预测相应时间的监测量，点击统计模型结果界面的“模型预报”按钮，即可展示模型的预测结果，并显示相应预测时间段的过程线，相应的过程线上也标示出了预测值的大小，统计模型预报结果如图 4-67 所示。

测点m3统计模型结果							
日期	实测值	拟合值	残差	水压分量	温度分量	时效分量	降雨分量
2013-11-3	0.6599	0.6597	0	0.1508	0.1288	0.4147	0
2013-11-4	0.69	0.6603	0.03	0.1497	0.1292	0.416	0
2013-11-5	0.6599	0.661	-0.001	0.1489	0.1295	0.4173	0
2013-11-6	0.6599	0.6616	-0.002	0.1478	0.1299	0.4185	0
2013-11-7	0.6399	0.6619	-0.022	0.1465	0.1302	0.4198	0
2013-11-8	0.6499	0.6622	-0.012	0.1451	0.1305	0.4211	0
2013-11-9	0.6699	0.6623	0.008	0.1436	0.1309	0.4224	0
2013-11-10	0.69	0.6623	0.028	0.1421	0.1312	0.4236	0
2013-11-12	0.6399	0.663	-0.023	0.1395	0.1319	0.4262	0
2013-11-13	0.6699	0.6638	0.006	0.1388	0.1322	0.4275	0
2013-11-14	0.6699	0.6655	0.004	0.1389	0.1325	0.4287	0
2013-11-15	0.68	0.6672	0.013	0.139	0.1328	0.43	0
2013-11-16	0.68	0.669	0.011	0.1392	0.1331	0.4313	0
2013-11-17	0.6599	0.6714	-0.011	0.1401	0.1334	0.4326	0
2013-11-18	0.6699	0.6734	-0.003	0.1405	0.1337	0.4338	0
2013-11-19	0.6699	0.6748	-0.005	0.1403	0.134	0.4351	0
2013-11-20	0.72	0.6763	0.044	0.1403	0.1342	0.4364	0
2013-11-21	0.6699	0.6778	-0.008	0.1403	0.1345	0.4377	0

图 4-64　统计模型输出结果

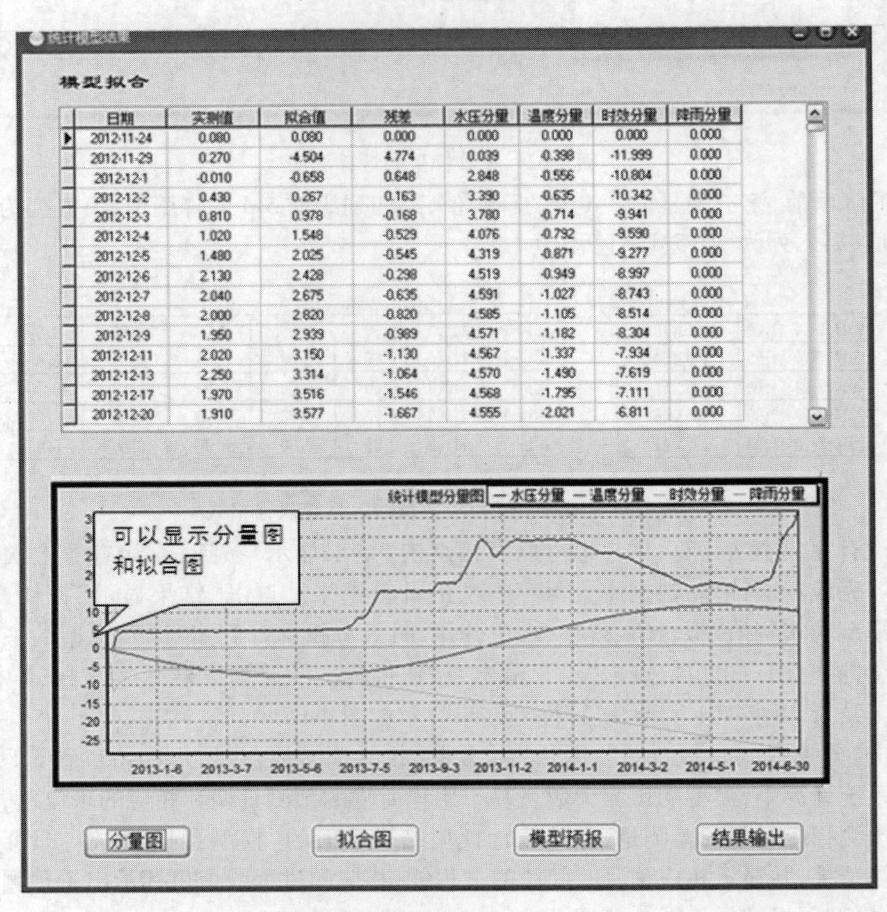
模型拟合

日期	实测值	拟合值	残差	水压分量	温度分量	时效分量	降雨分量
2012-11-24	0.080	0.080	0.000	0.000	0.000	0.000	0.000
2012-11-29	0.270	-4.504	4.774	0.039	-0.398	-11.999	0.000
2012-12-1	-0.010	-0.658	0.648	2.848	-0.556	-10.804	0.000
2012-12-2	0.430	0.267	0.163	3.390	-0.635	-10.342	0.000
2012-12-3	0.810	0.978	-0.168	3.780	-0.714	-9.941	0.000
2012-12-4	1.020	1.548	-0.529	4.076	-0.792	-9.590	0.000
2012-12-5	1.480	2.025	-0.545	4.319	-0.871	-9.277	0.000
2012-12-6	2.130	2.428	-0.298	4.519	-0.949	-8.997	0.000
2012-12-7	2.040	2.675	-0.635	4.591	-1.027	-8.743	0.000
2012-12-8	2.000	2.820	-0.820	4.585	-1.105	-8.514	0.000
2012-12-9	1.950	2.939	-0.989	4.571	-1.182	-8.304	0.000
2012-12-11	2.020	3.150	-1.130	4.567	-1.337	-7.934	0.000
2012-12-13	2.250	3.314	-1.064	4.570	-1.490	-7.619	0.000
2012-12-17	1.970	3.516	-1.546	4.568	-1.795	-7.111	0.000
2012-12-20	1.910	3.577	-1.667	4.555	-2.021	-6.811	0.000

图 4-65　统计模型结果显示

图 4-66　统计模型拟合图

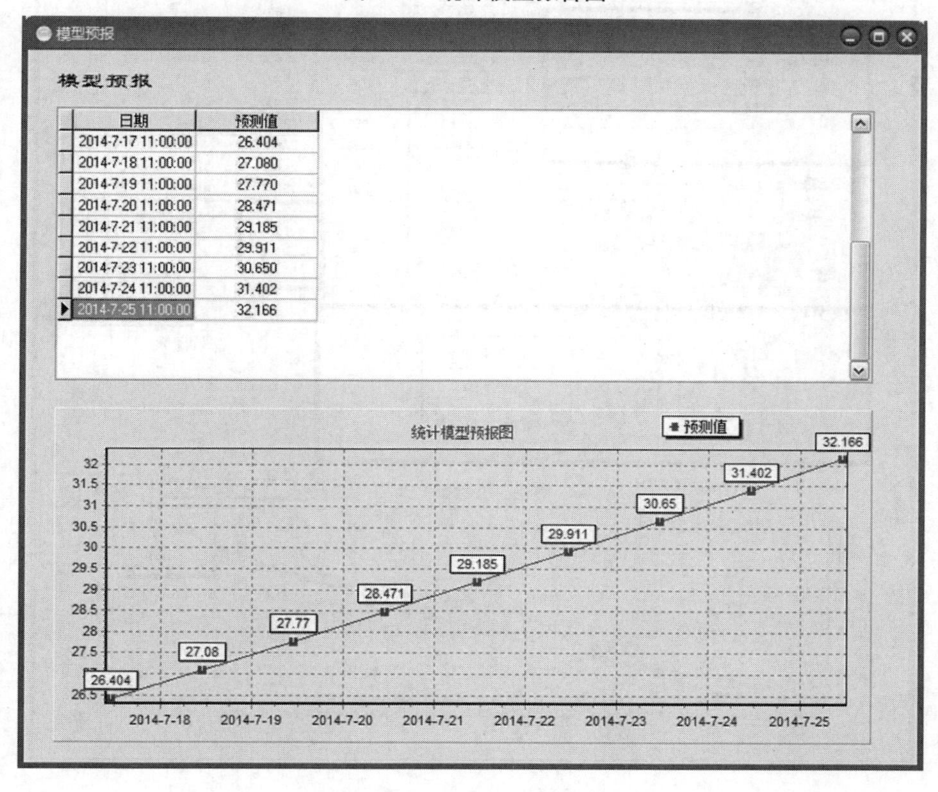

日期	预测值
2014-7-17 11:00:00	26.404
2014-7-18 11:00:00	27.080
2014-7-19 11:00:00	27.770
2014-7-20 11:00:00	28.471
2014-7-21 11:00:00	29.185
2014-7-22 11:00:00	29.911
2014-7-23 11:00:00	30.650
2014-7-24 11:00:00	31.402
2014-7-25 11:00:00	32.166

图 4-67　统计模型预报结果

2.灰色模型

灰色模型适合对较短的时间序列进行拟合预测,因此在本系统中默认的样本点是10~30个,小于或者超过这个范围都是不能计算的。由结果可以看出对于短期的拟合预测,结果是令人满意的。与统计模型相似的是,在本模块中,系统依然提供了原始数据和小波去噪数据供用户选择,对于噪声影响较大的时间序列,去噪后预测效果要优于原始数据。但是对于噪声影响较小的时间序列建议用户使用原始数据计算。

在主菜单上,点击“预报模型”“位移——灰色模型”(或点击快捷按钮“灰色模型”,选择相应的监测项目),即弹出如图 4-68 所示界面。在计算窗口用户需要选择测点、起始日期和终止时间，本系统设定了默认时间，终止时间是输入环境量的最后一个日期，起始时间是终止时间前 30 d。本模块中只需用户选择相应的测点、计算时间、数据类型即可计算。值得注意的是，由于灰色模型的预报天数较短，系统根据用户选择的样本个数自动生成预报天数最多不超过 5 d。计算完成后界面会显示拟合公式、后验差比值、模型精度、相关的计算结果（实测值、拟合值、残差）等。计算结果依然可以与实测值相比较绘出拟合图。

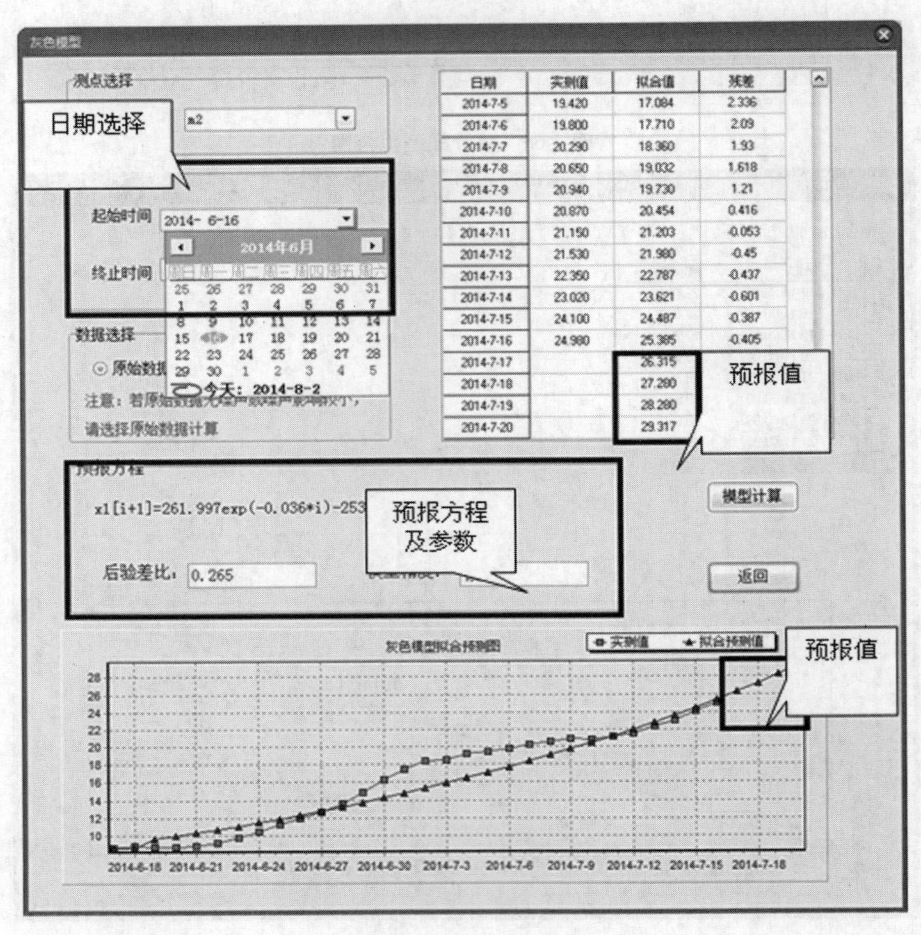

日期	实测值	拟合值	残差
2014-7-5	19.420	17.084	2.336
2014-7-6	19.800	17.710	2.09
2014-7-7	20.290	18.360	1.93
2014-7-8	20.650	19.032	1.618
2014-7-9	20.940	19.730	1.21
2014-7-10	20.870	20.454	0.416
2014-7-11	21.150	21.203	-0.053
2014-7-12	21.530	21.980	-0.45
2014-7-13	22.350	22.787	-0.437
2014-7-14	23.020	23.621	-0.601
2014-7-15	24.100	24.487	-0.387
2014-7-16	24.980	25.385	-0.405
2014-7-17		26.315	
2014-7-18		27.280	
2014-7-19		28.280	
2014-7-20		29.317	

图 4-68　灰色模型模块

经过比较可以发现，统计模型的预测结果与灰色模型的预测结果基本相似，充分说明了模型的准确性。

3.阈值与预警分析

本模块中加入了“阈值与预警分析”部分，点击“预报模型——预警分析”按钮（或点击快捷按钮“阈值输入”），即弹出如图 4-69 所示界面，在左侧列表中选取测点，进入列表右下方列表中，选择所需分析测点并勾选，点击下方“添加”按钮，所需分析测点进入右上表格中，在右下“阈值输入”框中，“请选择测点”下拉表中选择相应测点并对相应的测点在“请输入阈值”处输入阈值，点击“输入”，完成所有点阈值输入后，点击“预警分析”按钮，将在表格下显示分析结果，系统会在界面上显示第一次出现隐患的时间、监测项目及该测点的安全状况，并综合计算结果得出分析结论，具体如图 4-69 所示。

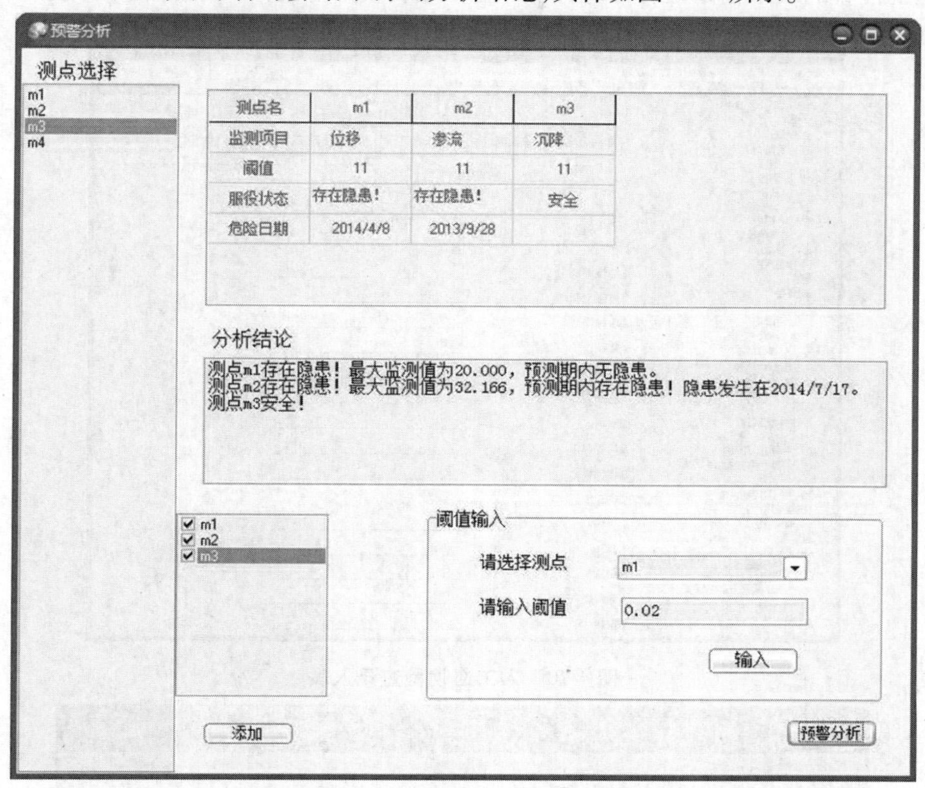

图 4-69　测点预警分析结果输出

（七）人工巡查

本模块用于人工巡视检查的录入和巡视成果的输出，以巡视检查记录来补充分析隐患分析和定位，主要包括巡视检查录入和查询两个部分。

在主菜单上，点击“人工巡查”，选择巡查记录，出现“巡视检查录入”对话框，主对话框左侧是目录结构，包括堤身、堤基、水闸、泄水孔等选项，具体记录见图 4-70，对话框右侧为巡视检查记录表，用以记录每日巡查结果。表格上方用以输入相关信息和参数。

每日记录表填写完成后可以通过点击“保存”将其存储进数据库中，也可点击“存入 Word”选项，将其保存为 Word 文档格式。“清空”按钮可以清空当下激活状态的记录表；“目录”按钮用来切换目录结构菜单。

巡视检查的结果录入流程如下：

第一步：用户填写巡视检查记录表表头，包括：日期、库水位、天气、量水堰水位、人员等信息。

第二步：分部位填写对应的结果，如果需填写的内容较多，可点击表格区域内右上角的按钮，在弹出的输入框中填写，如图 4-71 所示。输入完毕后再次点击该按钮隐藏输入框返回原界面。点击工具栏的“清空”按钮可以放弃所有输入并清空表格。在“文件”菜单中，单击“存入 Word”或点击工具栏上“存入 Word”按钮，系统将自动启动 Word 软件，并将巡视检查的结果输出至 Word，供用户制作报表或其他文档，如图 4-72 所示。

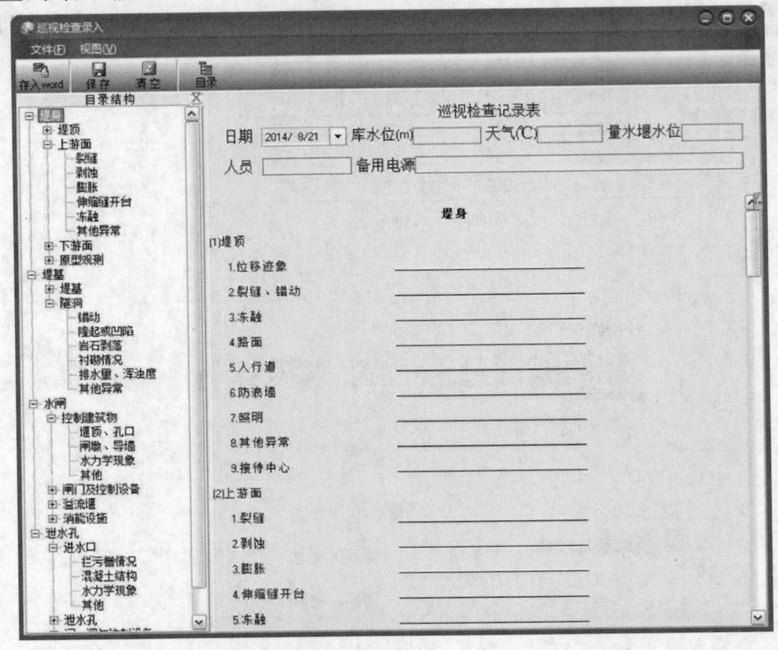

图 4-70　人工巡视检查录入表

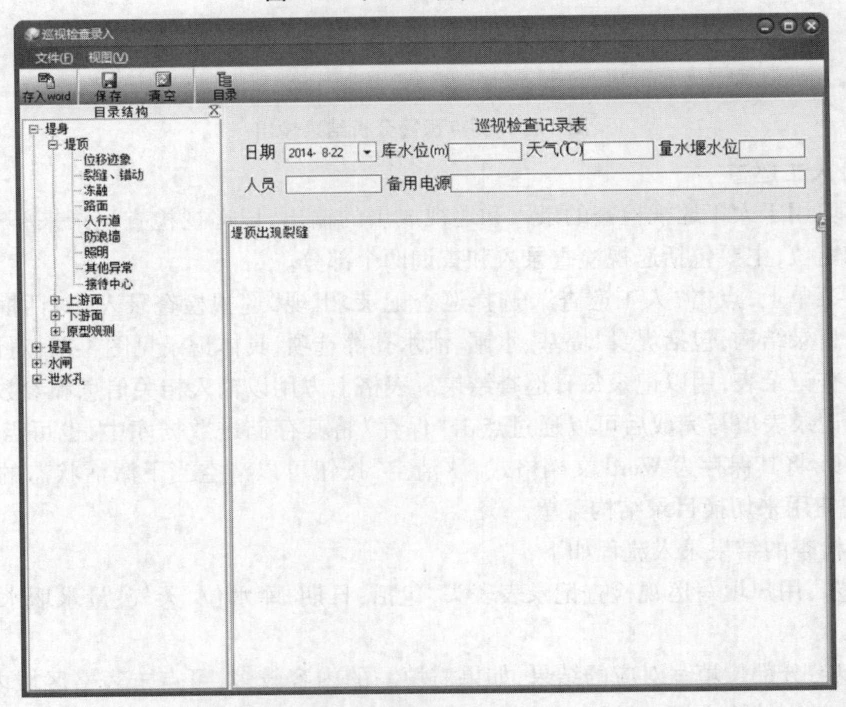

图 4-71　大内容输入框

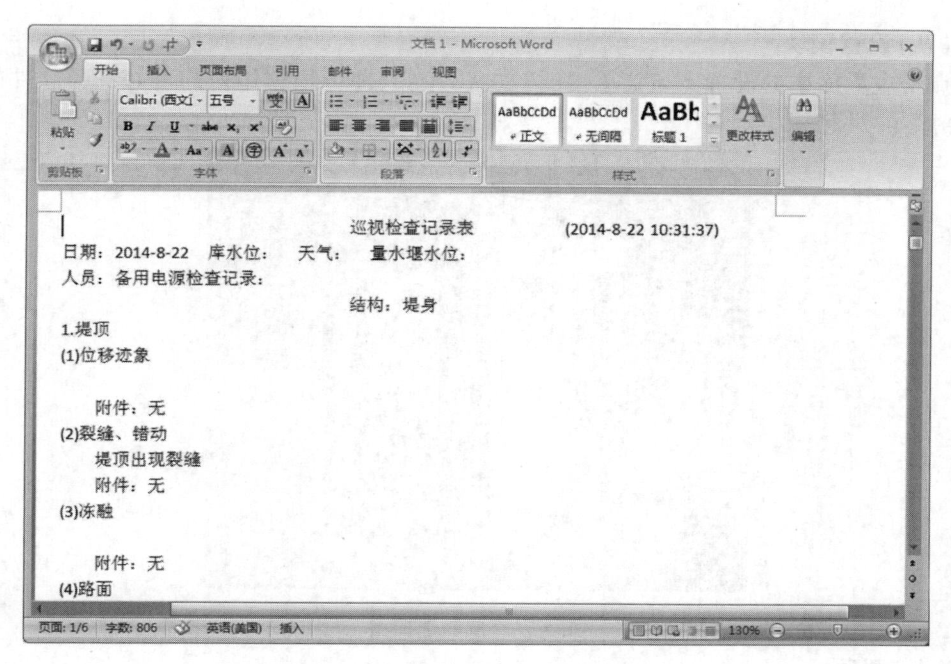

图 4-72 输出至 Word 的记录表

第三步:在工具栏上单击“保存”按钮,弹出保存成功对话框,此时将填写的内容存入指定位置,可供用户查询。

在主菜单上,点击“人工巡查”模块下“查询”按钮,出现“巡视检查”对话框,对话框中显示已记录并存储在数据库中的所有相关记录,界面提供对储存记录的 Word 文档输出,勾选表格左端所需记录的序号,并点击“存入 Word”即可在 Word 中查看相关记录并保存,如图 4-73 所示。

巡视检查

文件(F) 编辑(E)

存入word 附件另存 全选 反选 删除

序号	日期	结构	部位	对象	人员	记录	附件
☑0	2007/12/17	堤身	堤顶	位移迹象		在一个工程里创建一个datamodule,将所有要用到的data控件如tquery,tdatabase，ttable,tdatasource.在工程的某个单元中可用uses datamodule来包含，则可用	
☑1	2007/12/17	堤身	堤顶	裂缝、错动		在一个工程里创建一个datamodule,将所有要用到的data控件如tquery,tdatabase，ttable,tdatasource.在工程的某个单元中可用uses datamodule来包含，则可用	
☑2	2014/8/3	堤身	堤顶	位移迹象		1111111111111111111111111111111111111111	
☐3	2014/8/5	堤身	堤顶	裂缝、错动		1111111111111111111	
☐4	2014/8/17	堤身	堤顶	位移迹象		1111111111111111111111111111	
☐5	2014/8/20	堤身	上游面	裂缝		111111111111111111111	
☐6	2014/8/20	堤身	堤顶	冻融		11111111111111111111	

共有记录7条 首页 上页 下页 末页 1 /1 转页

图 4-73 人工巡查记录输出界面

（八）设置模块

点击主界面中的设置下拉菜单中的"皮肤"按钮，即可根据用户的喜好选择软件的皮肤，如图 4-74 所示。

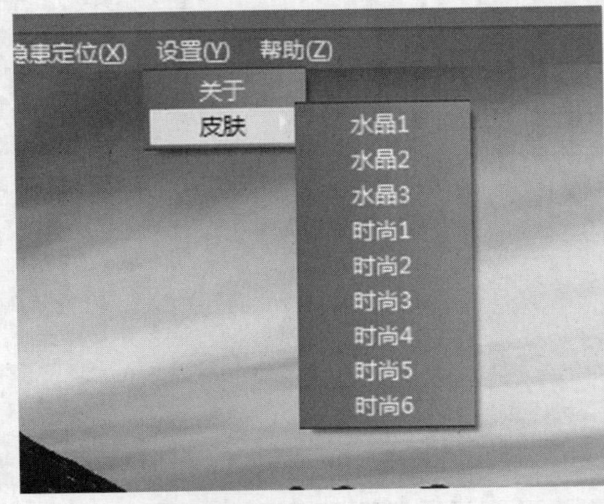

图 4-74　皮肤选择图

（九）帮助

点击主界面中的"帮助"按钮，即可获得本软件的使用操作帮助和软件开发的说明；点击主界面中帮助下拉菜单中的"帮助索引"按钮，即可获得本软件的详细使用操作帮助。

点击主界面中帮助下拉菜单中的"关于我们"按钮，即可弹出如图 4-75 所示界面，本界面主要是对软件开发方的一些说明。

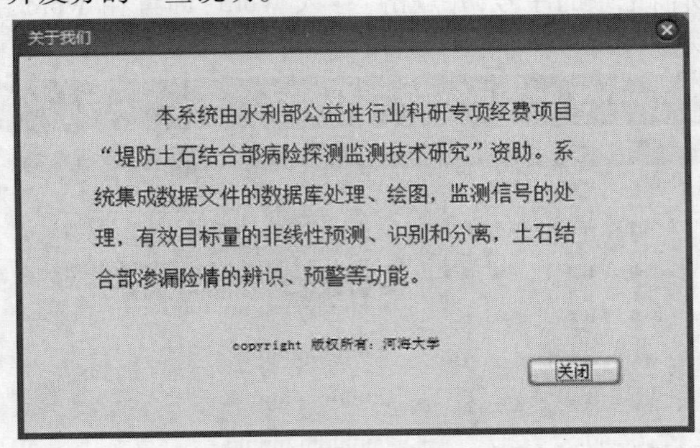

图 4-75　关于我们说明

为了方便用户操作，系统提供了相应的快捷菜单，如图 4-76 所示。

图 4-76　快捷菜单栏

第五节　本章小结

土石结合部病险监测预警系统研发主要是在对堤防工程土石结合部病险监测数据特征及其影响因素分析的基础上,探讨了监测数据降噪与病险目标信号分离方法,构建了基于 EEMD 的监测数据降噪模型和盲源分离模型。依据堤防工程土石结合部各类监测数据,重点以变形性态预测、渗流性态预警为对象,对土石结合部性态预测与险情预警模型建模原理、方法、判据等进行了叙述。

针对堤防工程土石结合部病险监测数据不可避免受噪声污染的特点,引入总体经验模态分解 EEMD 算法,建立了一种基于 EEMD 的原型监测数据降噪模型,后经部分技术改进,通过实例分析表明,经过 EEMD 阈值降噪处理后,原始监测数据序列中大部分的小幅度波动被去除,监测数据序列的变化规律得到了更加明显的体现。基于土石结合部分布式光纤温度监测数据为包括渗漏在内多种因素的综合响应,根据响应机理尚不明确的特点,引入盲源分离技术,最终提出了光纤测温数据中渗漏影响量分离的独立成分分析和主成分分析组合实现方法;并综合应用混沌理论和支持向量机学习方法,研究了土石结合部性态时间序列预测模型的构建问题,发展了基于相空间重构技术和混沌粒子群算法的 CSVM 学习模型输入特征向量和参数的确定方法。在对原型监测数据时间序列 EEMD 阈值降噪和混沌特性识别的基础上,对具有混沌特性的监测数据时间序列,借助相空间重构技术从序列的历史数据中提取特征量作为 SVM 输入,利用混沌粒子群优化算法确定 SVM 相关参数,建立了基于 CSVM 的土石结合部性态预测模型。在深入分析堤防工程土石结合部渗漏奇异点和非奇异点日常温度变化过程特征的基础上,探研了光纤沿程各点与参考过程的差值变量分布形式和分布函数参数确定方法,提出了确定渗漏奇异点位置的常概率阈值法,构建了利用渗漏奇异点和非奇异点日常温度变化过程差异的渗漏隐患自动预警模型,实现了对土石结合部渗漏隐患自动快速预警。

参考文献

[1] 水利部黄河水利委员会,黄河防汛总指挥部办公室.防汛抢险技术[M].郑州:黄河水利出版社,2000.

[2] 王运辉.防汛抢险技术[M].武汉:武汉水利电力大学出版社,1999.

[3] 水利电力部水文水利管理司.水工建筑物养护修理工作手册[M].北京:水利电力出版社,1978.

[4] 梅孝威.水利工程管理[M].北京:中国水利水电出版社,2005.

[5] 毋光荣,郭玉松,谢向文.堤坝隐患探测技术研究与应用[J].河南水利与南水北调,2001(6):52.

[6] Tsang Y W, Tsang C F. Channel model of flow though fractured media[J]. Water resources research, 1986, 23(3):467-479.

[7] 张刚.管涌现象细观机理的模型试验与颗粒流数值模拟研究[D].上海:同济大学,2007.

[8] 刘杰.土石坝渗流控制理论基础及工程经验教训[M].北京:中国水利水电出版社,2006.

[9] 顾淦臣.国内外土石坝重大事故剖析:对若干土石坝重大事故的再认识[J].水利水电科技进展,1997,17(2):13-20.

[10] 牛运光.从我国几座土石坝渗流破坏事故中吸取的经验教训[J].水利水电技术,1992(7):50-54.

[11] 常利营,陈群.接触冲刷研究进展[J].水利水电科学进展,2012,32(2):79-82.

[12] 邓伟杰,路新景.接触冲刷研究现状及存在问题的解决思路[EB/OL].(2011-08-19)[2018-01-10]. https://wenku.baidu.com/view/a60dzcla2291688848d7dd.html.

[13] 高峰,詹美礼.法向力作用下接触冲刷破坏的试验模拟研究[EB/OL].(2017-09-01)[2018-01-12]. https://max.book118.com/html/2015/0127/11798552.shtm.

[14] 王保田,陈西安.悬挂式防渗墙防渗效果的模拟试验研究[J].岩石力学与工程学报,2008,27(s1):2766-2771.

[15] 陆兆溱.工程地质学[M].北京:水利电力出版社,1989.

[16] 钱家欢,殷宗泽.土工原理与计算[M].北京:水利水电出版社,1996.

[17] 刘杰.无黏性土层之间渗流接触冲刷机理实验研究[J].水利水电科技进展,2011,31(3):27-30.

[18] Sundborg A. The river Klareilven study of pluvial processes[J]. Geografist, 1956, 38:125-316.

[19] Dune I S. Tractive resistance of cohesive channels[J]. J of Soil Mech and Foundation Division, ASCE, 1959, 85:1-24.

[20] Partheniades E. Erosion and deposition of cohesive soils[J]. Journal of the Hydraulic Division, ASCE, 1965, 91: 105-139.

[21] 陈建生,刘建刚,焦月红.接触冲刷发展过程模拟研究[J].中国工程科学,2003,5(7):33-39.

[22] Голъьдина А Д, Расскаэов Л Н . Проектирование грунтовых п лотин[М]. Москьа: Иэд ABC, 2001.

[23] 陶同康,尤克敏.无黏性土接触冲刷分析[J].力学与实践,1985,7(1):15-17.

[24] 刘建刚,堤基渗透变形理论与渗漏探测方法研究[D].南京:河海大学,2002.

[25] 陈群,谷宏海,何昌荣.砾石土防渗料-反滤料联合抗渗试验[J].工程科学与技术,2012,44(1):13-18.

[26] 邓伟杰.土石坝接触冲刷试验与分析研究[D].南京:河海大学,2008.

[27] Истомина В С. Фалвтрационная устойчивостъ грунтов [М]. Госстройнздат Москьа: Госсгойиэдат, 1957.

[28] 范德吞.大颗粒材料的渗透性及其实际应用[G]//渗流译文汇编.南京:南京水利科学研究所,1963.

[29] B.H.热连柯夫.关于土石坝与裂缝岩基连接处的抗渗强度[M].渗流译文汇编.南京:南京水利科学研究院,1980.

[30] 黎国凡.温峡口水库石渣组合坝黏土心墙与基岩接触冲刷试验[J].水利水电技术,1987(7):20-24.

[31] 刘杰.土石坝截水槽接触冲刷的试验研究[C]//全国病险水库与水闸除险加固专业技术论文集.北京:中国水利水电出版社,2001.

[32] 詹美礼,高峰,何淑媛,等.接触冲刷渗透破坏的室内试验研究[J].辽宁工程技术大学学报:自然科学版,2009(s1):206-208.

[33] 罗庆君.防汛抢险技术[M].郑州:黄河水利出版社,2000.

[34] 毛昶熙,段祥宝,李思慎,等.堤防工程手册[M].北京:中国水利水电出版社,2009.

[35] 王剑仙.穿堤建筑物防渗加固技术[J].工程力学,2001,14(a02):547-551.

[36] 牟汉书.浅谈穿堤建筑物土石结合部渗水抢护[J].中国新技术新产品,2007(10):104-105.

[37] 汪自力,周杨,张宝森.黄河下游堤防安全管理技术探讨[J].长江科学院院报,2009,26(s1):96-99.

[38] Huang N E, Shen Z, Long S R. A new view of nonlinear water waves: the Hilbert Spectrum[J]. Annual Review of Fluid Mechanics, 1999, 31(1):417-457.

[39] Wu Z H, Huang N E. Ensemble empirical mode decomposition: a noise assisted data analysis method[J]. Advances in Adaptive Data Analysis, 2011, 1(1):1-41.

[40] Huang N E, Shen Z, Long S R, et al. The empirical mode decomposition and Hilbert spectrum for nonlinear and non-stationary time series analysis[J]. Proc. Roy. Soc. London. 1998, 454:903-995.

[41] Rilling G, Flandrin P, Goncalves P. On empirical mode decomposition and its algorithms[C]. IEEE-EURASIP Workshop On Nonlier Signal and Image Processing, 2003.

[42] Wu Z H, Huang N E. A study of the characteristics of white noise using the empirical mode decomposition [J]. Proc. Roy. Soc. London, 2004, 460(2046):1579-1611.

[43] Zhao J P, Huang D J. Mirror extending and circular spline function for empirical mode decomposition method[J]. Joural of Zhejiang University-SIENCE A 2001, 2(3):247-252.

[44] Deng Y J, Wang W, Qian C C, et al. Boundary-processing-technique in EMD method and Hilbert transform[J]. Chinese Science Bulletin, 2001, 46(11):954-961.

[45] 盖强,马孝江,张海勇,等.一种消除局域波法中边界效应的新方法[J].大连理工大学学报,2002,42(1):115-117.

[46] Zeng K, He M X. A simple boundary process technique for empirical decomposition[C]. IEEE International Geoscience and Remote Sensing Symposium, 2004.

[47] 贾嵘,王小宇,蔡振华,等. 基于最小二乘支持向量机回归的HHT在水轮发电机组故障诊断中的应用[J].中国电机工程学报,2006,26(22):128-133.

[48] Flandrin P, Goncalves P, Rilling G. Detrending and denoising with empirical mode decompositions[J]. European Signal Processing Conference, 2015:1581-1584.

[49] Boudraa A O, Cexus J C. EMD-Based Signal Filtering[J]. IEEE Transactions on Instrumentation and Measurement, 2007, 56(6):2196-2202.

[50] 王婷.EMD算法研究及其在信号去噪中的应用[D].哈尔滨:哈尔滨工程大学,2010.

[51] 吕建新,吴虎胜,田杰.EEMD的非平稳信号降噪及其故障诊断应用[J].计算机工程与应用,2011,47(28):223-227.

[52] 林瑞忠,林俊豪,李玉榕,等.HHT在多相流差压信号消噪上的应用[J].福州大学学报(自然科学

版),2011,39(4):550-556.
[53] 尤炀.时频分析在大坝监测资料分析中的应用[D].南京:河海大学,2009.
[54] Packard N H,Crutchfield J P,Farmer J D,et al. Geometry from a Time Series[J]. Physical Review Letters,1980,45(9):712-716.
[55] Takens F. Detecting strange attractors in turbulence[J]. Springer Berlin Heidelberg,1981,898:366-381.
[56] 韩敏.混沌时间序列预测理论与方法[M].北京:中国水利水电出版社,2007.
[57] Kim H S,Eykholt R,Salas J D. Nonlinear dynamics, delay times, and embedding windows[J]. Phsica D-nonlinear Phenomena,1999,127:48-60.
[58] Rosenstein M T,Collins J J,De Luca C J. A practical method for calculating largest Lyapunov exponents from small data sets[J]. Physica D-nonlinear Phenomena,1993,65:117-134.
[59] 陆振波,蔡志明,姜可宇.关于小数据量法计算最大 Lyapunov 指数的讨论[D].武汉:海军工程大学,2011.
[60] 高尚,杨静宇.群智能算法及其应用[M].北京:中国水利水电出版社,2006.